BIM 造价实训系列教程

BIM 建筑工程 （浙江版）
计量与计价实训

BIM Jianzhu Gongcheng
Jiliang yu Jijia Shixun

主　编　　杨昭宇　　张玲玲

副主编　　张建瓯　　周建中

重庆大学出版社

内容提要

本书分为建筑工程计量和建筑工程计价上、下两篇。上篇详细介绍了如何识图,如何从清单定额和平法图集角度进行分析,确定算什么,如何算的问题;讲解了如何应用广联达 BIM 土建计量平台 GTJ 软件完成工程量的计算。下篇主要介绍了如何运用广联达云计价平台 GCCP 完成工程量清单计价的全过程并提供了报表实例。通过本书的学习,学生可以正确地掌握算量流程、组价流程和软件应用方法并能够独立完成工程量计算和清单计价。

本书可作为高校工程造价专业的实训教材,也可作为 GIAC 工程造价电算化应用技能认证考试教材,以及建筑工程技术、工程管理等专业的教学参考用书和岗位技能培训教材。

图书在版编目(CIP)数据

BIM 建筑工程计量与计价实训:浙江版/杨昭宇,
张玲玲主编.--重庆:重庆大学出版社,2021.4(2023.8 重印)
BIM 造价实训系列教程
ISBN 978-7-5689-2639-3

Ⅰ.①B… Ⅱ.①杨…②张… Ⅲ.①建筑工程—计量
—教材②建筑造价—教材 Ⅳ.①TU723.32

中国版本图书馆 CIP 数据核字(2021)第 062286 号

BIM 建筑工程计量与计价实训
(浙江版)

主　编　杨昭宇　张玲玲
副主编　张建瓯　周建中
策划编辑:林青山　刘颖果

责任编辑:姜　凤　　版式设计:林青山
责任校对:邹　忌　　责任印制:赵　晟

*

重庆大学出版社出版发行
出版人:陈晓阳
社址:重庆市沙坪坝区大学城西路 21 号
邮编:401331
电话:(023)88617190　88617185(中小学)
传真:(023)88617186　88617166
网址:http://www.cqup.com.cn
邮箱:fxk@ cqup.com.cn(营销中心)
全国新华书店经销
重庆华林天美印务有限公司印刷

*

开本:787mm×1092mm　1/16　印张:25　字数:610 千
2021 年 4 月第 1 版　　2023 年 8 月第 2 次印刷
印数:3 001—5 000
ISBN 978-7-5689-2639-3　定价:59.00 元

本书如有印刷、装订等质量问题,本社负责调换

出版说明

随着科学技术日新月异的发展,近两年"云、大、移、智"等技术深刻影响到社会的方方面面,数字建筑时代已悄然到来。建筑业传统建造模式已不再适应可持续发展的要求,迫切需要利用以信息技术为代表的现代科技手段,实现中国建筑产业转型升级与跨越式发展。在国家政策倡导下,积极探索基于信息技术的现代建筑业的新材料、新工艺、新技术发展模式已成大势所趋。中国建筑产业转型升级是以互联化、集成化、数据化、智能化的信息化手段为有效支撑,通过技术创新与管理创新,带动企业与人员能力的提升,最终实现建造过程、运营过程、建筑及基础设施产品三方面的升级。数字建筑集成了人员、流程、数据、技术和业务系统,管理建筑物从规划、设计开始到施工、运维的全生命周期。数字时代,建筑将呈现数字化、在线化、智能化的"三化"新特性,建筑全生命周期也呈现出全过程、全要素、全参与方的"三全"新特征。

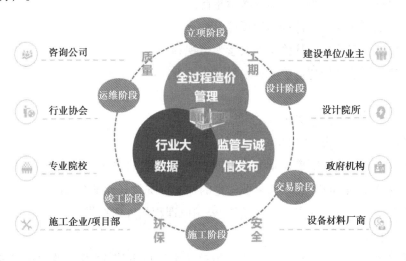

在工程造价领域,住房和城乡建设部于 2017 年发布《工程造价事业发展"十三五"规划》的通知,提出要加强对市场价格信息、造价指标指数、工程案例信息等各类型、各专业造价信息的综合开发利用。提出利用"云+大数据"技术丰富多元化信息服务种类,培育全过程工程咨询,建立健全合作机制,促进多元化平台良性发展。提出了大力推进 BIM 技术在工程造价事业中的应用,大力发展以 BIM、大数据、云计算为代表的先进技术,从而提升信息服务能力,构建信息服务体系。造价改革顶层设计为工程造价领域指明了以数据为核心的发展方向,也为数字化指明了方向。

产业深刻变革的背后,是对新型人才的大量需求。为了顺应新时代、新建筑、新教育的趋势,广联达科技股份有限公司(以下简称"广联达公司")再次联合国内各大院校,组织编写新版《广联达 BIM 工程造价实训系列教程》,以帮助院校培养建筑行业的新型人才。新版教材编制框架分为 7 个部分,具体如下:

①图纸分析:解决识图的问题。

②业务分析:从清单、定额两个方面进行分析,解决本工程要算什么以及如何算的问题。

③如何应用软件进行计算。

④本阶段的实战任务。

⑤工程实战分析。

⑥练习与思考。

⑦知识拓展。

新版教材、配套资源以及授课模式讲解如下:

1.系列教材及配套资源

本系列教材包含案例图集《办公大厦建筑工程图》和分地区版的《BIM 建筑工程计量与计价实训》两本教材配套使用。为了方便教师开展教学,与目前新清单、新定额、16G 平法相配套,切实提高实际教学质量,按照新的内容全面更新实训教学配套资源。具体教学资源如下:

①BIM 建筑工程计量与计价实训教学指南。

②BIM 建筑工程计量与计价实训授课 PPT。

③BIM 建筑工程计量与计价实训教学参考视频。

④BIM 建筑工程计量与计价实训阶段参考答案。

2.教学软件

①广联达 BIM 土建计量平台 GTJ。

②广联达云计价平台 GCCP5.0。

③广联达测评认证考试平台 4.0:学生提交土建工程/计价工程成果后自动评分,出具评分报告,并自动汇总全班成绩,快速掌握学生的作答提交数据和学习情况。

以上所列除教材以外的资料,由广联达公司以课程的方式提供。

3.教学授课模式

在授课方式上,建议老师采用"团建八步教学法"(以下简称"八步教学法")模式进行教学,充分合理、有效利用课程资料包的所有内容,高效完成教学任务,提升课堂教学效果。

何为团建?团建就是将班级学生按照成绩优劣等情况合理地搭配分成若干个小组,有效地形成若干个团队,形成共同学习、相互帮助的小团队。同时,老师引导各个团队形成不同的班级管理职能小组(学习小组、纪律小组、服务小组、娱乐小组等)。授课时老师组织引导各职能小组发挥作用,帮助老师有效管理课堂和自主组织学习。本授课方法主要以组建团队为主导,以团建的形式培养学生自我组织学习、自我管理,形成团队意识、竞争意识。在实训过程中,所有学生以小组团队的身份出现。老师按照"八步教学法"的步骤,首先对整个实训工程案例进行切片式阶段任务设计,每个阶段任务利用"八步教学法"合理贯穿实施。

整个课程利用我们提供的教学资料包进行教学,备、教、练、考、评一体化课堂设计,老师主要扮演组织者、引导者角色,学生作为实训学习的主体,发挥主要作用,实训效果在学生身上得到充分体现。

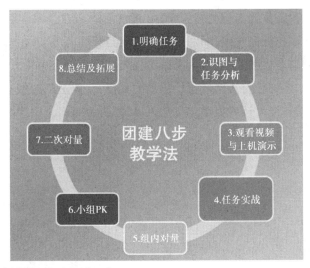

"八步教学法"授课操作流程如下:

第一步,明确任务:本堂课的任务是什么?该任务的前提条件是什么?确定该任务的计算范围(哪些项目需要计算?哪些项目不需要计算?)。

第二步,识图与业务分析(结合案例图纸):以团队的方式进行图纸及业务分析,找出各任务中涉及构件的关键参数及图纸说明,从定额、清单两个角度进行业务分析,确定算什么,如何算。

第三步,观看视频与上机演示:老师采用播放完整的案例操作及业务讲解视频,也可以自行根据需要上机演示操作,主要是明确本阶段的软件应用的重要功能,操作上机的重点及难点。

第四步,任务实战:老师根据已布置的任务,规定完成任务的时间,团队学生自己动手操作,配合老师辅导指引,在规定时间内完成阶段任务。学生在规定时间内完成任务后,提交个人成果至考试平台自动评分,得出个人成绩;老师在考试平台直接查看学生的提交情况和成绩汇总。

第五步,组内对量:评分完毕后,学生根据每个人的成绩,在小组内利用云对比进行对量,讨论完成对量问题,如找问题、查错误、优劣搭配、自我提升。老师要求每个小组最终出具一份能代表小组实力的结果文件。

第六步,小组 PK:每个小组上交最终成功文件后,老师再次使用评分软件进行评分,测出各个小组的成绩优劣,希望能通过此成绩刺激小组的团队意识以及学习动力。

第七步,二次对量:老师下发标准答案,学生再次利用云对比与标准答案进行结果对比,从而找出错误点加以改正。掌握本堂课所有内容,提升自己的能力。

第八步,总结及拓展:学生小组及个人总结;老师针对本堂课的情况进行总结及知识拓展,最终共同完成本堂课的教学任务。

　　随着高校对实训教学的深入开展,广联达教育事业部造价组联合全国高校资深专业教师,倾力打造完美的造价实训课程。

　　本书由温州大学建筑工程学院杨昭宇和广联达科技股份有限公司张玲玲担任主编,温州市瓯江口开发建设投资集团有限公司张建瓯(浙江安防职业技术学院)、浙江首信工程项目管理有限公司周建中担任副主编,浙江首信工程项目管理有限公司方志号、浙江首信工程项目管理有限公司周京东、建银工程咨询有限责任公司温州分公司费杰参编。

　　在编写过程中,本系列教材虽然经过反复斟酌和校对,但由于时间紧迫、编者能力有限,难免存在不足之处,诚望广大读者提出宝贵意见,以便再版时修改完善。

张玲玲

2021 年 2 月于北京

目录
CONTENTS

下篇 建筑工程计价

0 绪 论

1) BIM 给造价行业带来的优势

(1) 提高工程量的准确性

从理论上讲,从工程图纸上得出的工程量是一个唯一确定的数值,然而不同的造价人员受各自的专业知识水平的限制,他们对图纸的理解不同,最后会得到不同的数据。利用 BIM 技术计算工程量,主要是指运用三维图形算量软件中的建模法和数据导入法来计算工程量。建模法是在计算机软件中绘制建筑物基础、墙、柱、梁、板、楼梯等构件模型图,然后软件根据设置的清单和定额工程量计算规则,并充分利用几何数学的原理自动计算工程量。计算时以楼层为单位,在计算机界面中输入相关构件数据,建立整栋楼层基础、墙、柱、梁、板、楼梯等的建筑模型,根据建好的模型进行工程量计算。数据导入法是将工程图纸的 CAD 电子文档直接导入三维图形算量软件,软件会智能识别工程设计图中的各种建筑结构构件,快速虚拟出仿真建筑,结合对构件属性的定义,以及对构件进行转化就能准确计算出工程量。这两种基于 BIM 技术计算工程量的方法,不仅可以减少造价人员对经验的依赖,同时还可以使工程量的计算更加准确真实。BIM 的 5D 模型可以为整个项目各个时期的造价管理提供精确的数据支撑,同时可以通过模型获得施工各个时期甚至任意时间段的工程量,大大降低了造价人员的计算量,极大地提高了工程量的准确性。

(2) 提升工程结算效率

工程结算中一个比较麻烦的问题就是核对工程量。尤其对单价合同而言,在单价确定的情况下,工程量对合同总价的影响甚大,因此核对工程量就显得尤为重要。钢筋、模板、混凝土、脚手架等在工程中被大量采用的材料,都是造价工程师核对工程量的重点,需要耗费大量的时间和精力。BIM 技术引入后,承包商利用 BIM 模型对该施工阶段的工程量进行一定的修改及深化,并将其包含在竣工资料里提交给业主,经过设计单位审核后,作为竣工图的一个最主要组成部分转交给咨询公司进行竣工结算,施工单位和咨询公司基于 BIM 模型导出的工程量是一致的。这就意味着承包商在提交竣工模型的同时也提交了工程量,设计单位在审核模型的同时就已经审核了工程量。也就是说,只要是项目参与人员,无论是咨询单位、设计单位,还是施工单位或者业主,所有获得这个 BIM 模型的人,得到的工程量都是一样的,因而大大提高了工程结算的效率。

(3) 提高核心竞争力

造价人员是否会被 BIM 技术所取代呢? 其实不然,只要造价人员积极了解 BIM 技术给造价行业带来的变革,积极提升自身的能力,就不会被取代。

当然,如果造价人员的核心竞争力仅体现在对数字、计算等简单重复的工作,那么软件的高度自动化计算一定会取代造价人员。相反,如果造价人员能够掌握一些软件很难取代的知识,比如精通清单、定额、项目管理等知识,BIM 软件还将成为提高造价人员专业能力的好帮手。因此,BIM 技术的引入和普及发展,不过是淘汰专业技术能力差的从业人员。算量是基础,软件只是减少了工作强度,这样会让造价人员的工作不再局限于算量这一小部分,而是上升到对整个项目的全面管控,比如全过程造价管理、项目管理、精通合同、施工技术、法律法规等,掌握这些能显著提高造价人员核心竞争力的专业能力,会为造价人员带来更好的职业发展。

2)BIM 在全过程造价管理中的应用

(1)BIM 在投资决策阶段的应用

投资决策阶段是建设项目最关键的一个阶段,据有关资料统计,它对项目工程造价的影响高达 70%~90%,利用 BIM 技术,可以利用相关的造价信息以及 BIM 模型来比较精确地预估不可预见费用,减少风险,从而更加准确地确定投资估算。在进行多方案比选时,还可通过 BIM 技术进行方案的造价对比,选择更合理的方案。

(2)BIM 在设计阶段的应用

设计阶段对整个项目工程造价管理有着十分重要的影响。通过 BIM 模型的信息交流平台,各参与方可以在早期介入建设工程中。在设计阶段使用的主要措施是限额设计,通过它可以对工程变更进行合理控制,确保总投资不增加。完成建设工程设计图纸后,将图纸内的构成要素通过 BIM 数据库与相应的造价信息相关联,从而实现限额设计的目标。

在设计交底和图纸审查时,通过 BIM 技术,可以将与图纸相关的各个内容汇总到 BIM 平台进行审核。利用 BIM 的可视化模拟功能,进行建造模拟、碰撞检查,减少设计失误,降低因设计错误或设计冲突导致的工程变更,实现设计方案在经济和技术上的最优。

(3)BIM 在招投标阶段的应用

BIM 技术的推广与应用,极大地提高了招投标管理的精细化程度和管理水平。招标单位通过 BIM 模型可以准确计算出招标所需的工程量,编制招标文件,最大限度地减少施工阶段因工程量问题产生的纠纷。投标单位的经济标是基于较为准确的模型工程量清单基础上制订的,同时可以利用 BIM 模型进一步完善施工组织设计,进行重大施工方案预演,做出较为优质的技术标,从而在投标时能够综合有效地制订本单位的投标策略,提高中标率。

(4)BIM 在施工阶段的应用

在进度款支付时,往往会因为数据难以统一而花费大量的时间和精力,利用 BIM 技术中的 5D 模型可以直观地反映不同建设时间点的工程量完成情况,并及时进行调整。BIM 还可以将招投标文件、工程量清单、进度审核预算等进行汇总,便于成本测算和工程款的支付。另外,利用 BIM 技术的虚拟碰撞检查,可以在施工前发现并解决碰撞问题,有效地减少工程变更,从而有利于控制工程成本,加快工程进度。

(5)BIM 在竣工验收阶段的应用

传统模式下的竣工验收阶段,造价人员需要核对工程量,重新整理资料,计算细化到柱、梁,由于造价人员的经验水平和计算逻辑不尽相同,所以在对量过程中经常产生争议。

BIM 模型可将前几个阶段的量价信息进行汇总,真实完整地记录建设全过程发生的各项数据,提高工程结算效率并更好地控制建造成本。

3) BIM 对建设工程全过程造价管理模式带来的改变

(1)建设工程项目采购模式的选择变化

建设工程全过程造价管理作为建设工程项目管理的一部分,其能否顺利开展和实施与建设工程项目采购模式(承发包模式)是密切相关的。

目前,在我国建设工程领域应用最为广泛的采购模式是 DBB 模式,即设计—招标—施工模式。在 DBB 模式下应用 BIM 技术,虽然可为设计单位提供更好的设计软件和工具,增强设计效果,但是由于缺乏各阶段、各参与方之间的共同协作,BIM 技术作为信息共享平台的作用和价值将难以实现,BIM 技术在全过程造价管理中的应用价值将被大大削弱。

相对于 DBB 模式,在我国目前的建设工程市场环境下,DB 模式(设计—施工模式)更加有利于 BIM 的实施。在 DB 模式下,总承包商从项目开始到项目结束都承担着总的管理及协调工作,有利于 BIM 在全过程造价管理中的实施,但是该模式下也存在业主过于依赖总承包商的风险。

(2)工作方式的变化

传统的建设工程全过程造价管理是从建设工程项目投资决策开始,到竣工验收直至试运行投产为止,对所有的建设阶段进行全方位、全面的造价控制和管理,其工作方式多为业主主导,具体由一家造价咨询单位承担全过程的造价管理工作。这种工作方式能够有效避免多头管理,利于明确职责与风险,使全过程造价管理工作系统地开展与实施。但在这种工作方式下,项目参建各方无法有效融入造价管理全过程。

在基于 BIM 的全过程造价管理体系下,全过程造价管理工作不再只是造价咨询单位的职责,甚至不是由其承担主要职责。项目各参与方在早期便介入项目中,共同进行全过程造价管理,工作方式不再是传统的由造价咨询单位与各个参与方之间的"点对点"的形式,而是各个参与方之间的造价信息都聚集在 BIM 信息共享平台上,组成信息"面"。因此,工作方式变成造价咨询单位、各个项目参与方与 BIM 平台之间的"点对面"的形式,信息的交流从"点"升级为"面",信息传递更为及时、准确,造价管理的工作效率也更为高效。

(3)组织架构的变化

传统的建设工程全过程造价管理的工作组织架构较为简单,负责全过程造价管理的造价咨询单位是组织架构中的主导,各参与方之间的造价管理人员配合造价咨询单位完成全过程造价管理工作。

在基于 BIM 的建设工程全过程造价管理体系下,各参与方最理想的组织架构应该是类似于集成项目交付(Integrated Project Delivery,IPD)模式下的组织架构,即由各参与方抽调具备基于 BIM 技术能力的造价管理人员,组建基于 BIM 的造价管理工作小组(该工作小组不再以造价咨询单位为主导,甚至可以不再需要造价咨询单位的参与)。这个基于 BIM 的造价管理工作小组以业主为主导,从建设工程项目投资决策阶段开始,到项目竣工验收直至试运行投产为止,贯穿建设工程的所有阶段,涉及所有项目参与方,承担建设工程全过程的造价管理工作。这种组织架构有利于 BIM 信息流的集成与共享,有利于各阶段之间、各参与方之间造价管理工作的协调与合作,有利于建设工程全过程造价管理工作的开展与实施。

国外大量成功的实践案例证明,只有找到适合 BIM 特点的项目采购模式、工作方式、组织架构,才能更好地发挥 BIM 的应用价值,才能更好地促进基于 BIM 的建设工程全过程造价管理体系的实施。

4)将 BIM 应用于建设工程全过程造价管理的障碍

(1)具备基于 BIM 的造价管理能力的专业人才缺乏

基于 BIM 的建设工程全过程造价管理,要求造价管理人员在早期便参与到建设工程项目中来,参与决策、设计、招投标、施工、竣工验收等全过程,从技术、经济的角度出发,在精通造价管理知识的基础上,熟知 BIM 应用技术,制订基于 BIM 的造价管理措施及方法,能够通过 BIM 进行各项造价管理工作的实施,与各参与方之间进行信息共享、组织协调等工作,这对造价管理人员的素质要求更为严格。显然,在我国目前的建筑业环境中,既懂 BIM 技术,又精通造价管理的人才十分缺乏,这些都不利于我国 BIM 技术的应用及推广。

(2)基于 BIM 的建设工程全过程造价管理应用模式障碍

BIM 意味着一种全新的行业模式,而传统的工程承发包模式并不足以支持 BIM 的实施,因此需要一种新的适应 BIM 特征的建设工程项目承发包模式。目前应用最为广泛的 BIM 应用模式是(Integrated Product Development,IPD)模式,即把建设单位、设计单位、施工单位及材料设备供应商等集合在一起,各方基于 BIM 进行有效合作,优化建设工程的各个阶段,减少浪费,实现建设工程效益最大化,进而促进基于 BIM 的全过程造价管理的顺利实施。IPD 模式在建设工程中收到了很好的效果,然而即使在国外,也是通过长期的摸索,最终形成了相应的制度及合约模板,才使得 IPD 模式的推广应用成为可能。将 BIM 引入我国建筑业中,IPD 是一个很好的可供借鉴的应用模式,然而由于我国当前的建筑工程市场仍不成熟,相应的制度仍不完善,与国外的应用环境差别较大,因此,IPD 模式在我国的应用及推广也会面临很多问题。

上篇

建筑工程计量

1 算量基础知识

通过本章的学习,你将能够:

(1)掌握软件算量的基本原理;

(2)掌握软件算量的操作流程;

(3)掌握软件绘图学习的重点;

(4)能够正确识读建筑施工图和结构施工图。

1.1 软件算量的基本原理

通过本节的学习,你将能够:

掌握软件算量的基本原理。

建筑工程量的计算是一项工作量大且繁重的工作,工程量计算的算量工具也随着信息化技术的发展,经历算盘、计算器、计算机表格、计算机建模几个阶段,如图 1.1 所示,现在我们采用的就是通过建筑模型进行工程量的计算。

图 1.1

目前建筑设计输出的图纸绝大多数是采用二维设计的,提供建筑的平、立、剖面图纸,对建筑物进行表达,而建模算量则是将建筑平、立、剖面图结合,建立建筑的空间模型。模型的正确建立可以准确地表达各类构件之间的空间位置关系,土建算量软件则按计算规则计算各类构件的工程量,构件之间的扣减关系则根据模型由程序内置的扣减规则进行处理,从而准确计算出各类构件的工程量。为方便工程量的调用,将工程量以代码的方式提供,套用清单与定额时可以直接套用,如图 1.2 所示。

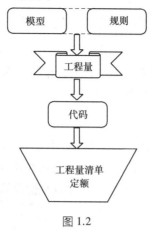

图 1.2

使用土建算量软件进行工程量计算,已经从手工计算的大量书写与计算转化为建立建筑模型。无论用手工算量还是软件算量,都有一个基本的要求,那就是知道算什么以及如何算。知道算什么,是做好算量工作的第一步,也就是业务关,手工算量、软件算量只是采用了不同的手段而已。

软件算量的重点:一是快速地按照图纸的要求,建立建筑模型;二是将算出来的工程量和工程量清单与定额进行关联;三是掌握特殊构件的处理及灵活应用。

1.2 软件算量操作流程

通过本节的学习,你将能够:

描述软件算量的基本操作流程。

在进行实际工程的绘制和计算时。GTJ 相对以往的 GCL 与 GGJ 来说,在操作上有很多相同的地方,但在流程上更有逻辑性,也更加简便。大体流程如图 1.3 所示。

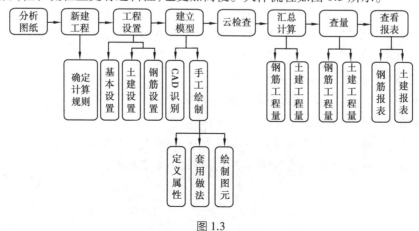

图 1.3

1)分析图纸

拿到图纸后应先分析图纸,熟悉工程建筑、结构图纸说明,正确识读图纸。

2)新建工程/打开文件

启动软件后,会出现新建工程的界面,左键单击即可,如果已有工程文件,单击打开文件即可,详细步骤见"2.1节新建工程"部分内容。

3)工程设置

工程设置包括基本设置、土建设置和钢筋设置三大部分。在基本设置中可以进行工程信息和楼层设置;在土建设置中可以进行计算设置和计算规则设置;在钢筋设置中可以进行计算设置、比重设置、弯钩设置、损耗设置和弯曲调整值设置。

4)建立模型

建立模型有两种方式:第一种是通过 CAD 识别,第二种是通过手工绘制。CAD 识别包括识别构件和识别图元。手工绘制包括定义属性、套用做法及绘制图元。在建模过程中,可以通过建立轴网→建立构件→设置属性/做法套用→绘制构件完成建模。轴网的创建可以为整个模型的创建确定基准,建立构件包括柱、墙、门窗洞、梁、板、楼梯、装修、土方、基础等构件的创建。新创建的构件需要设置属性,并进行做法套用,包括清单和定额项的套用。最后,在绘图区域将构件绘制到相应的位置即可完成建模。

5)云检查

模型绘制好后可以进行云检查,软件会从业务方面检查构件图元之间的逻辑关系。

6)汇总计算

云检查无误后,进行汇总计算,计算钢筋和土建工程量。

7)查量

汇总计算后,查看钢筋和土建工程量,包括查看钢筋三维显示、钢筋及土建工程量的计算式。

8)查看报表

最后是查看报表,包括钢筋报表和土建报表。

【说明】

在进行构件绘制时,针对不同的结构类型,采用不同的绘制顺序,一般为:

- 剪力墙结构:剪力墙→门窗洞→暗柱/端柱→暗梁/连梁。
- 框架结构:柱→梁→板→砌体墙部分。
- 砖混结构:砖墙→门窗洞→构造柱→圈梁。

软件做工程的处理流程一般为:

- 先地上、后地下:首层→二层→三层→……→顶层→基础层。
- 先主体、后零星:柱→梁→板→基础→楼梯→零星构件。

1.3 软件绘图学习的重点——点、线、面的绘制

通过本节的学习,你将能够:

掌握软件绘图的重点。

GTJ2018 主要是通过绘图建立模型的方式来进行工程量的计算,构件图元的绘制是软件使用中的重要部分。对绘图方式的了解是学习软件算量的基础,下面概括介绍软件中构件的图元形式和常用的绘制方法。

1)构件图元的分类

工程实际中的构件按照图元形状可分为点状构件、线状构件和面状构件。

①点状构件包括柱、门窗洞口、独立基础、桩、桩承台等。

②线状构件包括梁、墙、条基等。

③面状构件包括现浇板、筏板等。

不同形状的构件有不同的绘制方法。下面主要介绍一些最常用的"点"画法和"直线"画法。

2)"点"画法和"直线"画法

(1)"点"画法

"点"画法适用于点状构件(如柱)和部分面状构件(如现浇板),其操作方法如下:

①在"构件工具条"中选择一种已经定义的构件,如 KZ-1,如图 1.4 所示。

图 1.4

②在"建模"选项卡下的"绘图"面板中选择"点",如图 1.5 所示。

图 1.5

③在绘图区,用鼠标左键单击一点作为构件的插入点,完成绘制。

(2)"直线"画法

"直线"画法主要用于线状构件(如梁和墙),当需要绘制一条或多条连续直线时,可采用绘制"直线"的方式,其操作方法如下:

①在"构件工具条"中选择一种已经定义好的构件,如墙 QTQ-1。

②在"建模"选项卡下的"绘图"面板中选择"直线",如图 1.6 所示。

图 1.6

③用鼠标点取第一点,再点取第二点即可画出一道墙,再点取第三点,就可以在第二点和第三点之间画出第二道墙,以此类推。这种画法是系统默认的画法。当需要在连续画的中间从一点直接跳到一个不连续的地方时,先单击鼠标右键临时中断,然后再到新的轴线交点上继续点取第一点开始连续画图,如图 1.7 所示。

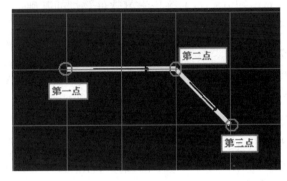

图 1.7

1.4 建筑施工图

通过本节的学习,你将能够:

(1)熟悉建筑设计总说明的主要内容;

(2)熟悉建筑施工图及其详图的重要信息。

对于房屋建筑土建施工图纸,大多数分为建筑施工图和结构施工图。建筑施工图纸大多由总平面布置图、建筑设计说明、各层平面图、立面图、剖面图、楼梯详图、节点详图等组成。下面就这些分类结合《办公大厦建筑工程图》分别对其功能、特点逐一介绍。

1)总平面布置图

(1)概念

建筑总平面布置图表明新建房屋所在基础有关范围内的总体布置,它反映新建、拟建、原有和拆除的房屋、构筑物等的位置和朝向,室外场地、道路、绿化等的布置,地形、地貌、标高等以及原有环境的关系和邻界情况等。建筑总平面图也是房屋及其他设施施工的定位、土方施工以及绘制水、暖、电等管线总平面图和施工总平面图的依据。

（2）对编制工程预算的作用

①结合拟建建筑物位置,确定塔吊的位置及数量。

②结合场地总平面位置情况,考虑是否存在二次搬运。

③结合拟建工程与原有建筑物的位置关系,考虑土方支护、放坡、土方堆放调配等问题。

④结合拟建工程之间的关系,综合考虑建筑物的共有构件等问题。

2）建筑设计说明

（1）概念

建筑设计说明是对拟建建筑物的总体说明。

（2）包含的主要内容

①建筑施工图目录。

②设计依据:设计所依据的标准、规范、规定、文件等。

③工程概况:内容一般应包括建筑名称、建设地点、建设单位、建筑面积、建筑基底面积、建筑工程等级、设计使用年限、建筑层数和建筑高度、防火设计建筑分类和耐火等级、人防工程防护等级、屋面防水等级、地下室防水等级、抗震设防烈度等,以及能反映建筑规模的主要技术经济指标,如住宅的套型和套数(包括每套的建筑面积、使用面积、阳台建筑面积,房间的使用面积可在平面图中标注)、旅馆的客房间数和床位数、医院的门诊人次和住院部的床位数、车库的停车泊位数等。

④建筑物定位及设计标高、高度。

⑤图例。

⑥用料说明和室内外装修。

⑦对采用新技术、新材料的做法说明及对特殊建筑造型和必要建筑构造的说明。

⑧门窗表及门窗性能(防火、隔声、防护、抗风压、保温、空气渗透、雨水渗透等)、用料、颜色、玻璃、五金件等的设计要求。

⑨幕墙工程(包括玻璃、金属、石材等)及特殊的屋面工程(包括金属、玻璃、膜结构等)的性能及制作要求,平面图、预埋件安装图等,以及防火、安全、隔声构造。

⑩电梯(自动扶梯)选择及性能说明(功能、载重量、速度、停站数、提升高度等)。

⑪墙体及楼板预留孔洞需封堵时的封堵方式说明。

⑫其他需要说明的问题。

3）各层平面图

在窗台上边用一个水平剖切面将房子水平剖开,移去上半部分,从上向下透视它的下半部分,可看到房子的四周外墙和墙上的门窗、内墙和墙上的门,以及房子周围的散水、台阶等。将看到的部分都画出来,并注上尺寸,就是平面图。

4）立面图

在与房屋立面平行的投影面上作房屋的正投影图,称为建筑立面图,简称立面图。其中反映主要出入口或比较显著地反映房屋外貌特征的那一面的立面图,称为正立面图,其余的立面图相应地称为背立面图和侧立面图。

5) 剖面图

剖面图的作用是对无法在平面图及立面图上表述清楚的局部剖切,以表述清楚建筑内部的构造,从而补充说明平面图、立面图所不能显示的建筑物内部信息。

6) 楼梯详图

楼梯详图由楼梯剖面图、平面图组成。由于平面图、立面图只能显示楼梯的位置,而无法清楚显示楼梯的走向、踏步、标高、栏杆等细部信息,因此设计中一般把楼梯用详图表达。

7) 节点详图表示方法

为了补充说明建筑物细部的构造,从建筑物的平面图、立面图中特意引出需要说明的部位,对相应部位作进一步详细描述就构成了节点详图。下面就节点详图的表示方法作简要说明。

①被索引的详图在同一张图纸内,如图 1.8 所示。

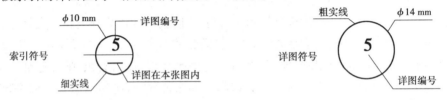

图 1.8

②被索引的详图不在同一张图纸内,如图 1.9 所示。

图 1.9

③被索引的详图参见图集,如图 1.10 所示。

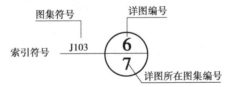

图 1.10

④索引的剖视详图在同一张图纸内,如图 1.11 所示。

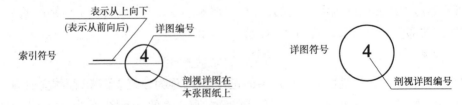

图 1.11

⑤索引的剖视详图不在同一张图纸内,如图 1.12 所示。

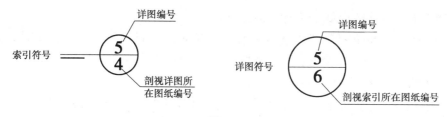

图 1.12

1.5 结构施工图

通过本节的学习,你将能够:

(1)熟悉结构设计总说明的主要内容;

(2)熟悉结构施工图及其详图的重要信息。

结构施工图纸一般包括图纸目录、结构设计总说明、基础平面图及其详图、墙柱定位图、各层结构平面图(模板图、板配筋图、梁配筋图)、墙柱配筋图及其留洞图、楼梯及其他构筑物详图(水池、坡道、电梯机房、挡土墙等)。

对造价工作者来讲,结构施工图主要是计算混凝土、模板、钢筋等工程量,进而计算其造价,而为了计算这些工程量,还需要了解建筑物的钢筋配置、摆放信息,了解建筑物的基础及其垫层、墙、梁、板、柱、楼梯等的混凝土强度等级、截面尺寸、高度、长度、厚度、位置等信息,预算角度也着重从这些方面加以详细阅读。下面结合《办公大厦建筑工程图》分别对其功能、特点逐一介绍。

1)结构设计总说明

(1)主要内容

①工程概况:建筑物的位置、面积、层数、结构抗震类别、设防烈度、抗震等级、建筑物合理使用年限等。

②工程地质情况:土质情况、地下水位等。

③设计依据。

④结构材料类型、规格、强度等级等。

⑤分类说明建筑物各部位设计要点、构造及注意事项等。

⑥需要说明的隐蔽部位的构造详图,如后浇带加强、洞口加强筋、锚拉筋、预埋件等。

⑦重要部位图例等。

(2)编制预算时需注意的问题

①建筑物抗震等级、设防烈度、檐高、结构类型等信息,作为钢筋搭接、锚固的计算依据。

②土质情况,作为针对土方工程组价的依据。

③地下水位情况,考虑是否需要采取降排水措施。

④混凝土强度等级、保护层等信息,作为查套定额、计算钢筋的依据。

⑤钢筋接头的设置要求,作为计算钢筋的依据。

⑥砌体构造要求,包括构造柱、圈梁的设置位置及配筋、过梁的参考图集、砌体加固钢筋的设置要求或参考图集,作为计算圈梁、构造柱、过梁的工程量及钢筋量的依据。

⑦砌体的材质及砌筑砂浆要求,作为套砌体定额的依据。

⑧其他文字性要求或详图,有时不在结构平面图纸中画出,但应计算其工程量,举例如下:

a.现浇板分布钢筋;

b.施工缝止水带;

c.次梁加筋、吊筋;

d.洞口加强筋;

e.后浇带加强钢筋等。

2)桩基平面图

编制预算时需注意的问题:

①桩基类型,结合"结构设计总说明"中的地质情况,考虑施工方法及相应定额子目。

②桩基钢筋详图,是否存在铁件,用来准确计算桩基钢筋及铁件工程量。

③桩顶标高,用来考虑挖桩间土方等因素。

④桩长。

⑤桩与基础的连接详图,考虑是否存在凿截桩头情况。

⑥其他计算桩基需要考虑的问题。

3)基础平面图及其详图

编制预算时需注意的问题:

①基础类型是什么? 决定查套的子目。例如,需要注意去判断是有梁式条基还是无梁式条基?

②基础详图情况,帮助理解基础构造,特别注意基础标高、厚度、形状等信息,了解在基础上生根的柱、墙等构件的标高及插筋情况。

③注意基础平面图及详图的设计说明,有些内容不画在平面图上,而是以文字形式表达。

4)柱子平面布置图及柱表

编制预算时需注意的问题:

①对照柱子位置信息(b 边、h 边的偏心情况)及梁、板、建筑平面图柱的位置,从而理解柱子作为支座类构件的准确位置,为以后计算梁、墙、板等工程量做准备。

②柱子不同标高部位的配筋及截面信息(常以柱表或平面标注的形式出现)。

③特别注意柱子生根部位及高度截止信息,为理解柱子高度信息做准备。

5)梁平面布置图

编制预算时需注意的问题:

①结合剪力墙平面布置图、柱平面布置图、板平面布置图综合理解梁的位置信息。

②结合柱子位置,理解梁跨的信息,进一步理解主梁、次梁的概念及在计算工程量过程

中的次序。

③注意图纸说明,捕捉关于次梁加筋、吊筋、构造钢筋的文字说明信息,防止漏项。

6)板平面布置图

编制预算时需注意的问题:

①结合图纸说明,阅读不同板厚的位置信息。

②结合图纸说明,理解受力筋范围信息。

③结合图纸说明,理解负弯矩钢筋的范围及其分布筋信息。

④仔细阅读图纸说明,捕捉关于洞口加强筋、阳角加筋、温度筋等信息,防止漏项。

7)楼梯结构详图

编制预算时需注意的问题:

①结合建筑平面图,了解不同楼梯的位置。

②结合建筑立面图、剖面图,理解楼梯的使用性能(案例工程《办公大厦建筑工程图》结施-15 和结施-16 图中:2#楼梯仅从首层通至 4 层,1#楼梯从负 1 层可以通往屋面机房层等)。

③结合建筑楼梯详图及楼层的层高、标高等信息,理解不同踏步板的数量、休息平台、平台的标高及尺寸。

④结合图纸说明及相应踏步板的钢筋信息,理解楼梯钢筋的布置状况,注意分布筋的特殊要求。

⑤结合详图及位置,阅读梯板厚度、宽度及长度,平台厚度及面积,楼梯井宽度等信息,为计算楼梯实际混凝土体积做准备。

1.6 图纸修订说明及编制依据

鉴于建筑装饰部分工程做法存在地域性差异,且对工程造价影响较大,现将本工程图纸设计中的工程做法部分,根据浙江省地方标准进行修订。

一、图纸修订说明

1)有关混凝土

①垫层为商品非泵送混凝土。

②构造柱、圈梁、压顶、栏板、上翻混凝土采用商品非泵送混凝土。

③其余结构混凝土均采用商品泵送混凝土。

④找平找坡用细石混凝土按商品非泵送混凝土。

2)外墙做法

(1)装饰

外墙面喷刷涂料喷仿石底涂料:掺着色剂,刷封底涂料增强黏结力,6 mm 厚1∶2.5 水泥砂浆找平,12 mm 厚 1∶3 水泥砂浆打底扫毛或划出纹道。

(2)节能设计

①本建筑物框架部分外墙砌体结构为 250 mm 厚陶粒空心砖,外墙外侧均做 35 mm 厚聚苯颗粒,外墙外保温做法,传热系数<0.6。

②本建筑物塑钢门窗均为单层框中空玻璃、传热系数为 3.0。

③本建筑物屋面均采用 40 mm 厚现喷硬质发泡聚氨保温层,导热系数<0.024。

(3)防水设计

①本建筑物地下工程防水等级为一级,用防水卷材与钢筋混凝土自防水两道设防要求;底板、外墙、顶板卷材均选用 3.0 mm 厚两层 SBS 改性沥青防水卷材,所有阴阳角处附加一层同质卷材,底板处在卷材防水的表面做 50 mm 厚 C20 细石混凝土保护层;钢筋混凝土外墙防水外做 60 mm 厚泡沫聚苯板保护墙,保护墙外回填 2∶8 灰土夯实,回填范围 500 mm。在地下室外墙管道穿墙处,防水卷材端口及出地面收口处用防水油膏做局部防水处理。

②本建筑物屋面工程防水等级为二级,坡屋面采用 1.5 mm 厚聚氨酯防水涂膜防水层(刷 3 遍),撒砂一层粘牢;平屋面采用 3 mm 厚高聚物改性沥青防水卷材防水层,屋面雨水采用 A100UPVC 内排水方式。

③楼地面防水:在凡是需要楼地面防水的房间,均做水溶性涂膜防水 3 道,共 1.5 mm 厚,防水层四周卷起 300 mm 高,房间在做完闭水试验后再进行下道工序施工,凡管道穿楼板处均预埋防水套管。

④集水坑防水:所有集水坑内部抹 20 mm 厚 1∶2.5 防水水泥砂浆,分 3 次抹平,内掺 3%防水剂。

3)室内装修做法

(1)屋面 1

铺地缸砖保护层上人屋面:

①8~10 mm 厚彩色水泥釉面防滑地砖,用建筑胶砂浆粘贴,干水泥擦缝。

②3 mm 厚纸筋灰隔离层。

③3 mm 厚高聚物改性沥青防水卷材。

④20 mm 厚 1∶3 水泥砂浆找平层。

⑤最薄 30 mm 厚 1∶0.2∶3.5 水泥粉煤灰页岩陶粒、找 2%坡。

⑥40 mm 厚现喷硬质发泡聚氨保温层。

⑦现浇混凝土屋面板。

(2)屋面 2

坡屋面:

①满涂银粉保护剂。

②1.5 mm 厚聚氨酯涂膜防水层(刷 3 遍),撒砂一层粘牢。

③20 mm 厚 1∶3 水泥砂浆找平层。

④40 mm 厚现喷硬质发泡聚氨保温层。

⑤现浇混凝土屋面板。

（3）屋面3

不上人屋面：

①满涂银粉保护剂。

②1.5 mm 厚聚氨酯涂膜防水层（刷3遍），撒砂一层粘牢。

③20 mm 厚1∶3 水泥砂浆找平层。

④最薄30 mm 厚1∶0.2∶3.5 水泥粉煤灰页岩陶粒、找2%坡。

⑤40 mm 厚现喷硬质发泡聚氨保温层。

⑥现浇混凝土屋面板。

（4）楼面1

防滑地砖楼面（砖采用400 mm×400 mm）：

①5~10 mm 厚防滑地砖，稀水泥浆擦缝。

②6 mm 厚建筑胶水泥砂浆黏结层。

③素水泥浆一道（内掺建筑胶）。

④20 mm 厚1∶3 水泥砂浆找平层。

⑤素水泥浆一道（内掺建筑胶）。

⑥钢筋混凝土楼板。

（5）楼面2

防滑地砖防水楼面（砖采用400 mm×400 mm）：

①5~10 mm 厚防滑地砖，稀水泥浆擦缝。

②撒素水泥面（洒适量清水）。

③20 mm 厚1∶2 干硬性水泥砂浆黏结层。

④1.5 mm 厚聚氨酯涂膜防水层。

⑤20 mm 厚1∶3 水泥砂浆找平层，四周及竖管根部抹小八字角。

⑥素水泥浆一道。

⑦最薄处30 mm 厚C15 细石混凝土从门口向地漏找1%坡。

⑧现浇混凝土楼板。

（6）楼面3

大理石楼面（大理石尺寸800 mm×800 mm）：

①铺20 mm 厚大理石板，稀水泥擦缝。

②撒素水泥面（洒适量清水）。

③30 mm 厚1∶3 干硬性水泥砂浆黏结层。

④40 mm 厚1∶1.6 水泥粗砂焦渣垫层。

⑤钢筋混凝土楼板。

（7）地面1

细石混凝土地面：

①40 mm 厚C20 细石混凝土随打随抹撒1∶1 水泥砂子压实赶光。

②150 mm 厚5-32 卵石灌M2.5 混合砂浆，平板振捣器振捣密实。

③素土夯实，压实系数0.95。

（8）地面 2

水泥地面：

①20 mm 厚 1：2.5 水泥砂浆磨面压实赶光。

②素水泥浆一道(内掺建筑胶)。

③30 mm 厚 C15 细石混凝土随打随抹。

④3 mm 厚高聚物改性沥青涂膜防水层。

⑤最薄处 30 mm 厚 C15 细石混凝土。

⑥100 mm 厚 3：7 灰土夯实。

⑦素土夯实，压实系数 0.95。

（9）地面 3

防滑地砖地面：

①2.5 mm 厚石塑防滑地砖，建筑胶黏剂粘铺，稀水泥浆碱擦缝。

②20 mm 厚 1：3 水泥砂浆压实抹平。

③素水泥结合层一道。

④50 mm 厚 C10 混凝土。

⑤150 mm 厚 5-32 卵石灌 M2.5 混合砂浆，平板振捣器振捣密实。

⑥素土夯实，压实系数 0.95。

（10）踢脚 1

水泥砂浆踢脚(高度为 100 mm)：

①6 mm 厚 1：2.5 水泥砂浆罩面压实赶光。

②素水泥浆一道。

③8 mm 厚 1：3 水泥砂浆打底扫毛或划出纹道。

④素水泥浆一道甩毛(内掺建筑胶)。

（11）踢脚 2

地砖踢脚(用 400 mm×100 mm 深色地砖，高度为 100 mm)：

①5~10 mm 厚防滑地砖踢脚，稀水泥浆擦缝。

②8 mm 厚 1：2 水泥砂浆(内掺建筑胶)黏结层。

③5 mm 厚 1：3 水泥砂浆打底扫毛或划出纹道。

（12）踢脚 3

大理石踢脚(用 800 mm×100 mm 深色大理石，高度为 100 mm)：

①10~15 mm 厚大理石踢脚板，稀水泥浆擦缝。

②10 mm 厚 1：2 水泥砂浆(内掺建筑胶)黏结层。

③界面剂一道甩毛(甩前先将墙面用水湿润)。

（13）内墙面 1

水泥砂浆墙面：

①喷水性耐擦洗涂料。

②5 mm 厚 1：2.5 水泥砂浆找平。

③9 mm 厚 1：3 水泥砂浆打底扫毛。

④素水泥浆一道甩毛(内掺建筑胶)。

(14)内墙面2

瓷砖墙面(面层用200 mm×300 mm高级面砖):

①白水泥擦缝。

②5 mm厚釉面砖面层(粘前先将釉面砖浸水两小时以上)。

③5 mm厚1:2建筑水泥砂浆黏结层。

④素水泥浆一道。

⑤6 mm厚1:2.5水泥砂浆打底压实抹平。

⑥涂塑中碱玻璃纤维网格布一层。

(15)顶棚1

抹灰顶棚:

①喷水性耐擦洗涂料。

②2 mm厚纸筋灰罩面。

③5 mm厚1:0.5:3水泥石膏砂浆扫毛。

④素水泥浆一道甩毛(内掺建筑胶)。

(16)顶棚2

涂料顶棚:

①喷合成树脂乳胶涂料面层两道(每道隔两小时)。

②封底漆一道(干燥后再做面涂)。

③3 mm厚1:0.5:2.5水泥石灰膏砂浆找平。

④5 mm厚1:0.5:3水泥石灰膏砂浆打底扫毛。

⑤素水泥浆一道甩毛(内掺建筑胶)。

(17)吊顶1

铝合金条板吊顶:燃烧性能为A级。

①0.8~1.0 mm厚铝合金条板,离缝安装带插缝板。

②U形轻钢次龙骨LB45×48,中距≤1500 mm。

③U形轻钢主龙骨LB38×12,中距≤1500 mm与钢筋吊杆固定。

④A6钢筋吊杆,中距横向≤1500 mm,纵向≤1200 mm。

⑤现浇混凝土板底预留A10钢筋吊环,双向中距≤1500 mm。

(18)吊顶2

岩棉吸音板吊顶:燃烧性能为A级。

①12 mm厚岩棉吸音板面层,规格592 mm×592 mm。

②T形轻钢次龙骨TB24×28,中距600 mm。

③T形轻钢次龙骨TB24×38,中距600 mm,找平后与钢筋吊杆固定。

④A8钢筋吊杆,双向中距≤1200 mm。

⑤现浇混凝土板底预留A10钢筋吊环,双向中距≤1200 mm。

二、编制依据

①工程量清单计价按照国标《建设工程工程量清单计价规范》(GB 50500—2013)。

②《浙江省建筑工程预算定额》(2018 版)、《浙江省建筑安装工程预算定额》(2018 版)。

③浙建建〔2018〕61 号《关于颁发浙江省建设工程计价依据》(2018 版)的通知。

④建建发〔2019〕92 号《关于增值税调整后浙江省建设工程计价规则有关增值税税率及计价系数调整的通知》。

⑤建建发〔2016〕144 号《关于建筑业实施营改增后浙江省建设工程计价规则调整的通知》。

⑥价格参照温州市 2020 年 10 月价格信息。

⑦其他与造价有关的政策规定。

2 建筑工程量计算准备工作

通过本章的学习,你将能够:

(1)正确选择清单与定额规则,以及相应的清单库和定额库;

(2)正确选择钢筋规则;

(3)正确设置檐高、结构类型、抗震等级、设防烈度、室外地坪相对±0.000标高等工程信息;

(4)正确定义楼层及统一设置各类构件混凝土强度等级;

(5)正确进行工程计算设置;

(6)按图纸定义绘制轴网。

2.1 新建工程

通过本节的学习,你将能够:

(1)正确选择清单与定额规则,以及相应的清单库和定额库;

(2)正确选择钢筋规则;

(3)区分做法模式。

一、任务说明

根据《办公大厦建筑工程图》,在软件中完成新建工程的各项设置。

二、任务分析

①清单与定额规则及相应的清单库和定额库都是做什么用的?

②清单规则和定额规则如何选择?

③钢筋规则如何选择?

三、任务实施

1)分析图纸

在新建工程前,应先分析图纸中的结施-1"(五)本工程设计所遵循的标准、规范、规程"中第9~11条《混凝土结构施工图平面整体表示方法制图规则和构造详图》16G101—1、

16G101—2 和 16G101—3,软件算量要依照此规定。

2) 新建工程

①在分析图纸、了解工程的基本概况之后启动软件,进入软件"新建工程"界面,如图 2.1 所示。

图 2.1

②鼠标左键单击界面上的"新建工程",进入新建工程界面,输入各项工程信息。

工程名称:按工程图纸名称输入,保存时会作为默认的文件名。本工程名称输入为"广联达办公大厦"。

计算规则:如图 2.2 所示。

新建工程	×
工程名称:	广联达办公大厦
计算规则	
清单规则:	房屋建筑与装饰工程计量规范计算规则(2013-浙江)(R1.0.24.2)
定额规则:	浙江省房屋建筑与装饰工程定额计算规则 (2018)(R1.0.24.2)
清单定额库	
清单库:	工程量清单项目计量规范(2013-浙江)-广达
定额库:	浙江省房屋建筑与装饰工程预算定额(2018)
钢筋规则	
平法规则:	16系平法规则
汇总方式:	按照钢筋图示尺寸-即外皮汇总
《钢筋汇总方式详细说明》 《计算规则选择注意事项》	创建工程 取消

图 2.2

平法规则:选择"16 系平法规则"。

单击"创建工程"按钮,即完成了工程的新建。

四、任务结果

任务结果如图 2.2 所示。

2.2 工程设置

通过本节的学习,你将能够:
(1)正确进行工程信息输入;
(2)正确进行工程计算设置。

一、任务说明
根据《办公大厦建筑工程图》,在软件中完成各项工程设置。

二、任务分析
①软件中新建工程的各项设置都有哪些?
②室外地坪标高的设置如何查询?

三、任务实施
创建工程后,进入软件界面,如图 2.3 所示,分别对基本设置、土建设置、钢筋设置进行修改。

图 2.3

1)基本设置

首先对基本设置中的工程信息进行修改,单击"工程信息",出现如图 2.4 所示界面。

蓝色字体部分必须填写,黑色字体所示信息只起标识作用,可以不填,不影响计算结果。从结施-1"(一)工程概况及结构布置"和"(三)自然条件中的第 2 条抗震设防有关参数"可知:结构类型为框架-剪力墙结构;抗震设防烈度为 8 度;框架抗震等级为二级。其中地下一层,地上 4 层(不包括电梯机房与水箱间)。

从建施-9—建施-12 可知:室外地坪相对±0.000 标高为-0.45 m。檐高:16.05 m(设计室外地坪到屋面板板顶的高度为 15.6 m+0.45 m=16.05 m)。

图 2.4

【注意】

①常规的抗震等级由结构类型、设防烈度、檐高三项确定。

②若设计中已知抗震等级,可直接填写抗震等级,不必填写结构类型、设防烈度、檐高三项。

填写信息如图 2.4 所示。

2)土建设置

土建规则在前面"创建工程"时已选择,此处不需要修改。

3)钢筋设置

(1)计算设置修改

"计算设置"修改界面,如图 2.5 所示。

①修改梁计算设置:依据结施-7—结施-10,设计说明"3.主次梁交接处,主梁内次梁两侧按右图未标注附加箍筋均为每侧 3 道,肢数与直径同主梁箍筋。4.未标注肢数的箍筋均为 2

图 2.5

肢箍"。

单击"框架梁",修改"27.次梁两侧共增加箍筋数量"为"6",如图 2.6 所示。

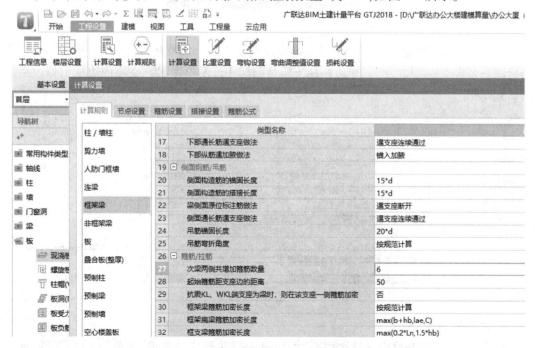

图 2.6

②修改板计算设置:在结施-1"结构设计总说明(一)"中,"(九)钢筋混凝土结构构造:4.现浇钢筋混凝土板第(7)项板内分布钢筋(包括楼梯跑板),除注明者外,见表2.1"。

表 2.1　板内分布钢筋

楼板厚度(mm)	≤110	120~160
分布钢筋直径、间距	φ6@200	φ8@200

单击"板",修改"3.分布钢筋配置"为"同一板厚的分布筋相同",如图2.7所示,单击"确定"按钮即可。

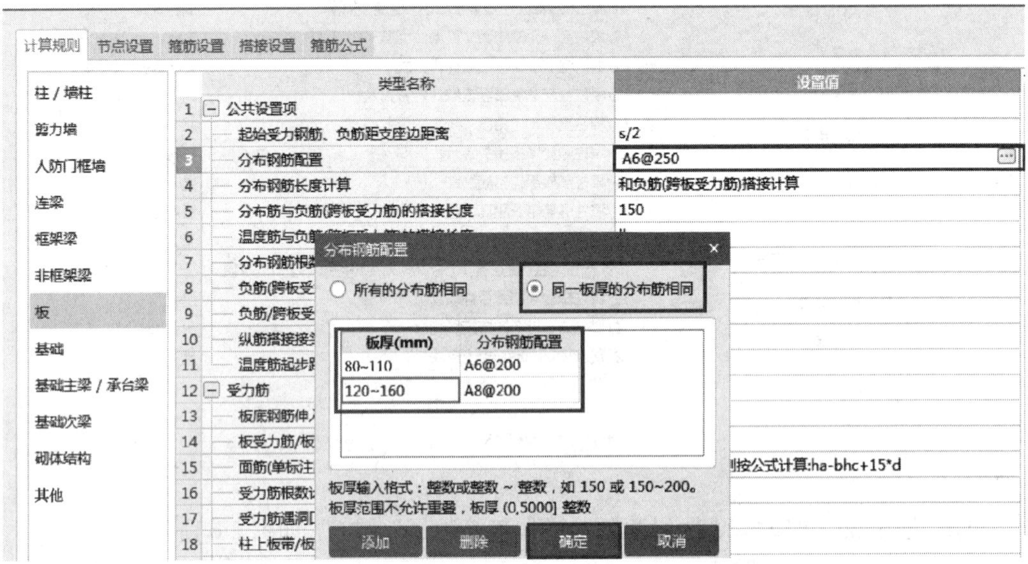

图 2.7

查看各层板结构施工图,"跨板受力筋标注长度位置"为"支座外边线","板中间支座负筋标注是否含支座"为"否","单边标注支座负筋标注长度位置"为"支座内边线",修改后如图2.8所示。

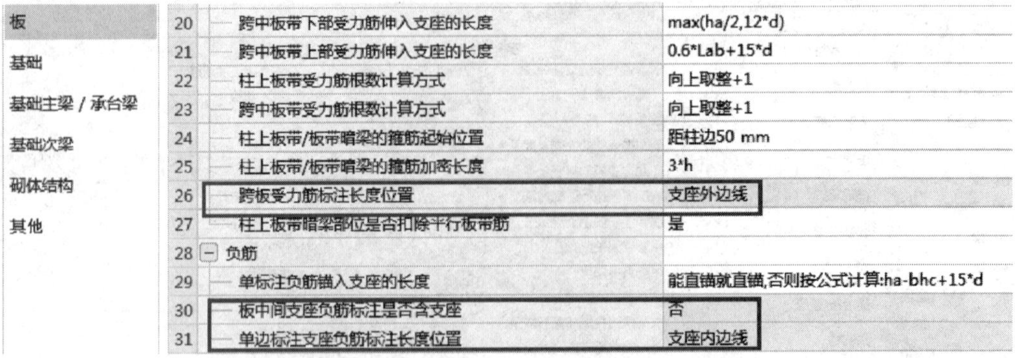

图 2.8

(2)"搭接设置"修改

结施-1"(九)钢筋混凝土结构构造"中"2.钢筋接头形式及要求"下的"(1)框架梁、框架柱、抗震墙暗柱,当受力钢筋直径≤14 mm 时采用绑扎搭接,接头性能等级为一级;当受力钢筋直径>14 mm 时采用直螺纹套筒机械连接"。在菜单栏"工程设置"功能工具条"计算设置"里单击并修改"搭接设置",如图 2.9 所示。

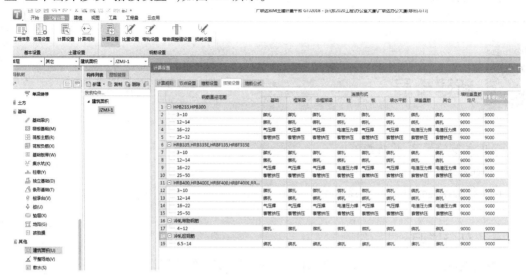

图 2.9

（3）比重设置修

单击比重设置,进入"比重设置"对话框。将直径为 6.5 mm 的钢筋比重复制到直径为 6 mm 的钢筋比重中,如图 2.10 所示。

图 2.10

【注意】

市面上直径 6 mm 的钢筋较少,一般采用 6.5 mm 的钢筋。

其余不需要修改。

四、任务结果

见以上各图。

2.3 新建楼层

通过本节的学习,你将能够:
(1)定义楼层;
(2)定义各类构件混凝土强度等级设置。

一、任务说明

根据《办公大厦建筑工程图》,在软件中完成新建工程的楼层设置。

二、任务分析

①软件中新建工程的楼层应如何设置?
②如何对楼层进行添加或删除操作?
③各层混凝土强度等级、砂浆标号的设置,对哪些计算有影响?
④工程楼层的设置应依据建筑标高还是结构标高?区别是什么?
⑤基础层的标高应如何设置?

三、任务实施

1)分析图纸

层高按照《办公大厦建筑工程图》结施-11—结施-14 中"结构层楼面标高表"建立,如图 2.11 所示。

2)建立楼层

(1)单击楼层设置

单击楼层设置,进入"楼层设置"界面,如图 2.12 所示。

鼠标定位在首层,单击"插入楼层",则插入地上楼层。鼠标定位在基础层,单击"插入楼层",则插入地下室。按照楼层表并结合结施-11—结施-14 各层楼板平面图修改层高。

①软件默认给出首层和基础层。

②首层的结构底标高输入为−0.1 m,层高输入为 3.9 m,板厚本

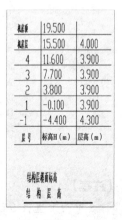

机层面	19.500	
机层面	15.500	4.000
4	11.600	3.900
3	7.700	3.900
2	3.800	3.900
1	-0.100	3.900
-1	-4.400	4.300
层 号	标高H(m)	层高(m)

结构层楼面标高
结 构 层 高

图 2.11

层最常用的为 120 mm。鼠标左键选择首层所在的行,单击"插入楼层",添加第 2 层,2 层高输入为 3.9 m,最常用的板厚为 120 mm。

图 2.12

③按照建立 2 层同样的方法,建立 3 层和 4 层,3 层层高为 3.9 m,4 层层高为 3.9 m。单击基础层,插入楼层,地下一层的层高为 4.3 m。修改层高后,如图 2.13 所示。

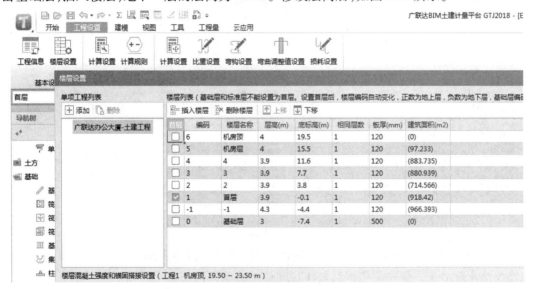

图 2.13

(2)混凝土强度等级及保护层厚度修改

根据结施-1"结构设计总说明(一):(八)主要结构材料"中的"2.混凝土",混凝土强度等级见表 2.2。

表 2.2 混凝土强度等级

混凝土所在部位	混凝土强度等级		备注
	墙、柱	梁、板	
基础垫层		C15	
基础地梁、筏板		C30	抗渗等级 P6
地下一层~二层楼面	C30	C30	地下一层外墙抗渗等级 P6
三层~屋面	C25	C25	
其余各结构构件	C25	C25	

在结施-1"结构设计总说明(一):(九)钢筋混凝土结构构造"中主筋的混凝土保护层厚度信息如下：

主筋的混凝土保护层厚为：筏板：40 mm；梁：25 mm；柱：25 mm；抗震墙：20 mm；板：15 mm。

【注意】

　　露台、楼梯采用水泥砂浆抹面。各部分钢筋的混凝土保护层厚度同时应满足不小于主筋直径的要求。

对混凝土强度等级分别进行修改，如图 2.14 所示。

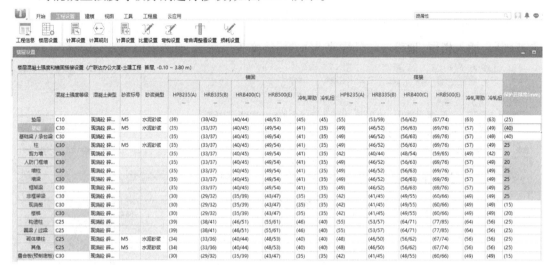

图 2.14

在建施-1、结施-1 中提到砌块墙体、砖墙都为 M5 水泥砂浆砌筑，修改砂浆标号为 M5，砂浆类型为水泥砂浆。保护层依据结施-1 说明依次修改即可。

首层修改完成后，单击左下角"复制到其他楼层"，如图 2.15 所示。

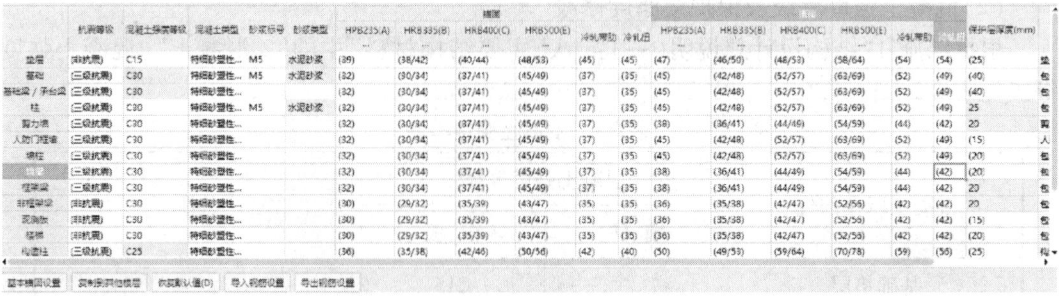

图 2.15

选择其他所有楼层，单击"确定"按钮即可，如图 2.16 所示。

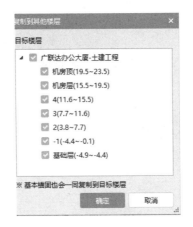

图 2.16

四、任务结果

完成楼层设置,如图 2.17 所示。

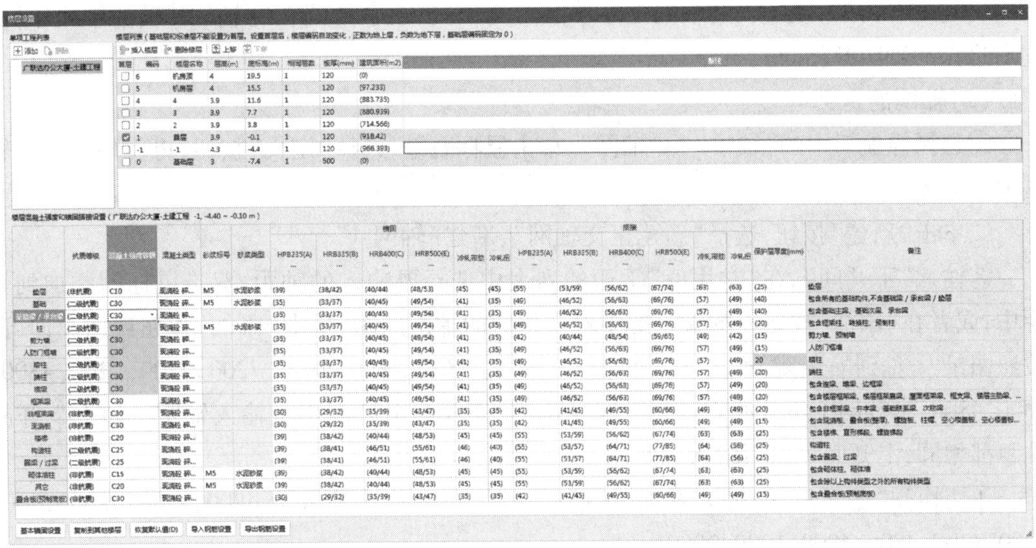

图 2.17

2.4 建立轴网

通过本节的学习,你将能够:

(1)按图纸定义轴网;

(2)对轴网进行二次编辑。

一、任务说明

根据《办公大厦建筑工程图》，在软件中完成轴网建立。

二、任务分析

①建施与结施图中采用什么图的轴网最全面？

②轴网中上下开间，左右进深如何确定？

三、任务实施

1）建立轴网

楼层建立完毕后，需要建立轴网。施工时是用放线来定位建筑物的位置，使用软件做工程时则是用轴网来定位构件的位置。

（1）分析图纸

由建施-3 可知，该工程的轴网是简单的正交轴网，上下开间在⑨轴~⑪轴的轴距不同，左右进深的轴距都相同。

（2）轴网的定义

①选择导航树中的"轴线"→"轴网"，单击鼠标右键，选择"定义"按钮，将软件切换到轴网的定义界面。

②单击"新建"按钮，选择"新建正交轴网"，新建"轴网-1"。

③输入"下开间"，在"常用值"下面的列表中选择要输入的轴距，双击鼠标即添加到轴距中；或者在"添加"按钮下的输入框中输入相应的轴网间距，单击"添加"按钮或回车即可；按照图纸从左到右的顺序，"下开间"依次输入 4800，4800，4800，7200，7200，7200，4800，4800，4800；本轴网上下开间在⑨轴~⑪轴不同，需要在上开间中也输入轴距。如上下开间轴距都相同，上开间可以不输入轴距。

④切换到"上开间"的输入界面，按照同样的方法，依次输入为 4800，4800，4800，7200，7200，7200，4800，4800，1900，2900。

⑤输完上下开间之后，单击轴网显示界面上方的"轴号自动排序"命令，软件自动调整轴号，使其与图纸一致。

⑥切换到"左进深"的输入界面，按照图纸从下到上的顺序，依次输入左进深的轴距为 7200，8400，6900，修改轴号分别为Ⓐ，Ⓑ，Ⓓ，Ⓔ。

⑦切换到"右进深"的输入界面，按照图纸从下到上的顺序，依次输入左进深的轴距为 7200，6000，2400，6900，修改轴号分别为Ⓐ，Ⓑ，Ⓒ，Ⓓ，Ⓔ。

⑧可以看到，右侧的轴网图显示区域已经显示了定义的轴网，轴网定义完成。

2）轴网的绘制

（1）绘制轴网

①轴网定义完毕后，单击"绘图"按钮，切换到绘图界面。

②弹出"请输入角度"对话框，提示用户输入定义轴网需要旋转的角度。本工程轴网为

水平竖直方向的正交轴网,旋转角度按软件默认输入"0"即可,如图2.18所示。

图2.18

③单击"确定"按钮,绘图区显示轴网,这样就完成了对本工程轴网的定义和绘制。

如果要将右进深、上开间的轴号和轴距显示出来,在绘图区域,用鼠标左键单击"修改轴号位置",按住鼠标左键拉框选择所有轴线,按右键确定;选择"两端标注",然后单击"确定"按钮即可,如图2.19所示。

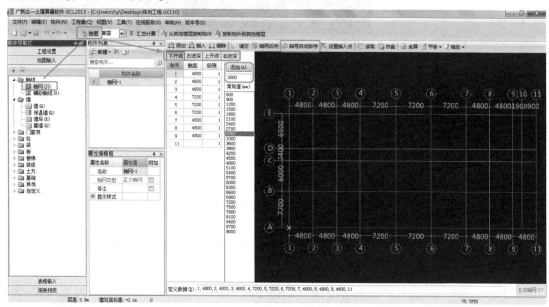

图2.19

(2)轴网的其他功能

①设置插入点:用于轴网拼接,可以任意设置插入点(不在轴线交点处或在整个轴网外都可以设置)。

②修改轴号和轴距:当检查到已经绘制的轴网有错误时,可以直接修改。

③软件提供了辅助轴线用于构件辅轴定位:辅轴在任意界面都可以直接添加。辅轴主要有两点、平行、点角和圆弧。

四、任务结果

完成轴网,如图2.20所示。

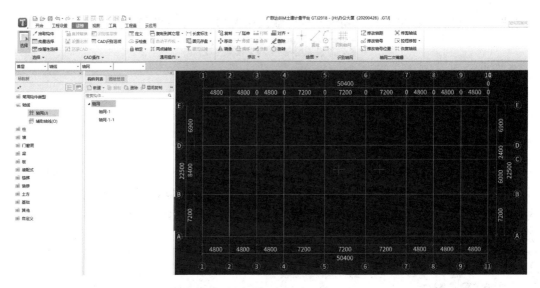

图 2.20

五、总结拓展

①新建工程中,主要确定工程名称、计算规则以及做法模式。蓝色字体的参数值影响工程量计算,按照图纸输入,其他信息只起标识作用。

②首层标记在楼层列表中的首层列,可以选择某一层作为首层。勾选后,该层作为首层,相邻楼层的编码自动变化,基础层的编码不变。

③底标高是指各层的结构底标高。软件中只允许修改首层的底标高,其他层标高自动按层高反算。

④相同板厚是软件给出的默认值,可以按工程图纸中最常用的板厚设置;在绘图输入新建板时,会自动默认取这里设置的数值。

⑤可以按照结构设计总说明对应构件选择标号和类型。对修改的标号和类型,软件会以反色显示。在首层输入相应的数值完毕后,可以使用右下角的"复制到其他楼层"命令,把首层的数值复制到参数相同的楼层。各个楼层的标号设置完成后,就完成了对工程楼层的建立,可以进入"绘图输入"进行建模计算。

⑥有关轴网的编辑、辅助轴线的详细操作,请查阅"帮助"菜单中的文字帮助→绘图输入→轴线。

⑦建立轴网时,输入轴距有两种方法:一是常用的数值可以直接双击;二是常用值中没有的数据可以直接添加。

⑧当上下开间或者左右进深的轴距不一样时(即错轴),可以使用轴号自动排序功能将轴号排序。

⑨比较常用的建立辅助轴线的功能:二点辅轴(直接选择两个点绘制辅助轴线);平行辅轴(建立平行于任意一条轴线的辅助轴线);圆弧辅轴(可以通过选择 3 个点绘制辅助轴线)。

⑩在任何界面下都可以添加辅轴。轴网绘制完成后,就进入"绘图输入"部分。"绘图输入"部分可以按照后面章节的流程进行。

软件界面介绍如图 2.21 所示。

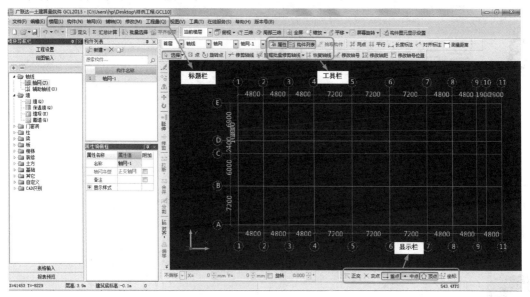

图 2.21

3 首层工程量计算

通过本章的学习,你将能够:
(1)定义柱、墙、梁、板、门窗、楼梯等构件;
(2)绘制柱、墙、梁、板、门窗、楼梯等图元;
(3)掌握飘窗、过梁、圈梁、构造柱在 GTJ 软件中的处理方法;
(4)掌握暗柱、连梁在 GTJ 软件中的处理方法。

3.1 首层柱工程量计算

通过本节的学习,你将能够:
(1)依据定额和清单确定柱的分类和土建工程量计算规则;
(2)依据平法、定额和清单确定柱的钢筋的类型及钢筋工程量计算规则;
(3)应用造价软件定义各种柱(如矩形柱、圆形柱、参数化柱、异形柱)的属性并套用做法;
(4)应用造价软件绘制本层柱图元;
(5)统计并核查本层柱的个数、土建及钢筋工程量。

一、任务说明

①完成首层各种柱的定义、做法套用及图元绘制。
②汇总计算,统计并核查本层柱的土建及钢筋工程量。

二、任务分析

①各种柱在计量时的主要尺寸有哪些? 从哪个图中的什么位置找到? 有多少种柱?
②工程量计算中柱都有哪些分类? 都套用什么清单和定额?
③软件如何定义各种柱? 各种异形截面端柱如何处理?
④构件属性、做法套用、图元之间有什么关系?
⑤如何统计本层柱的土建和钢筋工程量?

三、任务实施

1) 分析图纸

①在框架剪力墙结构中,将暗柱的工程量并入墙体计算,《办公大厦建筑工程图》结施-4 中暗柱有两种形式:一种与墙体一样厚,如 GJZ1 的形式,作为剪力墙处理;另一种为端柱如 GDZ1,凸出剪力墙的,在软件中类似 GDZ1 这样的端柱可以定义为异形柱,在做法套用时套用混凝土墙体的清单和定额子目。

②在《办公大厦建筑工程图》结施-5 的柱表中得到柱的截面信息,本层以矩形框架柱为主,包括矩形框架柱、圆形框架柱及异形端柱,主要信息见表 3.1。

还有部分剪力墙柱,YBZ 约束边缘构件和 GBZ 构造边缘构件,如图 3.1 所示。

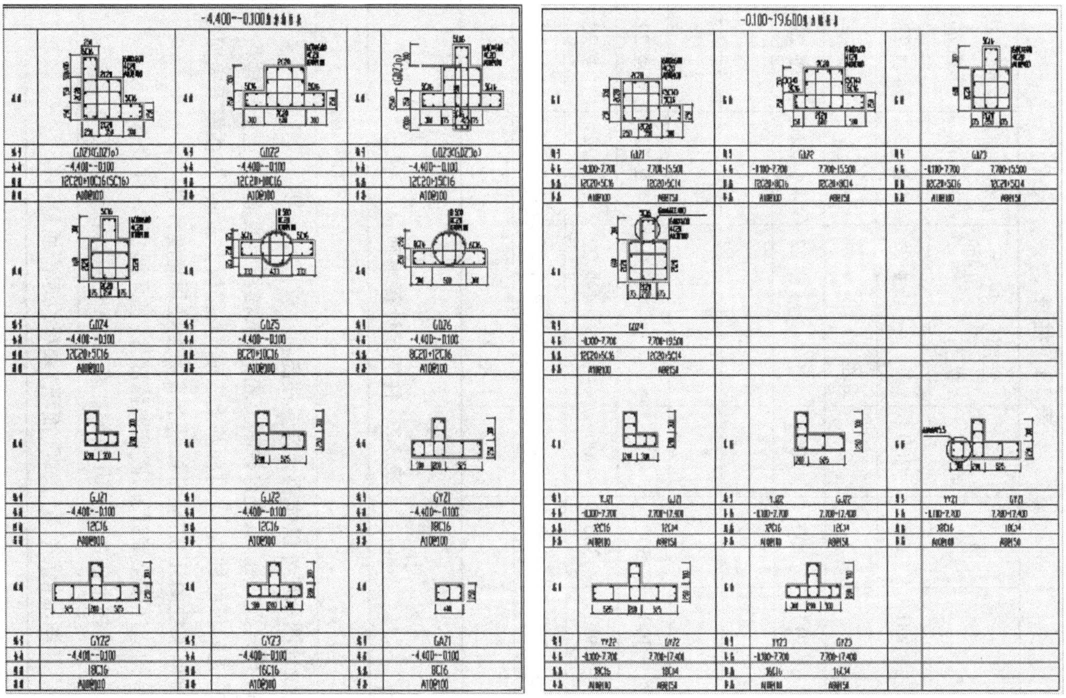

图 3.1

2) 现浇混凝土柱基础知识

(1) 清单计算规则学习

柱清单计算规则,见表 3.2。

(2) 定额计算规则学习

柱定额计算规则见表 3.3。

表 3.1 柱表

柱号	柱高	b×h(圆柱直径D)	b₁	b₂	h₁	h₂	全部纵筋	角筋	b 侧一边中部筋	h 侧一边中部筋	箍筋类型号	箍筋	备注
KZ1	−0.100～15.500	600×600	300	300	300	300		4 Φ 22	4 Φ 22	4 Φ 22	1×(4×4)	Φ 10@ 100/200	
KZ2	−0.100～7.700	850					8 Φ 25				7×(4×4)	Φ 10@ 100/200	
KZ3	7.700～15.500	600×600	300	300	300	300		4 Φ 22	4 Φ 22	4 Φ 22	1×(4×4)	Φ 8@ 100/200	
KZ4	−0.100～3.800	550					8 Φ 29				7×(4×4)	Φ 8@ 100/200	
KZ5	−0.100～3.800	550					8 Φ 22				7×(4×4)	Φ 8@ 100/200	
KZ6	−0.100～19.500	600×600	300	300	300	300		4 Φ 22	4 Φ 22	4 Φ 22	1×(4×4)	Φ 10@ 100/200	
KZ7	−0.100～18.500	600×600	300	300	300	300		4 Φ 22	4 Φ 22	4 Φ 22	1×(4×4)	Φ 10@ 100/200	
KZ1	−4.400～−0.100	600×600	300	300	300	300		4 Φ 22	4 Φ 22	4 Φ 22	1×(4×4)	Φ 10@ 100/200	
KZ2	−4.400～−0.100	850					8 Φ 25				7×(4×4)	Φ 10@ 100/200	

表 3.2 柱清单计算规则

编号	项目名称	单位	计算规则
010502001	矩形柱	m³	按设计图示尺寸以体积计算。柱高： (1) 有梁板的柱高，应自柱基上表面(或楼板上表面)至上一层楼板上表面之间的高度计算 (2) 无梁板的柱高，应自柱基上表面(或楼板上表面)至柱帽下表面之间的高度计算 (3) 框架柱的柱高：应自柱基上表面至柱顶高度计算 (4) 构造柱按全高计算，嵌接墙体部分(马牙槎)并入柱身体积 (5) 依附柱上的牛腿和升板柱的柱帽，并入柱身体积计算
010502002	构造柱	m³	
010502003	异形柱	m³	
010515001	现浇构件钢筋	t	按设计图示钢筋(网)长度(面积)乘单位理论质量计算

表 3.3 柱定额计算规则

编号	项目名称	单位	计算规则
5-6	现浇混凝土矩形柱、异形柱、圆形柱	m³	混凝土的工程量按设计图示尺寸以体积计算。不扣除构件内钢筋、螺栓、预埋铁件及 0.3 m² 以内的孔洞所占体积 (1)柱高的计算规定 ①有梁板的柱高,应自柱基上表面(或梁板上表面)至上一层楼板上表面之间的高度计算 ②无梁板的柱高,应自柱基上表面(或梁板上表面)至柱帽下表面之间的高度计算
5-7	现浇混凝土构造柱	m³	③有楼隔层的柱高,应以柱基上表面至梁上表面高度计算 ④无楼隔层的柱高,应以柱基上表面至柱顶高度计算 (2)附属于柱的牛腿,并入柱身体积内计算 (3)构造柱(抗震柱)应包括"马牙槎"体积在内,以"m³"计算
5-36	现浇钢筋:钢筋 HPB300 直径(10 mm 以内)	t	钢筋、铁件工程量按设计图示钢筋长度乘以单位理论质量以"t"计算 (1)长度:按设计图示以长度(钢筋中轴线长度)计算。钢筋搭接长度按设计图示及规范进行计算 (2)接头:钢筋的搭接(接头)数量按设计图示及规范计算,设计图示及规范未标明的,以构件的单根钢筋确定。水平钢筋直径 $\phi10$ 以内按每 12 m 长计算一个搭接(接头);$\phi10$ 以上按每 9 m 长计算一个搭接(接头)。竖向钢筋搭接(接头)按自然层计算,当自然层层高大于 9 m 时,除按自然层计算外,应增加每 9 m 或 12 m 长计算的接头量
5-37	现浇钢筋:钢筋 HPB300 直径(18 mm 以内)		(3)箍筋:箍筋长度(含平直段 10D)按箍筋中轴线周长加 23.8D 计算,设计平直段长度不同时允许调整 (4)设计图未明确钢筋根数、以间距布置的钢筋根数时,按以向上取整加 1 的原则计算
5-117	矩形柱组合钢模	100 m²	
5-118	矩形柱铝模		
5-119	矩形柱复合木模		
5-120	异形柱组合钢模模板	100 m²	按模板与混凝土的接触面积以"m²"计算
5-121	异形柱铝模		
5-122	异形柱复合木模		
5-123	构造柱模板	100 m²	

续表

编号	项目名称	单位	计算规则
5-124	高度超过 3.6 m(柱支模超高每增加 1 m 钢、木模)	100 m²	模板支撑高度大于 3.6 m 时,按超过部分全部面积计算工程量
5-125	高度超过 3.6 m(柱支模超高每增加 1 m 铝模)		

(3)柱平法知识

柱类型有框架柱、框支柱、芯柱、梁上柱、剪力墙柱等。从形状上可分为圆形柱、矩形柱、异形柱等。柱钢筋的平法表示有两种:一是列表注写方式;二是截面注写方式。

①列表注写。在柱表中注写柱编号、柱段起止标高、几何尺寸(含柱截面对轴线的偏心情况)与配筋信息、箍筋信息,如图 3.2 所示。

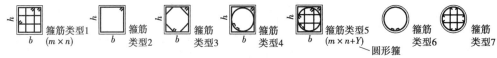

柱表

柱号	标高	$b \times h$ (圆柱直径D)	b_1	b_2	h_1	h_2	全部纵筋	角筋	b边一侧中部筋	h边一侧中部筋	箍筋类型号	箍筋	备注
KZ1	−0.030~19.470	750 × 700	375	375	150	550	24⚓25				1(5×4)	Φ10@100/200	
	19.470~37.470	650 × 600	325	325	150	450		4⚓22	5⚓22	4⚓20	1(4×4)	Φ10@100/200	—
	37.470~59.070	550 × 500	275	275	150	350		4⚓22	5⚓22	4⚓20	1(4×4)	Φ8@100/200	
XZ1	−0.030~8.670						8⚓25				按标准构造详图	Φ10@100	③×Ⓑ轴KZ1中设置

图 3.2

②截面注写。在同一编号的柱中选择一个截面,以直接注写截面尺寸和柱纵筋及箍筋信息,如图 3.3 所示。

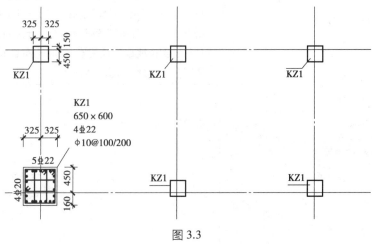

图 3.3

3)柱的属性定义

(1)矩形框架柱 KZ1

①在导航树中单击"柱"→"柱",在"构件列表"中单击"新建"→"新建矩形柱",如

图 3.4 所示。

②在"属性编辑框"中输入相应的属性值,框架柱的属性定义如图 3.5 所示。

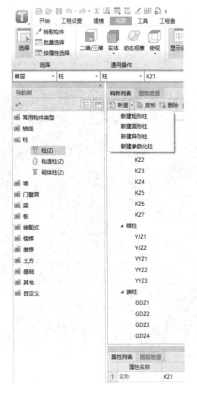

	属性名称	属性值	附加
1	名称	KZ1	
2	结构类别	框架柱	☐
3	定额类别	普通柱	☐
4	截面宽度(B边)(...	600	
5	截面高度(H边)(...	600	
6	全部纵筋		
7	角筋	4Φ22	
8	B边一侧中部筋	4Φ20	
9	H边一侧中部筋	4Φ20	
10	箍筋	Φ10@100/200(4*4)	
11	节点区箍筋		
12	箍筋肢数	4*4	
13	柱类型	(中柱)	☐
14	材质	现浇混凝土	
15	混凝土类型	(现浇砼 碎石40mm 32.5)	
16	混凝土强度等级	(C30)	
17	混凝土外加剂	(无)	
18	泵送类型	(混凝土泵)	
19	泵送高度(m)		
20	截面面积(m²)	0.36	☐
21	截面周长(m)	2.4	☐
22	顶标高(m)	层顶标高	☐
23	底标高(m)	层底标高	☐
24	备注		☐
25	⊞ 钢筋业务属性		
43	⊞ 土建业务属性		
49	⊞ 显示样式		

图 3.4　　　　　　　　　　　　　　　　图 3.5

【注意】

①名称:根据图纸输入构件的名称 KZ1,该名称在当前楼层的当前构件类型下是唯一的。

②结构类别:类别会根据构件名称中的字母自动生成,如 KZ 生成的是框架柱;也可以根据实际情况进行选择,KZ1 为框架柱。

③定额类别:选择为普通柱。

④截面宽度(B 边):KZ1 柱的截面宽度为 600 mm。

⑤截面高度(H 边):KZ1 柱的截面高度为 600 mm。

⑥全部纵筋:表示柱截面内所有的纵筋,如 24 ± 28;如果纵筋有不同的级别和直径则使用"+"连接,如 4 ± 28+16 ± 22。在此 KZ1 的全部纵筋值设置为空,采用角筋、B 边一侧中部筋和 H 边一侧中部筋详细描述。

⑦角筋:只有当全部纵筋属性值为空时才可输入,根据该工程图纸结施-4 的柱表知 KZ1 的角筋为 4 ± 22。

⑧箍筋:KZ1 的箍筋为 ± 8@100(4×4)。

⑨节点区箍筋:不填写,软件自动取箍筋加密值。

⑩箍筋肢数:通过单击当前框中省略号按钮选择肢数类型,KZ1 的箍筋肢数为 4×4 肢箍。

（2）参数化柱(以首层约束边缘柱 YBZ1 为例)

①新建柱,选择"新建参数化柱"。

②在弹出的"选择参数化图形"对话框中,设置截面类型与具体尺寸,如图 3.6 所示。单击"确认"按钮后显示属性列表。

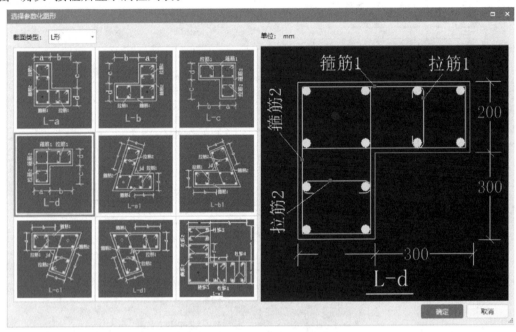

图 3.6

③参数化柱的属性定义,如图 3.7 所示。

	属性名称	属性值
1	名称	YBZ1
2	截面形状	L-d形
3	结构类别	暗柱
4	定额类别	框架薄壁柱
5	截面宽度(B边)(...	500
6	截面高度(H边)(...	500
7	全部纵筋	12Φ20
8	材质	商品混凝土
9	混凝土类型	(特细砂塑性混凝土(坍落...
10	混凝土强度等级	(C30)
11	混凝土外加剂	(无)
12	泵送类型	(混凝土泵)
13	泵送高度(m)	(3.85)
14	截面面积(m²)	0.16
15	截面周长(m)	2
16	顶标高(m)	层顶标高(3.85)
17	底标高(m)	层底标高(-0.05)
18	备注	
19	⊞ 钢筋业务属性	
33	⊞ 土建业务属性	
38	⊞ 显示样式	

图 3.7

【注意】

　　①截面形状:可以单击当前框中的省略号按钮,在弹出的"选择参数化图形"对话框中进行再次编辑。

　　②截面宽度(B边):柱截面外接矩形的宽度。

　　③截面高度(H边):柱截面外接矩形的高度。

（3）异形柱（以 YZB2 为例）

①新建柱,选择"新建异形柱"。

②在弹出的"异形截面编辑器"中绘制线式异形截面,单击"确认"按钮后可编辑属性,如图3.8所示。

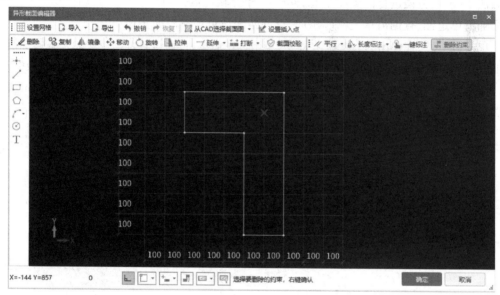

图 3.8

③异形柱的属性定义,如图 3.9 所示。

图 3.9　　　　　　　　　　　　　　　　图 3.10

（4）圆形框架柱（拓展）

选择"新建"→"新建圆形柱"，方法同矩形框架柱的属性定义。本工程无圆形框架柱，属性信息均是假设的。圆形框架柱的属性定义如图 3.10 所示。

【注意】

截面半径：设置圆形柱截面半径，可用"数值/数值"来表示变截面柱，输入格式为"柱底截面半径/柱顶截面半径"（圆形柱没有截面宽、截面高属性）。

4）做法套用

柱构件定义好后，需要进行套用做法操作。套用做法是指构件按照计算规则计算汇总出做法工程量，方便进行同类项汇总，同时与计价软件数据对接。构件套用做法，可通过手动添加清单定额、查询清单定额库添加、查询匹配清单定额添加实现。

单击"定义"，在弹出的"定义"界面中，单击构件做法，可通过查询清单库的方式添加清单，KZ1 混凝土的清单项目编码为 010502001，完善后 3 位顺序码为 010502001001，KZ1 模板的清单项目编码为 011702002，完善后 3 位顺序码为 011702002001；通过查询定额库可以添加定额，正确选择对应定额项，KZ1 的做法套用如图 3.11 所示。暗柱做法套用如图 3.12 所示。

图 3.11

图 3.12

5)柱的画法讲解

柱定义完毕后切换到绘图界面。

(1)点绘制

通过构件列表选择要绘制的构件 KZ1,用鼠标捕捉②轴与Ⓑ轴、③轴与Ⓑ轴等 KZ1 所在轴线的交点,直接单击鼠标左键即可完成柱 KZ1 的绘制,如图 3.13 所示。

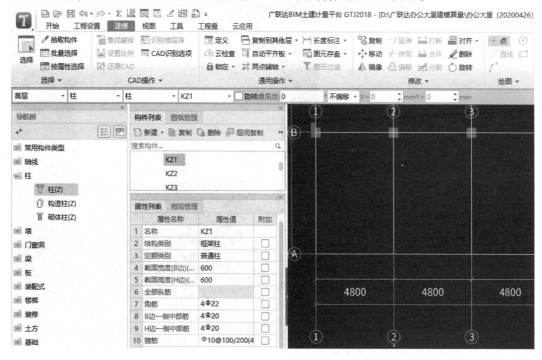

图 3.13

(2)偏移绘制

偏移绘制常用于绘制不在轴线交点处的柱,如在Ⓓ~Ⓔ轴和④~⑤轴之间的 TZ1 不能直接用鼠标选择点绘制,需要使用"Shift 键+鼠标左键"相对于基准点偏移绘制。

①把鼠标光标放在Ⓔ轴和⑤轴的交点处,同时按下键盘上的"Shift"键和鼠标左键,弹出"输入偏移量"对话框。由结施-4 可知,TZ1 的中心相对于Ⓔ轴与⑤轴交点向左偏移 -3000 mm,向下偏移-1275 mm,在对话框中输入 X = " -3100+100",Y = " -1400+125";表示水平方向偏移量为 3000 mm,竖直方向偏移 1275 mm,如图 3.14 所示。

②单击"确定"按钮,TZ1 就偏移到指定位置了,如图 3.15 所示。

(3)智能布置

当图 3.6 中某区域轴线相交处的柱都相同时,可采用"智能布置"方法来绘制柱。如结施-5 中,⑧~⑨轴与Ⓑ~Ⓔ轴的 8 个交点处都为 KZ1,即可利用此功能快速布置。选择 KZ1,单击"建模"→"柱二次编辑"→"智能布置",选择按"轴线"布置,如图 3.16 所示。

然后在图中框选要布置柱的范围,单击鼠标右键确定,则软件自动在所有范围内所有轴线相交处布置上 KZ1,如图 3.17 所示。

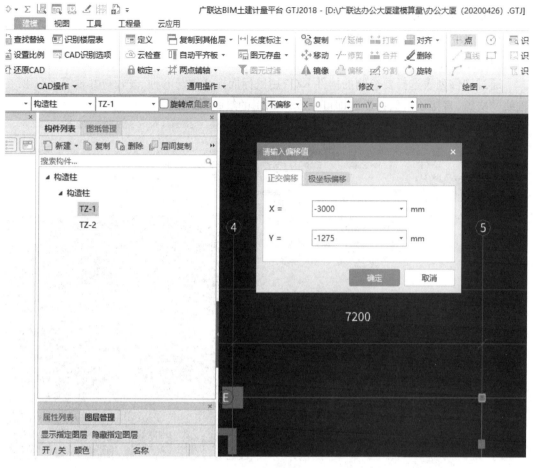

图 3.14

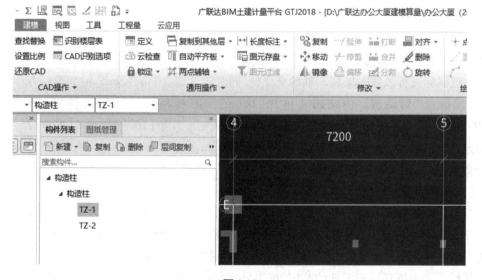

图 3.15

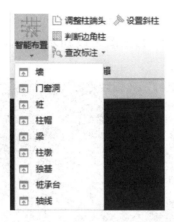

图 3.16

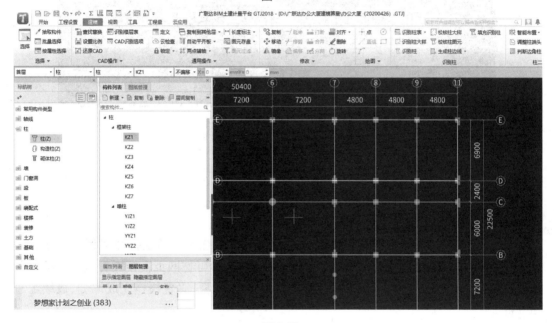

图 3.17

（4）镜像

通过图纸分析可知,①~⑤轴的柱与⑥~⑪轴的柱是对称的,因此,在绘图时可以使用一种简单的方法:先绘制①~⑤轴对称的柱,然后使用"镜像"功能绘制⑥~⑪轴。操作步骤如下:

①选中①~⑤轴间的柱,单击"建模"页签下"修改"面板中的"镜像"命令,如图3.18所示。

图 3.18

②点中显示栏的"中点",捕捉⑤~⑥轴的中点,可以看到屏幕上有一个黄色的三角形,选中第二点,单击鼠标右键确定即可,如图 3.19 所示。在状态栏的地方会提示需要进行的下一步操作。

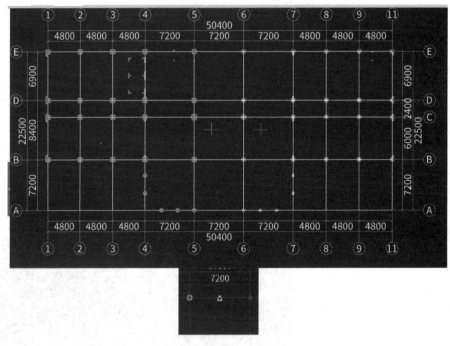

图 3.19

6) 闯关练习

老师讲解演示完毕,可登录测评认证平台安排学生练习。学生打开测评认证平台考试端,练习完毕提交工程文件后,系统可自动评分。老师可在网页直接查看学生成绩汇总和作答数据统计,该平台可帮助老师和学生专注学习本身,实现快速完成评分、成绩汇总和分析。

方式一:老师安排学生到测评认证考试平台闯关模块进行相应的关卡练习,增加练习的趣味性和学生的积极性。

方式二:老师自己安排练习。

(1)老师安排随堂练习

老师登录测评认证平台(http://kaoshi.glodonedu.com/),在考试管理页面,单击"安排考试"按钮,如图 3.20 所示。

图 3.20

步骤一:填写考试基础信息,如图 3.21 所示。

①填写考试名称:首层柱钢筋量计算。

②选择考试的开始时间与结束时间(自动计算考试时长)。

图 3.21

③单击"选择试卷"按钮选择试卷。选择试题时,可从"我的试卷库"中选择,也可在"共享试卷库"中选择,如图 3.22 所示。

图 3.22

步骤二:考试设置,如图 3.23 所示。

①添加考生信息,从群组选择中选择对应的班级学生。

②设置成绩查看权限:交卷立即显示考试成绩。

③设置防作弊的级别:0 级。

④设置可进入考试的次数(留空为不限制次数)。

发布成功后,可在"未开始的考试"中查看,如图 3.24 所示。

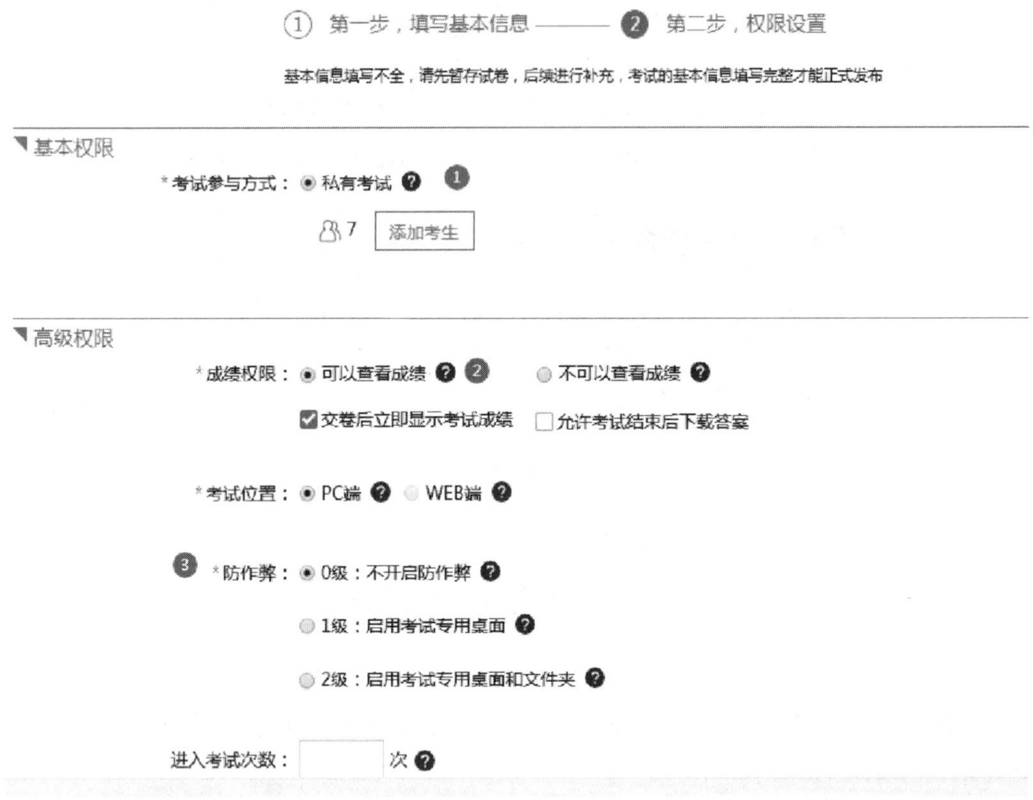

① 第一步,填写基本信息 ——— ② 第二步,权限设置

基本信息填写不全,请先暂存试卷,后续进行补充,考试的基本信息填写完整才能正式发布

▽ 基本权限

    *考试参与方式: ◉ 私有考试 ❓ ①

              🧑 7   添加考生

▽ 高级权限

    *成绩权限: ◉ 可以查看成绩 ❓ ②   ◯ 不可以查看成绩 ❓

             ☑ 交卷后立即显示考试成绩   ☐ 允许考试结束后下载答案

    *考试位置: ◉ PC端 ❓   ◯ WEB端 ❓

     ③ *防作弊: ◉ 0级:不开启防作弊 ❓

              ◯ 1级:启用考试专用桌面 ❓

              ◯ 2级:启用考试专用桌面和文件夹 ❓

    进入考试次数: [　　] 次 ❓

图 3.23

图 3.24

【小技巧】

    建议提前安排好实战任务,设置好考试的时间段,在课程上直接让学生练习即可;或者直接使用闯关模块安排学生进行练习,与教材内容配套使用。

(2)参加老师安排的任务

步骤一:登录考试平台,在桌面双击打开广联达测评认证 4.0 考试端。用学生账号登录考试平台,如图 3.25 所示。

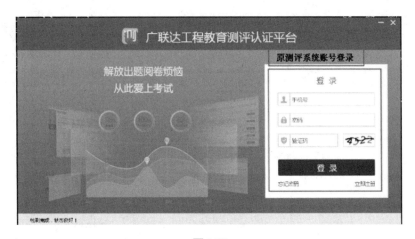

图 3.25

步骤二:参加考试。

老师安排的考试,位于"待参加考试"页签,找到要参加的考试,单击"进入考试"即可,如图 3.26 所示。

图 3.26

(3)考试过程跟进

考试过程中,单击考试右侧的"成绩分析"按钮,即可进入学生作答监控页面,如图 3.27 所示。

图 3.27

在成绩分析页面,老师可以详细看到每位学生的作答状态:未参加考试、未交卷、作答中、已交卷,如图 3.28 所示。这 4 种状态分别如下:

①未参加考试:考试开始后,学生从未进入过考试作答页面。

②未交卷:考试开始后,学生进入过作答页面,没有交卷又退出考试了。

③作答中:当前学生正在作答页面。

④已交卷:学生进入过考试页面,并完成了至少 1 次交卷,当前学生不在作答页面。

(4)查看考试结果(图 3.29)

考试结束后,老师可以在成绩分析页面查看考试的数据统计及每位考生的考试结果和成绩分析,如图 3.30 所示。

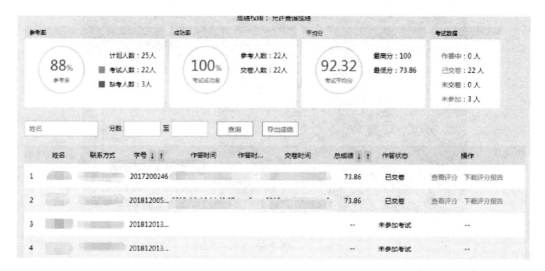

图 3.28

图 3.29

序号	构件类型	标准工程量(千克)	工程量(千克)	偏差(%)	标准分	得分	得分分析
1	▼杆	8348.578	8348.578	0	92.4731	92.4729	
2	▼1幢1	8348.578	8348.578	0	92.4731	92.4729	
3	▼首层	8348.578	8348.578	0	92.4731	92.4729	
4	ΦC20,1,0,杆	2350.4	2350.4	0	25.8064	25.8064	
5	ΦC18,1,0,杆	1792.896	1792.896	0	25.8064	25.8064	
6	ΦC25,1,0,杆	1687.224	1687.224	0	13.9785	13.9785	
7	ΦC22,1,0,杆	577.76	577.76	0	5.3763	5.3763	
8	ΦC16,1,0,杆	24.984	24.984	0	1.6129	1.6129	
9	ΦC8,1,0,杆	1902.42	1902.42	0	19.3548	19.3548	
10	ΦC10,1,0,杆	12.894	12.894	0	0.5376	0.5376	
11	▼暗柱/端柱	1052.82	1052.82	0	7.5269	7.5269	
12	▼1幢1	1052.82	1052.82	0	7.5269	7.5269	
13	▼首层	1052.82	1052.82	0	7.5269	7.5269	
14	ΦC10,1,0,暗柱/端柱	410.88	410.88	0	3.2258	3.2258	
15	ΦC20,1,0,暗柱/端柱	641.94	641.94	0	4.3011	4.3011	

图 3.30

【提示】

其他章节,老师可参照本"闯关练习"的做法,安排学生在闯关模块进行练习,或在测评认证考试平台布置教学任务。

四、任务结果

单击"工程量"页签下的云检查,云检查无误后进行汇总计算(或者按快捷键"F9"),弹出汇总计算对话框,选择首层下的柱,如图3.31所示。

图 3.31

汇总计算后,在"工程量"页签下,可以查看"土建计算"结果,导出Excel见表3.4;"钢筋计算"结果,见表3.5。

表3.4 首层框架柱清单定额工程量

编码	项目名称	单位	工程量明细	
			绘图输入	表格输入
010502001001	矩形柱 (1)混凝土强度等级:C30 (2)混凝土拌合料要求:泵送商品混凝土	m³	32.292	
5-6	矩形柱、异形柱、圆形柱 泵送商品混凝土 C30	10 m³	3.2292	
010502002001	构造柱 (1)混凝土强度等级:C25 (2)混凝土拌合料要求:非泵送商品混凝土	m³	9.0426	

续表

编码	项目名称	单位	工程量明细	
			绘图输入	表格输入
5-7	构造柱 非泵送商品混凝土 C25	10 m³	0.90426	
010502003001	异形柱 (1)混凝土强度等级:C30 (2)混凝土拌合料要求:泵送商品混凝土	m³	12.0842	
5-6	矩形柱、异形柱、圆形柱 泵送商品混凝土 C30	m³	12.0842	
011702002001	矩形柱 现浇混凝土矩形柱复合木模 支模高度 4.6 m	m²	208.8294	
5-119	矩形柱复合木模 柱支模超高每增加 1 m 钢、木模 支模高度 4.6 m	100 m²	2.088294	
011702003001	构造柱 现浇混凝土构造柱	m²	99.4357	
5-123	构造柱模板	100 m²	0.994357	
011702004001	异形柱 现浇混凝土圆形柱复合木模 支模高度 4.6 m	m²	80.9625	
5-122 换	异形柱、圆形柱复合木模 柱支模超高每增加 1 m 钢、木模 支模高度 4.6 m	m²	81.7694	

表 3.5 首层柱钢筋工程量

构件类型	构件类型钢筋总质量(kg)	构件名称	构件数量	单个构件钢筋质量(kg)	构件钢筋总质量(kg)	接头
柱	9803.878	KZ1[19]	7	404.454	2831.178	140
		KZ1[23]	1	404.468	404.468	20
		KZ1[29]	9	304.001	2736.009	180
		KZ1[33]	1	307.566	307.566	20
		KZ2[42]	2	171.796	343.592	16
		KZ4[61]	4	128.333	513.332	32
		KZ5[64]	6	140.465	842.79	48
		KZ6[20]	2	404.454	808.908	40
		KZ6[30]	1	304.001	304.001	20
		KZ7[22]	1	404.468	404.468	20
		KZ7[32]	1	307.566	307.566	20

构件类型	构件类型钢筋总质量(kg)	构件名称	构件数量	单个构件钢筋质量(kg)	构件钢筋总质量(kg)	接头
暗柱/端柱	5567.926	GDZ1[297]	4	259.325	1037.3	48
		GDZ2[299]	4	375.576	1502.304	88
		GDZ3[307]	2	249.254	498.508	24
		GDZ3[328]	4	246.738	986.952	48
		GDZ4[321]	1	305.606	305.606	17
		YJZ1[312]	2	166.584	333.168	24
		YJZ2[315]	1	183.824	183.824	12
		YYZ1[319]	1	246.636	246.636	18
		YYZ2[317]	1	257.756	257.756	18
		YYZ3[310]	1	215.872	215.872	16
构造柱	982.624	TZ-1[4829]	1	18.312	18.312	4
		TZ-1[4830]	3	18.628	55.884	12
		TZ-2[4886]	1	18.628	18.628	4
		GZ-1[11925]	4	20.288	81.152	
		GZ-2[11929]	2	20.684	41.368	
		GZ-3[11931]	2	22.58	45.16	
		GZ-3[11934]	1	19.584	19.584	
		GZ-3[11941]	1	19.932	19.932	
		GZ-3[11943]	2	20.288	40.576	
		GZ-4[11932]	4	20.684	82.736	
		GZ-4[11935]	3	20.328	60.984	
		GZ-5[11936]	1	19.478	19.478	
		GZ-6[11937]	1	19.874	19.874	
		GZ-7[11945]	10	21.08	210.8	
		GZ-8[11956]	1	22.937	22.937	
		GZ-8[11957]	3	20.238	60.714	
		GZ-8[11959]	6	20.594	123.564	
		GZ-8[11967]	1	21.139	21.139	
		GZ-9[11958]	1	19.802	19.802	

五、总结拓展

1)查改标注

框架柱的绘制主要使用"点"绘制,或者用偏移辅助"点"绘制。如果有相对轴线偏心的柱,则可使用以下"查改标注"的方法进行偏心的设置和修改,操作步骤如下:

①选中图元,单击"建模"→"柱二次编辑"→"查改标注",用"查改标注"修改偏心,如图 3.32 所示。

②回车依次修改绿色字体的标注信息,全部修改后用鼠标左键单击屏幕的其他位置即可,右键结束命令,如图 3.33 所示。

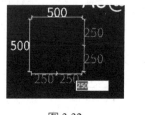

图 3.32

图 3.33

2)修改图元名称

如果需要修改已经绘制的图元名称,可采用以下两种方法:

①"修改图元名称"功能。如果需要把一个构件的名称替换成另一个名称,假如要把 KZ6 修改为 KZ1,可以使用"修改图元名称"功能。选中 KZ6,单击鼠标右键选择"修改图元名称",则会弹出"修改图元名称"对话框,如图 3.34 所示。将 KZ6 修改成 KZ1 即可。

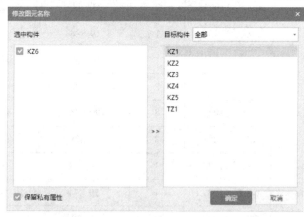

图 3.34

②通过属性列表修改。选中图元,"属性列表"对话框中会显示图元的属性,点开下拉名称列表,选择需要的名称,如图 3.35 所示。

3)"构件图元名称显示"功能

柱构件绘到图上后,如果需要在图上显示图元的名称,可使用"视图"选项卡下的"显示设置"功能在弹出如图 3.36 所示的显示设置面板中,勾选显示的图元或显示名称,方便查看和修改。

图 3.35   图 3.36

例如,显示柱子及其名称,则在柱显示图元及显示名称后面打钩,也可通过按"Z"键将柱图元显示出来,按"Shift+Z"键将柱名称显示出来。

4)柱标高的属性设置

在柱的属性中有标高的设置,包括底标高和顶标高。软件默认竖向构件是按照层底标高和层顶标高,可根据实际情况修改构件或图元的标高。

5)构件属性编辑

在对构件进行属性编辑时,属性编辑框中有两种颜色的字体:蓝色字体和灰色字体。蓝色字体显示的是构件的公有属性,灰色字体显示的是构件的私有属性,对公有属性部分进行操作,所做的改动对所有同名称构件起作用。

问题思考

(1)在绘图界面怎样调出柱属性编辑框对图元属性进行修改?

(2)在参数化柱模型中找不到的异形柱如何定义?

(3)在柱定额子目中找不到所需要的子目,如何定义该柱构件做法?

3.2 首层剪力墙工程量计算

通过本节的学习,你将能够:

(1)定义剪力墙的属性;

(2)绘制剪力墙图元;

(3)掌握连梁在软件中的处理方式;

(4)统计本层剪力墙的阶段性工程量。

一、任务说明

①完成首层剪力墙的定义、做法套用及图元绘制。

②汇总计算,统计并核查本层剪力墙的土建及钢筋工程量。

二、任务分析

①剪力墙在计量时的主要尺寸有哪些? 从什么图中的什么位置找到?

②剪力墙的暗柱、端柱分别是如何计算钢筋工程量的?

③剪力墙的暗柱、端柱分别是如何套用清单定额的?

④当剪力墙墙中线与轴线不重合时,该如何处理?

⑤电梯井壁剪力墙的施工措施有什么不同?

三、任务实施

1)分析图纸

(1)分析剪力墙

分析图纸结施-5 可以得到首层剪力墙的信息,见表 3.6。

表 3.6　剪力墙表

编号	标高	墙厚	水平分布筋	垂直分布筋	拉筋
Q1(2 排)	−0.100~7.700	250	Φ 12@ 200	Φ 12@ 200	Φ8@ 600
	7.700~15.500	250	Φ 10@ 200	Φ 10@ 200	Φ 6@ 600
Q2(2 排)	−0.100~7.700	200	Φ 12@ 200	Φ 12@ 200	Φ8@ 600
	7.700~17.400	200	Φ 10@ 200	Φ 10@ 200	Φ 6@ 600

(2)分析连梁

连梁是剪力墙的一部分。

①结施-5 中①轴和⑩轴的剪力墙上有 LL4 尺寸 250 mm×1200 mm,梁顶相对标高差+0.6 m;建施-3 中 LL4 下方是 LC3 尺寸 1500 mm×2700 mm;建施-12 中 LC3 离地高度 600 mm;可以得知剪力墙 Q1 在ⓒ轴和ⓓ轴之间只有 LC3。所以,可以直接绘制 Q1,然后绘制 LC3,不用绘制 LL4。

②结施-5 中④轴和⑦轴的剪力墙上有 LL1,尺寸为 250 mm×1500 mm,下方有门洞,箍筋为φ10@100(2),上部纵筋 4 ⊕ 20,下部纵筋也是 4 ⊕ 20。遇到剪力墙上是连梁、下是洞口的情况,可将剪力墙分段绘制,建施-3 中 LL1 下有洞口。可以在 LL1 处将剪力墙断开,然后绘制连梁 LL1。

③结施-5 中④轴电梯洞口处 LL2,建施-3 中 LL3 下方没有门窗洞,如果按段绘制剪力墙不易找交点,所以剪力墙 Q1 通画,然后绘制洞口,不绘制 LL2。

做工程时遇到剪力墙上是连梁下是洞口的情况,可以比较②与③哪个更方便使用一些。本工程采用③的方法对连梁进行处理,绘制洞口在绘制门窗时介绍,Q1 通长绘制暂不作处理。

(3)分析暗梁、暗柱

暗梁、暗柱是剪力墙的一部分。类似 YJZ1 这样和墙厚一样的暗柱,此位置的剪力墙通长绘制,YJZ1 不再进行绘制。类似 GDZ1 这样的暗柱,我们把其定义为异形柱并进行绘制,在做法套用时按照剪力墙的做法套用清单、定额。

2)剪力墙清单、定额计算规则学习

(1)清单计算规则学习

剪力墙清单计算规则,见表3.7。

表 3.7　剪力墙清单计算规则

编号	项目名称	单位	计算规则
010504001	直形墙	m³	按设计图示尺寸以体积计算。扣除门窗洞口及单个面积>0.3 m² 的孔洞所占体积
011702011	直形墙模板	m²	按模板与现浇混凝土构件的接触面积计算
011702013	短肢剪力墙、电梯井壁	m²	按模板与现浇混凝土构件的接触面积计算

(2)定额计算规则

剪力墙定额计算规则,见表3.8。

表 3.8　剪力墙定额计算规则

编号	项目名称	单位	计算规则
5-13	直形、弧形墙墙厚 10 cm 以内	m³	按设计图示尺寸以体积计算
5-14	直形、弧形墙墙厚 10 cm 以上	m³	按设计图示尺寸以体积计算
5-15	直形、弧形墙挡土墙、地下室外墙	m³	按设计图示尺寸以体积计算
5-155	现浇混凝土墙复合木模	100 m²	按模板与现浇混凝土构件的接触面积计算
5-165	高度超过 3.6 m 每超过 1 m 墙	100 m²	模板支撑高度>3.6 m 时,按超过部分全部面积计算工程量

3)剪力墙属性定义

(1)新建剪力墙

在导航树中选择"墙"→"剪力墙",在"构件列表"中单击"新建"→"内墙",如图3.37所示。在"属性列表"中对图元属性进行编辑,如图3.38所示。

图3.37　　　　　　　　　　　　　　图3.38

(2)新建连梁

在导航树中选择"梁"→"连梁",在"构件列表"中单击"新建"→"新建矩形连梁",如图3.39所示。

在"属性列表"中对图元属性进行编辑,如图3.40所示。

图3.39　　　　　　　　　　　　　　图3.40

（3）通过复制建立新构件

通过对图纸结施-5分析可知,该案例工程有Q1（-0.1~7.7 m）和Q2（-0.1~7.7 m）两种类型的剪力墙,厚度分别是250 mm、200 mm,水平筋都是⚏12@200,竖向筋都是⚏12@200,拉筋都是φ8@600。同标高位置的墙体的名称和墙厚不一样。在新建好的Q1后,选中"Q1",单击鼠标右键选择"复制",或者直接单击复制工具,软件自动建立名为"Q2"的构件,然后对"Q2"进行属性编辑,如图3.41所示。

图3.41

4）做法套用

①剪力墙做法套用,如图3.42所示。

	编码	类别	名称	项目特征	单位	工程量表达式	表达式说明	单价	综合单价	措施项目	专业	自动套
1	010504001002	补项	直形墙	10cm以上直行砼墙 1、混凝土强度等级：C301 2、混凝土拌和料要求：泵送商品混凝土	m3	TJ	TJ〈体积〉			☐		☐
2	5-14	补	直形、弧形墙厚10cm以上~泵送商品混凝土C30		m3	TJ	TJ〈体积〉			☐		☐
3	011702011002	补项	直形墙	现浇混凝土 墙 复合木模〈支模高度4.6（m）	m2	MBMJ	MBMJ〈模板面积〉			☑		☐
4	5-155	借	直形墙 复合木模 实际支模高度(m)：4.6		m2	MBMJ	MBMJ〈模板面积〉	3467.73		☑	土建	☐

图3.42

②在剪力墙中连梁是归到剪力墙里的,所以连梁做法套用,如图3.43所示。

	编码	类别	名称	项目特征	单位	工程量表达式	表达式说明	单价	综合单价	措施项目	专业	自动套
1	010504001002	补项	直形墙	10cm以上直行砼墙 1、混凝土强度等级：C301 2、混凝土拌和料要求：泵送商品混凝土	m3	TJ	TJ〈体积〉			☐		☐
2	5-14	补	直形、弧形墙厚10cm以上~泵送商品混凝土C30		m3	TJ	TJ〈体积〉			☐		☐
3	011702011002	补项	直形墙	现浇混凝土 墙 复合木模〈支模高度4.6（m）	m2	MBMJ	MBMJ〈模板面积〉			☑		☐
4	5-155	借	直形墙 复合木模 实际支模高度(m)：4.6		m2	MBMJ	MBMJ〈模板面积〉	3467.73		☑	土建	☐

图3.43

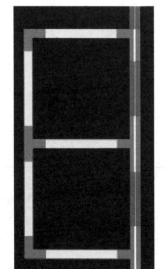

图3.44

5）画法讲解

（1）剪力墙的画法

剪力墙定义完毕后,切换到绘图界面。

①直线绘制。在导航树中选择"墙"→"剪力墙",通过"构件列表"选择要绘制的构件Q2,依据结施-5和结施-6可知,剪力墙和暗柱都是200 mm厚,且内外边线对齐,将鼠标捕捉左下角的YJZ1,左键单击Q2的起点,鼠标左键单击终点即可完成绘制。

②对齐。用直线完成Q2的绘制后,检查剪力墙是否与YJZ1、YJZ2和YJZ3对齐,假如不对齐,可采用"对齐"功能将剪力墙和YJZ对齐。选中Q2,单击"对齐",左键单击需要对齐的目标线,用左键单击选择图元需要对齐的边线。完成绘制,如图3.44所示。

③偏移。①轴的墙可以通过直线绘制完成后与图纸进行对比,发现图纸上位于①轴线上的墙并非居中于轴线,选中墙,单击"偏移",输入 175 mm,在弹出的是否要删除原来图元中,选择"是"即可。

④借助辅助轴线绘制墙体。从图纸上可以看出电梯的墙体并非位于轴线上,这时需要针对电梯的位置建立辅助轴线。参见建施-3、建施-15,确定电梯的位置,单击"辅助轴线""平行",再单击④轴,在弹出的对话框"偏移距离 mm"中输入"−2425"然后确定,再选中Ⓔ轴在弹出的对话框"偏移距离 mm"中输入"−950",再选中Ⓓ轴在弹出的对话框"偏移距离 mm"中输入"1050"。辅助轴线建立完毕,在"构件列表"选择定义好属性类型的电梯墙,在黑色绘图界面进行电梯墙的绘制,绘制完成后单击"保存"即可。

(2)连梁的画法

连梁定义完毕后,切换到绘图界面。采用"直线"绘制的方法进行绘制。

通过"构件列表"选择"梁"→"连梁",单击"建模"→"直线",依据结施-5可知,连梁和暗柱都是 200 mm 厚,且内外边线对齐,用鼠标捕捉连梁 LL1 的起点,再捕捉终点即可。

四、任务结果

绘制完成后,单击工程量选项卡下的"汇总计算",进行汇总计算工程量,或者按"F9"进行汇总计算。再选择"查看报表",单击"设置报表范围",选择首层剪力墙、暗柱和连梁,单击"确定"按钮,首层剪力墙清单、定额工程量见表 3.9。

表 3.9　首层剪力墙清单、定额工程量

编码	项目名称	单位	工程量明细	
			绘图输入	表格输入
010504001001	直形墙 10 cm 以上直形混凝土墙 (1)混凝土强度等级:C30 (2)混凝土拌合料要求:泵送商品混凝土	m³	77.6945	
5-14	直形、弧形墙厚 10 cm 以上 泵送商品混凝土 C30	m³	77.6945	
011702011001	直形墙 现浇混凝土墙复合木模＝支模高度 4.6 m	m²	588.6638	
5-155	直形墙复合木模	100 m²	5.886638	

首层剪力墙钢筋工程量见表 3.10。

表 3.10 首层剪力墙钢筋工程量

构件类型	构件类型钢筋 总质量(kg)	构件名称	构件 数量	单个构件钢筋 质量(kg)	构件钢筋 总质量(kg)	接头
剪力墙	3863.442	Q1[338]	1	592.534	592.534	
		Q1[339]	1	441.73	441.73	
		Q1[372]	1	488.238	488.238	
		Q2[348]	1	73.486	73.486	
		Q2[349]	1	179.883	179.883	
		Q2[350]	1	340.026	340.026	
		Q2[351]	1	178.581	178.581	
		Q2[353]	1	181.941	181.941	
		Q1外[333]	1	329.824	329.824	
		Q1外[335]	1	366.915	366.915	
		Q1外[342]	1	375.531	375.531	
		Q1外[343]	1	314.753	314.753	
连梁	1382.235	LL-1[357]	2	88.142	176.284	
		LL-2[360]	1	97.336	97.336	
		LL-2[361]	1	101.032	101.032	
		LL-3[364]	1	78.184	78.184	
		LL-4[370]	2	67.924	135.848	
		LL-4[3062]	1	98.571	98.571	
		AL1[520]	2	94.512	189.024	
		AL1[521]	2	107.088	214.176	
		AL1[522]	2	93.088	186.176	
		AL1[523]	1	105.604	105.604	

五、总结拓展

(1)虚墙只起分割封闭的作用,不计算工程量,也不影响工程量的计算。

(2)在对构件进行属性编辑时,"属性编辑框"中有两种颜色的字体:蓝色字体和灰色字体。蓝色字体显示的是构件的公有属性,灰色字体显示的是构件的私有属性,对公有属性部分进行操作,所做的改动对所有同名称构件起作用。

(3)对"属性编辑框"中"附加"进行勾选,方便用户对所定义的构件进行查看和区分。

(4)软件对内外墙定义的规定,软件为方便外墙布置,建筑面积、平整场地等部分智能布置功能,需要人为区分内外墙。

问题思考

(1)剪力墙为什么要区分内外墙定义?

(2)电梯井壁墙的内侧模板是否存在超高?

(3)电梯井壁墙的内侧模板和外侧模板是否套用同一定额?

3.3 首层梁工程量计算

通过本节的学习,你将能够:

(1)依据定额和清单确定定梁的分类和土建工程量计算规则;

(2)依据平法、定额和清单确定定梁的钢筋类型及钢筋工程量计算规则;

(3)定义梁的属性,进行正确的做法套用;

(4)绘制梁图元,正确对梁进行二次编辑;

(5)统计并核查本层梁的个数、土建及钢筋工程量。

一、任务说明

①完成首层梁的属性定义、做法套用及图元绘制。

②汇总计算,统计并核查本层梁的钢筋及土建工程量。

二、任务分析

①梁在计量时的主要尺寸有哪些? 可以从哪个图中的什么位置找到? 有多少种梁?

②梁是如何套用清单定额的? 软件中如何处理变截面梁?

③梁的标高如何调整? 起点顶标高和终点顶标高不同会有什么结果?

④绘制梁时,如何实现精确定位?

⑤各种不同名称的梁如何能快速套用做法?

⑥参照 16G101—1 第 84-97 页,分别分析框架梁、普通梁、屋框梁、悬臂梁纵筋及箍筋的配筋构造。

⑦如何统计并核查本层梁的土建和钢筋工程量?

三、任务实施

1)分析图纸

①分析结施-8,从左至右、从上至下,本层有框架梁、屋面框架梁、非框架梁和悬梁 4 种。

②框架梁 KL1～KL9,屋面框架梁 WKL1～WKL3,非框架梁 L1～L13,悬挑梁 XL1,主要信

息见表 3.11。

表 3.11　梁表

序号	类型	名称	混凝土强度等级	截面尺寸（mm）	顶标高	备注
1	楼层框架梁	KL1(9)	C30	250×500、250×650	层顶标高	
		KL2(9)	C30	250×500、250×650	层顶标高	
		KL3(1)	C30	250×500	层顶标高	
		KL4(7)	C30	250×500、250×650	层顶标高	
		KL5(3B)	C30	250×500	层顶标高	
		KL6(3B)	C30	250×500	层顶标高	
		KL7(2A)	C30	250×600	层顶标高	
		KL8(7)	C30	250×500、250×650	层顶标高	
		KL9(1)	C30	250×500	层顶标高	
2	屋面框架梁	WKL1(5B)	C30	250×600	层顶标高	KL1，KL2，KL4,KL8 为变截面 钢筋信息参考结施-8
		WKL2(2A)	C30	250×600	层顶标高	
		WKL3(1)	C30	250×500	层顶标高	
3	非框架梁	L1(1)	C30	250×500	层顶标高	
		L2(1)	C30	250×500	层顶标高	
		L3(2)	C30	250×500	层顶标高	
		L4(1)	C30	200×400	层顶标高	
		L5(1A)	C30	250×600	层顶标高	
		L6(1)	C30	250×400	层顶标高	
		L7(1)	C30	250×600	层顶标高	
		L8(2)	C30	200×400	层顶标高	
		L9(1)	C30	250×500	层顶标高	
		L10(1)	C30	250×400	层顶标高	
		L11(1)	C30	250×600	层顶标高	
		L12(7)	C30	250×500	层顶标高	
		L13(1)	C30	250×500	层顶标高	
4	悬挑梁	XL1	C30	250×500	层顶标高	

2)现浇混凝土梁基础知识学习

(1)清单计算规则学习

梁清单计算规则见表 3.12。

表 3.12　梁清单计算规则

编号	项目名称	单位	计算规则
010503002	矩形梁	m³	按设计图示尺寸以体积计算。伸入墙内的梁头、梁垫并入梁体积内。梁长: (1)梁与柱连接时,梁长算至柱侧面 (2)主梁与次梁连接时,次梁长算至主梁侧面
010503006	弧形、拱形梁		
011702006	矩形梁模板	m²	按模板与现浇混凝土构件的接触面积计算

(2)定额计算规则学习

梁定额计算规则见表 3.13。

表 3.13　梁定额计算规则

编号	项目名称	单位	计算规则
5-9	现浇混凝土矩形梁、异形梁、弧形梁	10 m³	混凝土的工程量按设计图示体积以"m³"计算,不扣除构建内钢筋、螺栓、预埋铁件及单个面积 0.3 m² 以内的孔洞所占体积 (1)梁与柱(墙)连接时,梁长算至柱(墙)侧面 (2)次梁与主梁连接时,次梁长算至主梁侧面 (3)伸入砌体墙内的梁头、梁垫体积,并入梁体积内计算 (4)梁的高度算至梁顶,不扣除板的厚度
5-129~5-136	矩形梁模板	100 m²	按模板与混凝土的接触面积以"m²"计算。梁与柱、梁与梁等连接重叠部分,以及深入墙内的梁头接触部分,均不计算模板面积
5-137~5-138	高度超过 3.6 m 每增 1 m 梁	100 m²	模板支撑高度在 3.6 m 以上、8 m 以下时,执行超高相应定额子目,按超过部分全部面积计算工程量

(3)梁平法知识

梁类型有楼层框架梁、屋面框架梁、框支梁、非框架梁、悬挑梁等。梁平面布置图上采用平面注写方式或截面注写方式表达。

①平面注写:在梁平面布置图上,分别在不同编号的梁中各选一根梁,在其上注写截面尺寸和配筋具体数值的方式来表达梁平法施工图,如图 3.45 所示。平面注写包括集中标注与原位标注,集中标注表达梁的通用数值,原位标注表达梁的特殊数值。当集中标注中的某项数值不适用于梁的某部位时,则将该项数值原位标注。施工时,原位标注取值优先。

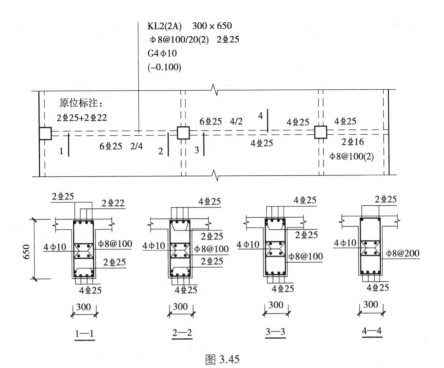

图 3.45

②截面注写:在分标准层绘制的梁平面布置图上,分别在不同编号的梁中各选择一根梁用剖面号引出配筋图,并以在其上注写截面尺寸和配筋具体数值的方式来表达梁平法施工图,如图 3.46 所示。

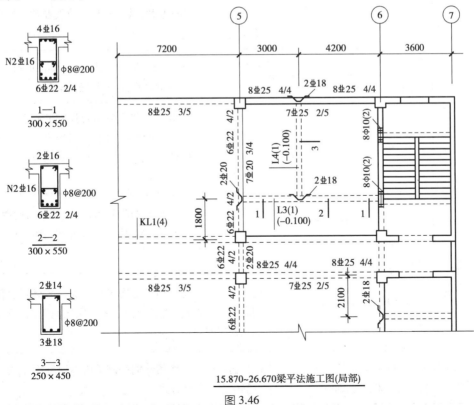

15.870~26.670梁平法施工图(局部)

图 3.46

③框架梁钢筋类型及软件输入格式:以上/下部贯通筋、侧面钢筋、箍筋、拉筋等为例,见表 3.14。

表 3.14　框架梁钢筋类型及软件输入格式

钢筋类型	输入格式	说明
上部贯通筋	2 Φ 22	数量+级别+直径,有不同的钢筋信息用"+"连接,注写时将角部纵筋写在前面
	2 Φ 25+2 Φ 22	
	4 Φ 202/2	当存在多排钢筋时,使用"/"将各排钢筋自上而下分开
	2 Φ 20/2 Φ 22	
	1-2 Φ 25	图号-数量+级别+直径,图号为悬挑梁弯起钢筋图号
	2 Φ 25+(2 Φ 22)	当有架立筋时,架立筋信息输在加号后面的括号中
下部贯通筋	2 Φ 22	数量+级别+直径,有不同的钢筋信息用"+"连接
	2 Φ 25+2 Φ 22	
	4 Φ 202/2	当存在多排钢筋时,使用"/"将各排钢筋自上而下分开
	2 Φ 20/2 Φ 22	
侧面钢筋 (总配筋值)	G42 Φ 16 或 N42 Φ 16	梁两侧侧面筋的总配筋值
	G Φ 16@ 100 或 N Φ 16@ 100	
箍筋	20 Φ 8(4)	数量+级别+直径+肢数,肢数不输入时按肢数属性中的数据计算
	Φ 8@ 100(4)	级别+直径+@ +间距+肢数,加密区间距和非加密区间距用"/"分开,加密区间距在前,非加密区间距在后
	Φ 8@ 100/200(4)	
	13 Φ 8@ 100/200(4)	此种输入格式主要用于指定梁两端加密箍筋数量的设计方式。"/"前面表示加密区间距,后面表示非加密区间距。当箍筋肢数不同时,需要在间距后面分别输入相应的肢数
	9 Φ 8@ 100/12 Φ 12@ 150/Φ 16@ 200(4)	此种输入格式表示从梁两端到跨内,按输入的间距、数量依次计算。当箍筋肢数不同时,需要在间距后面分别输入相应的肢数
	10 Φ 10@ 100(4)/Φ 8@ 200(2)	此种输入格式主要用于加密区和非加密区箍筋信息不同时的设计方式。"/"前面表示加密区间距,后面表示非加密区间距
	Φ 10@ 100(2)[2500]; Φ 12@ 100(2)[2500]	此种输入格式主要用于同一跨梁内不同范围存在不同箍筋信息的设计方式

钢筋类型	输入格式	说明
拉筋	𝚽 16	级别+直径,不输入间距按照非加密区箍筋间距的 2 倍计算
	4 𝚽 16	排数+级别+直径,不输入排数按照侧面纵筋的排数计算
	𝚽 16@ 100 或 𝚽 16@ 100/200	级别+直径+@+间距,加密区间距和非加密区间距用"/"分开,加密区间距在前,非加密区间距在后
支座负筋	4 𝚽 16 或 2 𝚽 22+2 𝚽 25	数量+级别+直径,有不同的钢筋信息用"+"连接
	4 𝚽 162/2 或 4 𝚽 14/3 𝚽 18	当存在多排钢筋时,使用"/"将各排钢筋自上而下分开
	4 𝚽 16+2500	数量+级别+直径+长度,长度表示支座筋伸入跨内的长度。此种输入格式主要用于支座筋指定伸入跨内长度的设计方式
	4 𝚽 162/2-1500/2000	数量+级别+直径+数量/数量+长度/长度。该输入格式表示:第一排支座筋 2 𝚽 16,伸入跨内 1500,第二排支座筋 2 𝚽 16 伸入跨内 2000
跨中筋	4 𝚽 16 或 𝚽 222+2 𝚽 25	数量+级别+直径,有不同的钢筋信息用"+"连接
	4 𝚽 162/2 或 4 𝚽 14/3 𝚽 18	当存在多排钢筋时,使用"/"将各排钢筋自上而下分开
	4 𝚽 16+(2 𝚽 18)	当有架立筋时,架立筋信息输在加号后面的括号中
	2-4 𝚽 16	图号-数量+级别+直径,图号为悬挑梁弯起钢筋图号
下部钢筋	4 𝚽 16 或 2 𝚽 22+2 𝚽 25	数量+级别+直径,有不同的钢筋信息用"+"连接
	4 𝚽 162/2 或 6 𝚽 14(-2)/4	当存在多排钢筋时,使用"/"将各排钢筋自上而下分开。当有下部钢筋不全部伸入支座时,将不伸入的数量用(-数量)的形式表示

3)梁的属性定义

(1)框架梁

在导航树中单击"梁"→"梁",在"构件列表"中单击"新建"→"新建矩形梁",新建矩形梁 KL6(3B),根据 KL6(3B)在结施-8 中的标注信息,在"属性列表"中输入相应的属性值,如图 3.47 所示。

属性列表　图层管理

	属性名称	属性值	附加
1	名称	KL6(3B)	
2	结构类别	楼层框架梁	☐
3	跨数量	3B	☐
4	截面宽度(mm)	250	☐
5	截面高度(mm)	500	☐
6	轴线距梁左边...	(125)	☐
7	箍筋	Φ8@100/200(2)	☐
8	肢数	2	
9	上部通长筋	2⌀20	☐
10	下部通长筋		☐
11	侧面构造或受...		☐
12	拉筋		☐
13	定额类别	单梁	☐
14	材质	现浇混凝土	☐
15	混凝土类型	(现浇砼 碎石40...	☐
16	混凝土强度等级	(C30)	☐
17	混凝土外加剂	(无)	
18	泵送类型	(混凝土泵)	
19	泵送高度(m)		
20	截面周长(m)	1.5	☐
21	截面面积(m²)	0.125	☐
22	起点顶标高(m)	层顶标高	☐
23	终点顶标高(m)	层顶标高	☐
24	备注		☐
25	+ 钢筋业务属性		
35	+ 土建业务属性		
42	+ 显示样式		

图 3.47

【注意】

名称:根据图纸输入构件的名称 KL6(3B),该名称在当前楼层的③轴和⑧轴。

结构类别:结构类别会根据构件名称中的字母自动生成,也可根据实际情况进行选择,梁的类别下拉框选项中有 7 类,按照实际情况,此处选择“楼层框架梁”,如图 3.48 所示。

跨数量:直接输入梁的跨数量。没有输入的情况时,提取梁跨后会自动读取。

截面宽度(mm):梁的宽度,KL6(3B)的梁宽为 250 mm,在此输入 250 mm。

截面高度(mm):输入梁的截面高度,KL6(3B)的梁高为 500 mm,在此输入 500 mm。

轴线距梁左边线距离:按默认即可。

箍筋:KL6(3B)的箍筋信息为Φ8@100/200(2)。

肢数:通过单击省略号按钮选择肢数类型,KL6(3B)为 2 肢箍。

上部通长筋:根据图纸集中标注,KL6(3B)的上部通长筋为 2 ⌀ 20。

下部通长筋:根据图纸集中标注,KL6(3B)下部通长筋。

侧面构造或受扭筋(总配筋值):KL6(3B)无侧面配筋,根据图纸集中标注,WKL2(2A)有构造钢筋 2 根+三级钢+14 的直径(G2 ⌀ 14),格式(G 或 N)数量+级别+直径,其中 G 表示构造钢筋,N 表示抗扭钢筋。

拉筋:当有侧面纵筋时,软件按"计算设置"中的设置自动计算拉筋信息。当构件需要特殊处理时,可根据实际情况输入。

定额类别:可选择有梁板或非有梁板,该工程中框架梁按平板进行定额类别的确定。

材质:有自拌混凝土、商品混凝土和预制混凝土3种类型,根据工程实际情况选择,该工程选用"商品混凝土"。

混凝土类型:当前构件的混凝土类型,可根据实际情况进行调整。这里的默认取值与楼层设置里的混凝土类型一致。

混凝土强度等级:混凝土的抗压强度。默认取值与楼层设置里的混凝土强度等级一致,根据图纸,框架梁的混凝土强度等级为C30。

起点顶标高:在绘制梁的过程中,鼠标起点处梁的顶面标高,该KL6(3B)的起点顶标高为层顶标高。

终点顶标高:在绘制梁的过程中,鼠标终点处梁的顶面标高,该KL6(3B)的起点顶标高为层顶标高。

备注:该属性值仅仅是个标识,对计算不会起任何作用。

钢筋业务属性:如图3.48所示。

其他钢筋:除了当前构件中已经输入的钢筋外,还有需要计算的钢筋,则可通过其他钢筋来输入。

其他箍筋:除了当前构件中已经输入的箍筋外,还有需要计算的箍筋,则可通过其他箍筋来输入。

25	⊟ 钢筋业务属性		
26	其他钢筋		
27	其他箍筋		☐
28	保护层厚…	(25)	☐
29	汇总信息	(梁)	☐
30	抗震等级	(二级抗震)	☐
31	锚固搭接	按默认锚固搭接计算	
32	计算设置	按默认计算设置计算	
33	节点设置	按默认节点设置计算	
34	搭接设置	按默认搭接设置计算	
35	⊞ 土建业务属性		

图 3.48

保护层厚度:软件自动读取楼层设置中框架梁的保护层厚度为20 mm,如果当前构件需要特殊处理,则可根据实际情况进行输入。

(2)非框架梁

非框架梁的属性定义同上面的框架梁,对于非框架梁,在定义时,需要在属性的"结构类别"中选择相应的类别,如"非框架梁",其他属性与框架梁的输入方式一致,如图3.49所示。

4)梁的做法套用

梁构件定义好后,需要进行做法套用操作,打开"定义"界面,选择"构件做法",单击"添加清单",添加混凝土矩形梁清单项010503002和矩形梁模板清单011702006;在混凝土模板下添加定额5-9,在矩形梁模板下添加定额5-131和5-137;单击"项目特征",根据工程实际情况将项目特征补充完整。

梁的做法套用如图3.50所示。

属性列表　图层管理

	属性名称	属性值	附加
1	名称	L13(1)	
2	结构类别	非框架梁	☐
3	跨数量	1	☐
4	截面宽度(mm)	250	☐
5	截面高度(mm)	500	☐
6	轴线距梁左边...	(125)	☐
7	箍筋	ф8@100/200(2)	☐
8	肢数	2	
9	上部通长筋	2⌀22	☐
10	下部通长筋	4⌀20	☐
11	侧面构造或受...		☐
12	拉筋		☐
13	定额类别	单梁	☐
14	材质	现浇混凝土	☐
15	混凝土类型	(现浇砼 碎石40mm 32.5)	☐
16	混凝土强度等级	(C30)	☐
17	混凝土外加剂	(无)	
18	泵送类型	(混凝土泵)	
19	泵送高度(m)		
20	截面周长(m)	1.5	☐
21	截面面积(m²)	0.125	☐
22	起点顶标高(m)	层顶标高	☐
23	终点顶标高(m)	层顶标高	☐
24	备注		☐
25	⊞ 钢筋业务属性		
35	⊞ 土建业务属性		
42	⊞ 显示样式		

图 3.49

箍筋组合示意图　构件做法

添加清单　添加定额　删除　查询　项目特征　fx 换算　做法刷　做法查询　提取做法　当前构件自动套做法　☑ 参与自动套

	编码	类别	名称	项目特征	单位	工程量表达式	表达式说明	单价	综合单价	措施项目	专业	自动套
1	⊟ 010503002002	补项	矩形梁	矩形梁 1、混凝土强度等级：C30； 2、混凝土拌和料要求：泵送商品砼；	m3	TJ	TJ<体积>			☐		☐
2	5-9	借	矩形梁、异形梁、弧形梁~泵送商品混凝土C30		m3	TJ	TJ<体积>	5068.96		☐	土建	☐
3	⊟ 011702006002	补项	矩形梁	矩形梁 现浇混凝土 矩形梁 复合木模~支模高度4.6(m)	m2	MBMJ	MBMJ<模板面积>			☑		☐
4	5-131	借	矩形梁 复合木模 实际支模高度(m):4.6		m2	MBMJ	MBMJ<模板面积>	5392.35		☑	土建	☐

图 3.50

5)梁画法讲解

梁在绘制时,要先绘制主梁再绘制次梁。通常,画梁时按先上后下、先左后右的方向绘制,以保证所有的梁都能绘制完全。

(1)直线绘制

梁为线状构件,直线形的梁采用“直线”绘制的方法比较简单,如 KL1。在绘图界面,单击“直线”,单击梁的起点①轴与Ⓓ轴的交点,单击梁的终点⑪轴与Ⓓ轴的交点即可,如图 3.51所示。广联达办公大厦首层中楼层框架梁 KL1 ~ KL9,屋面框架梁 WKL1 ~ WKL3,非框架梁 L1 ~ L13 及 XL1 都可采用直线绘制。

(2)弧形绘制

在绘制二层以上楼层的④~⑦轴与Ⓐ~Ⓑ轴间的 L1(3)时,先从④轴与Ⓑ轴交点出发,绘制一段直线,切换成“起点圆心终点弧”模式,如图 3.52 所示,捕捉圆心,再捕捉终点,完成 L1 弧形段的绘制。

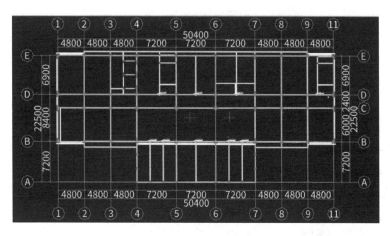

图 3.51

弧形段也可采用两点小弧的方法进行绘制,如果能准确确定弧上的 3 个点,还可采用三点画弧的方法进行绘制。

图 3.52

(3)梁柱对齐

①在绘制 L13 时,对于①轴柱边上ⓑ~ⓒ轴间的 L13,其中心线不在轴线上,但由于 L13 与两端框架柱一侧平齐,因此,除了采用"Shift+左键"的方法偏移绘制外,还可使用"对齐"命令。

在轴线上绘制 L13(1),绘制完成后,选择建模页签下"修改"面板中的"对齐"命令,如图 3.53 所示。根据提示,先选择柱右侧的边线,再选择梁左侧的边线,对齐成功后如图 3.54 所示。

图 3.53

②对于ⓔ轴上①、②轴之间的 KL3,其中心线不在轴线上,但由于 KL3 与两端的框架柱一侧平齐,因此除了采用之前讲的"Shift+左键"的方法偏移绘制外,还可使用"对齐"命令。

在轴线上绘制 KL3(1),绘制完成后,选择"修改"菜单或者"修改工具条"上的"对齐"→"单图元对齐"命令,将 KL3 的上侧边线与柱的上侧边线对齐。选择完"单图元对齐"命令后,根据提示,先选择柱上侧的边线,再选择梁上侧的边线,对齐成功后如图 3.55 所示。

(4)偏移绘制

对于有些梁,如果端点不在轴线的交点或其他捕捉点上,可采用偏移绘制也就是采用"Shift+左键"的方法捕捉轴线交点以外的点来绘制。

图 3.54

对于悬挑梁,如果端点不在轴线的交点或其他捕捉点上,可采用偏

图 3.55

移绘制,也就是采用"Shift+左键"的方法捕捉轴线以外的点来绘制。

例如,绘制②轴的 KL5,两个端点分别为:Ⓑ轴、②轴交点向下偏移 X = 0,Y = −900−125;Ⓔ轴和②轴交点向上偏移 X = 0,Y = 600+125。

将鼠标放在Ⓑ轴和②轴的交点,同时按下"Shift"键和鼠标左键,在弹出的"输入偏移值"对话框中输入相应的数值,单击"确定"按钮,这样就选定了第一个端点。采用同样的方法,确定第二个端点来绘制 KL5。

绘制 L13,两个端点分别为:Ⓑ轴与①轴交点偏移 X = 300+125,Y = 300−125。Ⓓ轴与①轴交点偏移 X = 300+125,Y = −2400+125。

将鼠标放在Ⓓ轴和①轴的交点处,同时按下"Shift"键和鼠标左键,在弹出的"输入偏移值"对话框中输入相应的数值,单击"确定"按钮,这样就选定了第一个端点。采用同样的方法,确定第二个端点来绘制 L13。

(5)捕捉绘制

对于非框架梁,④、⑤轴之间竖向的 L1,其两个端点位于两端的框架梁上,并与之垂直,可采用捕捉"垂点"的方法来绘制 L1。

①在捕捉工具栏中选择"垂点",如图 3.56 所示。

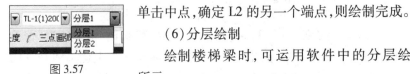

图 3.56

②选择 L1 下方圆柱位置的端点,将鼠标移到上方端点处的框架梁上,显示垂点的捕捉。选择垂点,绘制完毕。

③对于⑤~⑥轴之间竖向的 L2(1),因其两个端点位于两端框架梁的中点,可采用捕捉"中点"的方式来确定直线的端点,从而进行绘制。

选择"捕捉工具栏"中的"中点",将鼠标移到Ⓐ轴 WKL1 的中点位置,显示中点捕捉的标示▲。单击鼠标左键选择该点,从而确定了直线梁的起点;将鼠标移到Ⓑ轴 KL4 的中点,单击中点,确定 L2 的另一个端点,则绘制完成。

图 3.57

(6)分层绘制

绘制楼梯梁时,可运用软件中的分层绘制功能,如图 3.57 所示。

(7)镜像绘制梁图元

④~⑤轴上布置的 WKL2,WKL3,L1 与⑥~⑦轴上的 WKL2,WKL3,L1 是对称的,因此,可采用"镜像"绘制此图元。点选镜像图元,单击鼠标右键选择"镜像",单击对称点一,再单击对称点二,在弹出的对话框中选择"否"即可。

6)梁的二次编辑

梁绘制完毕后,只是对梁集中标注的信息进行了输入,还需进行原位标注的输入。由于梁是以柱和墙为支座的,提取梁跨和原位标注之前,需要绘制好所有的支座。图中梁显示为粉色时,表示还没有进行梁跨提取和原位标注的输入,也不能正确地对梁钢筋进行计算。

对于没有原位标注的梁,可通过3种方式来提取梁跨,把梁的颜色变为绿色:一是使用"原位标注";二是使用"跨设置"中的"重新提取梁跨";三是可以使用"批量识别梁支座"的功能,如图3.58所示。

图3.58

有原位标注的梁,可通过输入原位标注将梁的颜色变为绿色。软件中用粉色和绿色对梁进行区别,目的在于提醒哪些梁已经进行了原位标注的输入,便于检查,防止出现忘记输入原位标注,影响计算结果的情况。

(1)原位标注

梁的原位标注主要有支座钢筋、跨中筋、下部钢筋、架立钢筋和次梁筋,另外,变截面也需要在原位标注中输入。下面以Ⓑ轴的KL3,KL4为例,介绍梁的原位标注信息输入。

①在"梁二次编辑"面板中选择"原位标注"。

②选择要输入原位标注的KL3,KL4,绘图区显示原位标注的输入框,下方显示平法表格。

③对应输入钢筋信息,有两种方式:一是在绘图区域显示的原位标注输入框中输入,比较直观,如图3.59所示;二是在"梁平法表格"中输入,如图3.60所示。

图3.59

图3.60

绘图区输入:按照图纸标注中 KL3 的原位标注信息输入;"1 跨左支座筋"输入"3 Φ 20",按"Enter"键确定;跳到"1 跨跨中筋",此处没有原位标注信息,不用输入,可直接再次按"Enter"键跳到下一个输入框,或者用鼠标选择下一个需要输入的位置。例如,选择"1 跨右支座筋"输入框,输入"3 Φ 20",按"Enter"键跳到"下部钢筋",输入"2 Φ 18"。按照图纸标注中 KL4 的原位标注信息输入;"1 跨左支座筋"输入"3 Φ 20",按"Enter"键确定;跳到"1 跨跨中筋",此处没有原位标注信息,不用输入,可直接再次按"Enter"键跳到下一个输入框,或用鼠标选择下一个需要输入的位置。例如,选择"1 跨右支座筋"输入框,输入"3 Φ 20",按"Enter"键确定,跳到"下部钢筋"。

【注意】

输入后按"Enter"键跳转的方式,软件默认的跳转顺序是左支座筋、跨中筋、右支座筋、下部钢筋,然后下一跨的左支座筋、跨中筋、右支座筋、下部钢筋。如果想要自己确定输入的顺序,可用鼠标选择需要输入的位置,每次输入之后,需要按"Enter"键,或单击其他方框确定。

①KL4(7)原位标注输入后,显示如图 3.61 所示的首层 KL4(7)平法表格。

尺寸(mm)			上通长筋	上部钢筋			下部钢筋	
跨长	截面(B*H)	距左边线距离		左支座钢筋	跨中钢筋	右支座钢筋	下通长筋	下部钢筋
(4800)	(250*500)	(125)	2Φ20	3Φ20		3Φ20		2Φ20
(4800)	(250*500)	(125)				2Φ20/2Φ22		2Φ20
(7200)	250*650	(125)				4Φ20 2/2		2Φ22
(7200)	250*650	(125)				4Φ20 2/2		3Φ22
(7200)	250*650	(125)				2Φ20/2Φ22		2Φ22
(4800)	(250*500)	(125)				3Φ20		2Φ20
(4800)	(250*500)	(125)				3Φ20		2Φ20

图 3.61

②KL4 第 3,4,5 跨存在侧面构造钢筋,应在原位标注输入的表格中输入。在"侧面钢筋"的"侧面原位标注筋"钢筋中输入"G2 Φ 14",软件自动生成拉筋,按照规范为"Φ6"。

③KL4 第 3,4,5 跨存在次梁和吊筋,如图 3.62 所示的首层 KL4 侧面钢筋。对于次梁宽度,软件会自动识别;对于次梁加筋,按照结构设计总说明中第十条第 5 款第 3 条,次梁每侧设 3 组箍筋,在工程设置的"计算设置"中相应的项输入"6",软件就会自动去计算设置中的数值;在吊筋位置输入各次梁处的吊筋信息;吊筋锚固取计算设置中设定的数值,软件默认为 $20 \times d$。

侧面钢筋			箍筋	肢数	次梁宽度	次梁加筋	吊筋	吊筋锚固	箍筋加密长度
侧面通长筋	侧面原位标注筋	拉筋							
			Φ8@100/20	2					max(1.5*h, 50
			Φ8@100/20	2					max(1.5*h, 50
	G2Φ14	(Φ6)	Φ8@100/20	2	250/250	6/6	2Φ20/2Φ20	20*d	max(1.5*h, 50
	G2Φ14	(Φ6)	Φ8@100/20	2	250	6	2Φ20	20*d	max(1.5*h, 50
	G2Φ14	(Φ6)	Φ8@100/20	2	250/250	6/6	2Φ20/2Φ20	20*d	max(1.5*h, 50
			Φ8@100/20	2					max(1.5*h, 50
			Φ8@100/20	2					max(1.5*h, 50

图 3.62

④KL4 第 3,4,5 跨存在变截面,应在表格中相应的位置输入变截面跨的截面尺寸。

【说明】

　　上面介绍时,采用的是按照不同的原位标注类别逐个讲解的顺序。在实际工程绘制中,可针对第一跨进行各类原位标注信息的输入,然后再输入下一跨;也可按照不同的钢筋类型,先输入上下部钢筋信息,再输入侧面钢筋信息等。在表格中就表现为可按行逐个输入,也可按列逐个输入。

　　另外,梁的原位标注表格中还有每一跨的箍筋信息的输入,默认取构件属性的信息。如果某些跨存在不同的箍筋信息,就可在原位标注中对应的跨中输入;存在有加腋筋也在梁平法表格中输入。

　　采用同样的方法,可对其他位置的梁进行原位标注输入。

（2）重提梁跨

当你遇到以下问题时,可使用"重提梁跨"功能:

①原位标注计算梁的钢筋需要重提梁跨,软件在提取了梁跨后才能识别梁的跨数、梁支座并进行计算。

②由于图纸变更或编辑梁支座信息,导致梁支座减少或增加,影响了梁跨数量,使用"重提梁跨"可以重新提取梁跨信息。

重提梁跨的操作步骤如下:

第一步:在"梁二次编辑"面板中选择"重提梁跨",如图 3.63 所示。

图 3.63

第二步:在绘图区域选择梁图元,出现如图 3.64 所示的提示信息,单击"确定"按钮即可。

（3）设置支座

如果存在梁跨数与集中标注中不符的情况,则可使用此功能进行支座的设置工作。操作步骤如下:

第一步:在"梁二次编辑"面板中选择"设置支座",如图 3.65 所示。

图 3.64

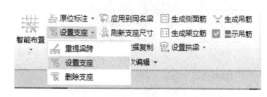

图 3.65

第二步:用鼠标左键选择需要设置支座的梁,如 L3,如图 3.66 所示。

第三步:用鼠标左键选择或框选作为支座的图元,右键确认,如图 3.67 所示。

第四步:当支座设置错误时,还可采用"删除支座"的功能进行删除,如图 3.68 所示。

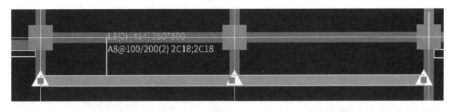

图 3.66

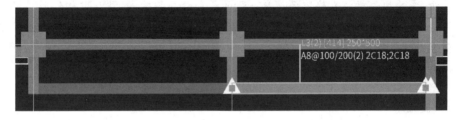

图 3.67

图 3.68

（4）配置梁侧面钢筋

如果图纸中原位标注中标注了侧面钢筋的信息，或是结构设计总说明中标明了整个工程的侧面钢筋配筋，那么，除了在原位标注中进行输入外，还可使用"生成侧面钢筋"的功能来批量配置梁侧面钢筋。

①在"绘图工具栏"中选择"生成侧面钢筋"，在弹出的生成侧面钢筋对话框中，根据梁高或是梁腹板高定义好侧面钢筋，如图 3.69 所示。

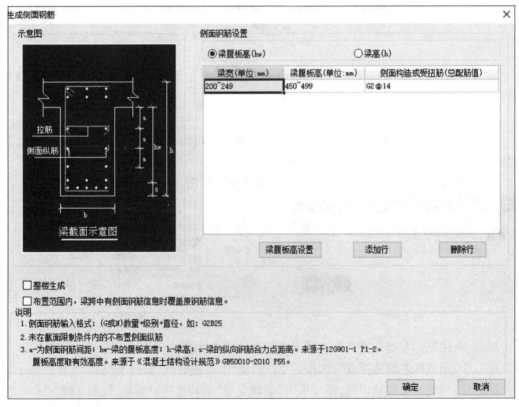

图 3.69

②定义好之后,单击"确定"按钮。以 KL4 为例,选择 KL4,单击鼠标右键确定,则会弹出"成功生成侧面钢筋"的提示。

【注意】

如果要对图中多道梁同时配置侧面钢筋,则在对话框中定义好侧面钢筋信息后,选择多道梁即可,软件会自动根据梁尺寸来配筋侧面钢筋。当结构设计总说明给出了整个工程的侧面钢筋配筋时,可利用此功能一次性生成全楼的侧面钢筋。

(5)梁标注的快速复制功能

分析结施-8,可以发现图中有很多同名的梁(如 KL5,KL6,KL7,WKL2,WKL3,L1,L3 等),都在多个地方存在。这时,不需要对每道梁都进行原位标注,直接使用软件提供的几个复制功能,即可快速对梁进行原位标注。

①梁跨数据复制。工程中不同名称的梁,梁跨的原位标注信息相同,或同一道梁不同跨的原位标注信息相同,通过该功能可以将当前选中的梁跨数据复制到目标梁跨上。复制内容主要是钢筋信息。例如 KL2,其①~④轴的原位标注与⑦~⑪轴完全一致,这时可使用梁跨数据复制功能,将①~④轴跨的原位标注复制到⑦~⑪轴中。

第一步:在"梁二次编辑"面板中选择"梁跨数据复制",如图 3.70 所示。

第二步:在绘图区域选择需要复制的梁跨,单击鼠标右键结束选择,需要复制的梁跨选中后显示为红色,如图 3.71 所示。

图 3.70

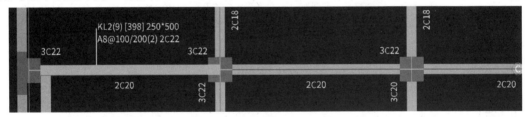

图 3.71

第三步:在绘图区域选择目标梁跨,选中的梁跨显示为黄色,单击鼠标右键完成操作,如图 3.72 所示。

②应用到同名梁。当遇到以下问题时,可使用"应用到同名梁"功能。

如果图纸中存在多个同名称的梁,且原位标注信息完全一致,就可采用"应用到同名梁"功能来快速地实现原位标注信息的输入。如结施-8 中有 4 道 L1,只需对一道 L1 进行原位标注,然后运用"应用到同名梁"功能,实现快速标注。

第一步:在"梁二次编辑"面板中选择"应用到同名梁",如图 3.73 所示。

第二步:选择应用方法,软件提供了 3 种选择,根据实际情况选用即可。包括同名称未提取跨梁、同名称已提取跨梁、所有同名称梁,如图 3.74 所示。单击"查看应用规则",可查看应用同名梁的规则。

同名称未提取跨梁:未识别的梁为浅红色,这些梁没有识别跨长和支座等信息。

同名称已提取跨梁:已识别的梁为绿色,这些梁已经识别了跨长和支座信息,但是原位

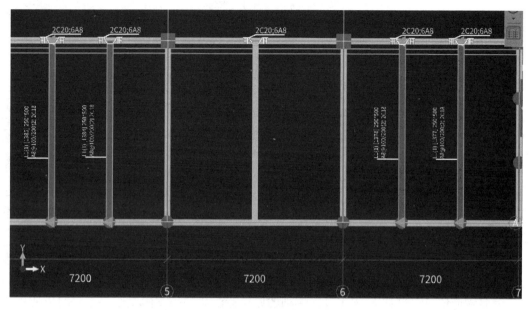

图 3.72

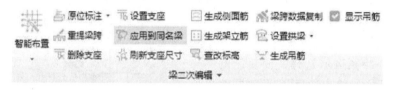

图 3.73

○ 同名称未提取跨梁　○ 同名称已提取跨梁　◉ 所有同名称梁　查看应用规则

图 3.74

标注没有输入。

所有同名称梁:不考虑梁是否已经识别。

【注意】

未提取梁跨的梁,图元不能捕捉。

第三步:用左键在绘图区域选择梁图元,单击鼠标右键确定,完成操作,则软件弹出应用成功的提示,在此可看到有几道梁应用成功。

(6)梁的吊筋和次梁加筋

在做实际工程时,吊筋和次梁加筋的布置方式一般都是在"结构设计总说明"中集中说明的,此时需要批量布置吊筋和次梁加筋。

《办公大厦建筑工程图》在"结构设计总说明(一)"中,"5.钢筋混凝土梁"第三条表示次梁吊筋在梁配筋图中表示。在结施-7~10 的说明中也对次梁加筋进行了说明。按"结构设计总说明(一)"中"5.钢筋混凝土梁"第三款说明了凡在次梁两侧注明箍筋者,均在次梁两侧各设 3 组箍筋,且注明了箍筋肢数、直径同梁箍筋,间距为 50 mm,因此需要设置次梁加筋。

①选择"工程设置"下的"钢筋设置"中的"计算设置",如图 3.75 所示。

图 3.75

②在"计算设置"的"框架梁"部分第二十六条"次梁两侧共增加箍筋数量",根据设计说明,两侧各设 3 组,共 6 组,则在此输入"6"即可,如图 3.76 所示。

图 3.76

【说明】

①如果工程中有吊筋,则在"梁二次编辑"面板中单击"生成吊筋",如图 3.77 所示。次梁加筋也可通过该功能实现。

图 3.77 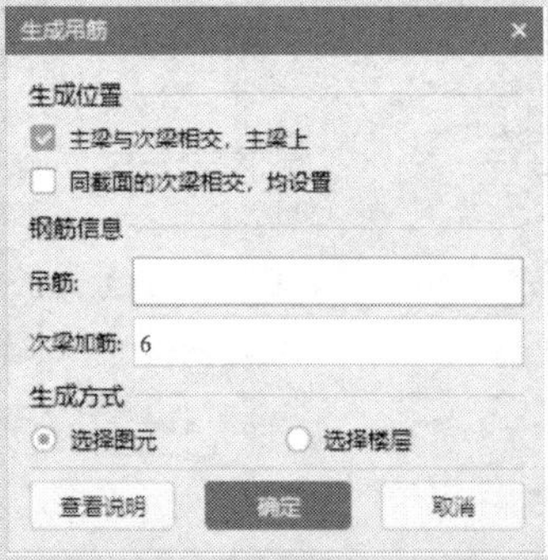   图 3.78

②在弹出的"生成吊筋"对话框中,根据图纸输入次梁加筋的钢筋信息,如图 3.78 所示。

③设置完成后,单击"确定"按钮,然后在图中选择要生成次梁加筋的主梁和次梁,单击鼠标右键确定,即可完成吊筋的生成。

【注意】

必须进行提取梁跨后,才能使用此功能自动生成;运用此功能同样可以整楼生成。

四、任务结果

1) 查看首层钢筋工程量计算结果

前面部分没有涉及构件图元钢筋计算结果的查看,主要是因为竖向构件在上下层没有绘制时,无法正确计算搭接和锚固,而对于梁这类水平构件,本层相关图元绘制完毕,就可正确地计算筋量,同时可查看计算结果。

首先,选择"工程量"选项卡下的"汇总计算",选择要计算的楼层进行钢筋量的计算,然后选择已经计算过的构件进行计算结果的查看。

①通过"编辑钢筋"查看每根钢筋的详细信息:选择"钢筋计算结果"面板下的"编辑钢筋",下面还是以 KL4 为例进行说明。

钢筋显示顺序为按跨逐个显示,如图 3.79 所示的第一的计算结果中,"筋号"对应到具体钢筋;"图号"是软件对每一种钢筋形状的编号。"计算公式"和"公式描述"是对每根钢筋的计算过程进行的描述,方便查量和对量;"搭接"是指单根钢筋超过定尺长度之后所需要的接长度和接头个数。

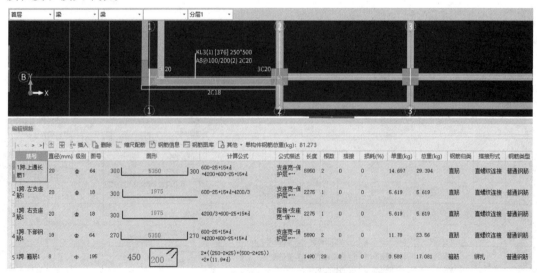

图 3.79

"编辑钢筋"的列表还可进行编辑,可根据需要对钢筋的信息进行修改,然后锁定该构件。

②通过"查看钢筋量"来查看计算结果:选择钢筋量菜单下的"查看钢筋量",或者在工具条中选择"查看钢筋量"命令,拉框选择或者点选需要查看的图元。软件可以一次性显示多个图元的计算结果,如图3.80所示。

钢筋总质量（kg）：934.102									
构件名称	钢筋总质量（kg）	HPB300			HRB400				
		6	8	合计	14	20	22	25	合计
1 KL4(7)[927]	934.102	5.237	184.935	190.172	50.965	459.469	221.176	12.32	743.93
2 合计	934.102	5.237	184.935	190.172	50.965	459.469	221.176	12.32	743.93

图 3.80

图中显示构件的钢筋量,可按不同的钢筋类别和级别列出,并可对选择的多个图元的钢筋量进行合计。

首层所有梁的钢筋工程量统计可单击"查看报表",见表3.15(见报表中"楼层构件统计校对表")。

表 3.15　首层梁钢筋总重

构件类型	构件类型钢筋总质量（kg）	构件名称	构件数量	单个构件钢筋质量（kg）	构件钢筋总质量（kg）	接头
梁	9599.034	L13(1)[375]	1	121.587	121.587	
		KL3(1)[376]	2	78.469	156.938	
		KL3(1)[464]	1	78.475	78.475	
		KL5(3B)[400]	2	332.511	665.022	
		KL2(9)[398]	1	965.952	965.952	10
		KL1(9)[397]	1	1319.155	1319.155	8
		KL8(7)[401]	1	973.758	973.758	
		L12(7)[403]	1	521.956	521.956	8
		KL4(7)[387]	1	903.529	903.529	
		XL1[402]	1	16.81	16.81	
		XL1[497]	1	18.598	18.598	
		KL7(2A)[405]	2	246.689	493.378	4
		L7(1)[406]	1	140.78	140.78	
		L6(1)[412]	1	32.4	32.4	
		L5(1A)[409]	1	208.93	208.93	
		L3(2)[414]	2	98.848	197.696	4

续表

构件类型	构件类型钢筋总质量(kg)	构件名称	构件数量	单个构件钢筋质量(kg)	构件钢筋总质量(kg)	接头
梁	9599.034	WKL2(2A)［1374］	1	136.216	136.216	
		WKL2(2A)［1375］	1	136.216	136.216	
		KL6(3B)［456］	1	313.297	313.297	
		KL6(3B)［460］	1	302.315	302.315	
		L4(1)［457］	1	15.799	15.799	
		L4(1)［487］	1	14.716	14.716	
		L8(2)［458］	1	124.478	124.478	
		L9(1)［459］	1	161.148	161.148	
		L11(1)［461］	1	165.096	165.096	
		KL9(1)［462］	1	133.03	133.03	
		L10(1)［463］	1	53.797	53.797	
		L1(1)［1377］	3	112.285	336.855	
		L1(1)［1384］	1	108.053	108.053	
		WKL3(1)［1379］	2	30.237	60.474	
		L2(1)［1380］	1	84.778	84.778	
		WKL1(5B)［1382］	1	381.032	381.032	10
		TL1［4895］	1	45.403	45.403	
		TL1［4902］	1	46.329	46.329	
		TL1［4911］	1	23.857	23.857	
		TL1［5030］	1	49.398	49.398	
		TL1［5031］	1	20.819	20.819	
		TL1［5032］	1	44.708	44.708	
		TL2［4905］	1	26.256	26.256	

2)查看土建工程首层梁计算结果(见表3.16)

表3.16 首层梁清单定额工程量

序号	编码	项目名称及特征	单位	工程量
1	010503002001	矩形梁 (1)混凝土强度等级:C30 (2)混凝土拌合料要求:泵送商品混凝土	m³	56.937
	5-9	矩形梁、异形梁、弧形梁 泵送商品混凝土 C30	10 m³	5.6937
2	011702006001	矩形梁 现浇混凝土矩形梁复合木模 支模高度 4.6 m	m²	492.7591
	5-131	矩形梁复合木模	100 m²	4.927591

五、总结拓展

①梁的原位标注和平法表格的区别:选择"原位标注"时,可以在绘图区梁图元的位置输入原位标注的钢筋信息,也可以在下方显示的表格中输入原位标注信息;选择"梁平法表格"时只显示下方的表格,不显示绘图区的输入框。

②捕捉点的设置:绘图时,无论是利用点画、直线还是其他绘制方式,都需要捕捉绘图区的点,以确定点的位置和线的端点。该软件提供了多种类型点的捕捉,可以在状态栏设置捕捉,绘图时可以在"捕捉工具栏"中直接选择要捕捉的点类型,方便绘制图元时选取点,如图3.81 所示。

③设置悬挑梁的弯起钢筋:当工程中存在悬挑梁并且需要计算弯起钢筋时,在软件中可以快速地进行设置及计算。首先,进入"计算设置"→"节点设置"→"框架梁",在第29项设置悬挑梁钢筋图号,软件默认是 2 号图号,可以

图3.81

单击按钮选择其他图号(软件提供了 6 种图号供选择),节点示意图中的数值可进行修改。

计算设置的修改范围是全部悬挑梁,如果修改单根悬挑梁,应选中单根梁,在平法表格"悬臂钢筋代号"中修改。

④如果梁在图纸上有两种截面尺寸,软件是不能定义同名称构件的,因此,在定义时需重新加下脚标定义。

问 题思考

(1)梁属于线性构件,可否使用矩形绘制? 如果可以,哪些情况适合用矩形绘制?

(2)智能布置梁后,若位置与图纸位置不一样,应怎样调整?

(3)如何绘制弧形梁?

3.4 首层板工程量计算

通过本节的学习,你将能够:

(1)依据定额和清单分析现浇板的工程量计算规则;

(2)分析图纸,进行正确的识图,读取板的土建及钢筋信息;

(3)定义现浇板、板受力筋、板负筋及分布筋的属性;

(4)绘制首层现浇板、板受力筋、板负筋及分布筋;

(5)统计板的土建及钢筋工程量。

一、任务说明

①完成首层板的属性定义、做法套用及图元绘制。

②汇总计算,统计本层板的土建及钢筋工程量。

二、任务分析

①首层板在计量时的主要尺寸有哪些? 从什么图中的什么位置能够找到? 有多少种板?

②板的钢筋类别有哪些,如何进行定义和绘制?

③板是如何套用清单定额的?

④板的绘制方法有哪几种?

⑤各种不同名称的板如何能快速套用做法?

三、任务实施

1)分析图纸

根据结施-12"3.800 板平法施工图"来定义和绘制板及板的钢筋。进行板的图纸分析时,应注意以下几个要点:

①本页图纸说明、厚度说明、配筋说明。

②板的标高。

③板的分类,相同的板的位置。

④板的特殊形状。

⑤受力筋、板负筋的类型,跨板受力筋的位置和钢筋布置。

分析结施-11~14,可以从中得到板的相关信息,包括地下室至 4 层的楼板,主要信息见表 3.17。

表 3.17 板表

序号	类型	名称	混凝土强度等级	板厚 h(mm)	板顶标高	备注
1	普通楼板	LB	C30、C25	180、120	层顶标高	地下室~二楼楼面 C30,地下室顶板厚 180
		PB	C30、C25	120	层顶标高	地下室~二楼楼面 C30
2	雨篷板	PY1	C30	150	层顶标高−0.35	
3	屋面板	WLB1	C30	100	层顶标高	
		WLB2	C25	120	层顶标高	
4	斜屋面板	YXB	C30、C25	180、150		地下室~二楼楼面 C30,地下室顶板厚 180

根据结施-11,详细查看首层板及板配筋信息。在软件中,完整的板构件由现浇板、板筋(包含受力筋及负筋)组成,因此,板构件的钢筋计算包括以下两个部分:板定义中的钢筋和绘制钢筋的布置(包括受力筋和负筋)。

2)现浇板定额、清单计算规则学习

(1)清单计算规则学习

板清单计算规则见表 3.18。

表 3.18 板清单计算规则

编号	项目名称	单位	计算规则
010505003	平板	m³	按设计图示尺寸以体积计算
011702016	平板模板	m²	按模板与现浇混凝土构件的接触面积计算

(2)定额计算规则学习

板定额计算规则见表 3.19。

表 3.19 板定额计算规则

编号	项目名称	单位	计算规则
5-16~5-23	现浇混凝土板	10 m³	按设计图示尺寸以体积计算。不扣除构件内钢筋、预埋铁件所占体积,伸入墙内的梁头、梁垫并入梁体积内
5-142~5-150	平板现浇混凝土模板	100 m²	按模板与混凝土接触面积以面积计算
5-151~5-152	板支模超高每增加 1 m 钢、木模板 支模超高每增加 1 m 铝模	100 m²	

3)板的属性定义和做法套用

(1)板的属性定义

在导航树中选择"板"→"现浇板",在"构件列表"中选择"新建"→"新建现浇板"。下面以①~⑥轴、①~②轴所围的 LB4 为例,新建现浇板 LB4,根据 LB4 图纸中的尺寸标注,在属性列表中输入相应的属性值,如图 3.82 所示。

	属性名称	属性值	附加
	属性列表 图层管理		
1	名称	LB4	
2	厚度(mm)	(120)	☐
3	类别	有梁板	☐
4	是否是楼板	是	☐
5	混凝土类型	(现浇砼 碎石40m...	☐
6	混凝土强度等级	(C30)	☐
7	混凝土外加剂	(无)	
8	泵送类型	泵送商品混凝土	
9	泵送高度(m)		
10	顶标高(m)	层顶标高	☐
11	备注		☐
12	⊞ 钢筋业务属性		
23	⊞ 土建业务属性		
30	⊞ 显示样式		

图 3.82

【说明】

①名称:根据图纸输入构件的名称,该名称在当前楼层的当前构件类型下唯一。

②厚度(mm):现浇板的厚度。

③类别:选项为有梁板、无梁板、平板、拱板等。

④是否是楼板:主要与计算超高模板、超高体积起点判断有关,若是,则表示构件可以向下找到该构件作为超高计算的判断依据,若否,则超高计算判断与该板无关。

⑤材质:不同地区计算规则对应的材质有所不同。

其中钢筋业务属性,如图 3.83 所示。

12	⊟ 钢筋业务属性		
13	其它钢筋		
14	保护层厚...	(15)	☐
15	汇总信息	(现浇板)	☐
16	马凳筋参...		
17	马凳筋信息		☐
18	线形马凳...	平行横向受力筋	☐
19	拉筋		
20	马凳筋数量	向上取整+1	☐
21	拉筋数量	向上取整+1	☐
22	归类名称	(LB4)	☐

图 3.83

【说明】

①保护层厚度:软件自动读取楼层设置中的保护层厚度,如果当前构件需要特殊处理,则可根据实际情况进行输入。

②马凳筋参数图:可编辑马凳筋类型,参见"帮助文档"中《GTJ2018 钢筋输入格式详解》"五、板"的"01 现浇板"。

③马凳筋信息:参见《GTJ2018 钢筋输入格式详解》中"五、板"的"01 现浇板"。

④线形马凳筋方向:对Ⅱ型、Ⅲ型马凳筋起作用,设置马凳筋的布置方向。

⑤拉筋:板厚方向布置拉筋时,输入拉筋信息,输入格式:级别+直径+间距×间距或者数量+级别+直径。

⑥马凳筋数量计算方式:设置马凳筋根数的计算方式,默认取"计算设置"中设置的计算方式。

⑦拉筋数量计算方式:设置拉筋根数的计算方式,默认取"计算设置"中设置的计算方式。

其中土建业务属性如图 3.84 所示。

24	⊟	土建业务属性		
25		计算设置	按默认计算设置	
26		计算规则	按默认计算规则	
27		支模高度	按默认计算设置	☐
28		超高底面标高	按默认计算设置	☐
29		坡度(°)	0	☐

图 3.84

【说明】

①计算设置:用户可自行设置构件土建计算信息,软件将按设置的计算方法计算。

②计算规则:软件内置全国各地清单及定额计算规则,同时用户可自行设置构件土建计算规则,软件将按设置的计算规则计算。

(2)板的做法套用

板构件定义好后,需要进行做法套用操作,打开"定义"界面,选择"构件做法",单击"添加清单",添加混凝土平板清单项 010505003 和平板模板清单 011702016;在平板混凝土下添加定额 5-16,在平板模板下添加定额 5-144;单击"项目特征",根据工程实际情况将项目特征补充完整。

LB4 的做法套用如图 3.85 所示。

	编码	类别	名称	项目特征	单位	工程量表达式	表达式说明	单价	综合单价	措施项目	专业	自动套
1	⊟ 010505003001	补项	平板	平板 1.混凝土强度等级:C30; 2.混凝土拌和料要求:泵送商品砼	m3	TJ	TJ<体积>			☐		☐
2	5-16	借	平板 泵送商品混凝土C30		m3	TJ	TJ<体积>	5171.71		☐	土建	☐
3	⊟ 011702016003	补项	平板	平板 现浇混凝土 板 复合木模"支模高度 4.6(m)	m2	MBMJ	MBMJ<底面模板面积>			☑		☐
4	5-144	借	板复合木模"模支模超高每增加1m 钢、木模"支模高度:4.6m		m2	MBMJ	MBMJ<底面模板面积>	3883.41		☑	土建	☐

图 3.85

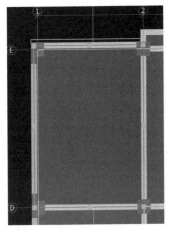

图 3.86

4) 板画法讲解

(1)点画绘制板

仍以 LB4 为例,定义好楼板属性后,单击"点"命令,在 LB4 区域单击鼠标左键,即可布置 LB4,如图 3.86 所示。

(2)直线绘制板

仍以 LB4 为例,定义好 120 mm 厚楼板 LB4 后,单击"直线"命令,用鼠标左键单击 LB4 边界区域的交点,围成一个封闭区域,即可布置 LB4,如图 3.86 所示。

(3)自动生成板

当板下的梁、墙绘制完毕,且图中板类别较少时,可使用自动生成板,软件会自动根据图中梁和墙围成的封闭区域来生成整层的板。自动生成完毕之后,需要检查图纸,将与图中板信息不符的修改过来,对图中没有板的地方进行删除。

5) 板受力筋的属性定义和绘制

(1)板受力筋的属性定义

在导航树中选择"板"→"板受力筋",在"构件列表"中选择"新建"→"新建板受力筋",以①~⑥轴、①~②轴上 X 方向 Φ12@200 在图纸中的布置信息,在"属性编辑框"中输入相应的属性值,以板受力筋 SLJ-Φ12@200 为例,新建板受力筋 SLJ-Φ12@200,根据 SLJ 辑框中输入相应的属性值,如图 3.87 所示。Y 方向 Φ10@200 在图纸中的布置信息,在属性编辑框的板受力筋 SLJ-Φ10@200 为例,新建板受力筋 SLJ-Φ10@200,根据 SLJ 辑框中输入相应的属性值,如图 3.88 所示。

	属性名称	属性值	附加
1	名称	SLJ-C12@200	
2	类别	底筋	☐
3	钢筋信息	Φ12@200	☐
4	左弯折(mm)	(0)	☐
5	右弯折(mm)	(0)	☐
6	备注		☐
7	⊟ 钢筋业务属性		
8	钢筋锚固	(35)	
9	钢筋搭接	(49)	
10	归类名称	(SLJ-C12@200)	☐
11	汇总信息	(板受力筋)	☐
12	计算设置	按默认计算设置...	
13	节点设置	按默认节点设置...	
14	搭接设置	按默认搭接设置...	
15	长度调整(...		☐
16	⊟ 显示样式		
17	填充颜色		
18	不透明度	(100)	

图 3.87

	属性名称	属性值	附加
1	名称	SLJ-C10@200	
2	类别	底筋	☐
3	钢筋信息	Φ10@200	☐
4	左弯折(mm)	(0)	☐
5	右弯折(mm)	(0)	☐
6	备注		☐
7	⊟ 钢筋业务属性		
8	钢筋锚固	(35)	
9	钢筋搭接	(49)	
10	归类名称	(SLJ-C10@200)	☐
11	汇总信息	(板受力筋)	☐
12	计算设置	按默认计算设置...	
13	节点设置	按默认节点设置...	
14	搭接设置	按默认搭接设置...	
15	长度调整(...		☐
16	⊟ 显示样式		
17	填充颜色		
18	不透明度	(100)	

图 3.88

【说明】

①名称:结施图中没有定义受力筋的名称,用户可根据实际情况输入较容易辨认的名称,这里 X 方向底部受力筋按钢筋信息输入"SLJ-Φ 12@ 200"。

②类别:在软件中可以选择底筋、面筋、中间层筋和温度筋,根据图纸信息进行正确选择,在此为底筋,也可以不选择,在后面绘制受力筋可重新设置钢筋类别。

③钢筋信息:按照图中钢筋信息输入"Φ 12@ 200"。

④左弯折和右弯折:按照实际情况输入受力筋的端部弯折长度。软件默认为"0",表示按照计算设置中默认的"板厚-2 倍保护层厚度"来计算弯折长度。此处关系钢筋计算结果,如果图纸中没有特殊说明,不需要修改。

⑤钢筋锚固和搭接:取楼层设置中设定的数值,可根据实际图纸情况进行修改。

(2)板受力筋的绘制

在导航树中选择"板受力筋",单击"建模",在"板受力筋二次编辑"中单击"布置受力筋",如图3.89 所示。

图 3.89

布置板的受力筋,按照布置范围有"单板""多板""自定义"和"按受力筋范围"布置;按照钢筋方向有"XY 方向""水平"和"垂直"布置,还有"两点""平行边""弧线边布置放射筋"以及"圆心布置放射筋",如图 3.90 所示。

○ 单板 ○ 多板 ○ 自定义 ○ 按受力筋范围 ○ XY 方向 ○ 水平 ○ 垂直 ○ 两点 ○ 平行边 ○ 弧线边布置放射筋 ○ 圆心布置放射筋

图 3.90

①以Ⓓ~Ⓔ轴、①~②轴的 LB4 受力筋布置为例,由施工图可知,LB4 的板受力筋为 X,Y 向布筋:当底筋或面筋的 X 与 Y 方向配筋都不相同时,可分别设置 X,Y 方向的钢筋。该位置的 LB4 底筋,板受力筋 X 与 Y 方向的底筋布置类型不相同,则可采用"XY 向布置",如图 3.91 所示。

Ⓓ~Ⓔ轴、①~②轴的 LB4 板受力筋布置图(详见结施-11),如图 3.92 所示;受力筋布置完成后如图3.93所示。

双向布置:在不同类别中钢筋配筋不同时使用,如果底筋与面筋配筋不同,但见底筋或面筋的 X,Y 方向配筋相同时可使用。

图 3.91

②如果板受力筋只有底筋,底筋各个方向的钢筋信息一致,都是Φ 10@ 150,可采用"双向布置"。选择"单板"→"双向布置",选择该板,弹出如图 3.94 所示的对话框。

在"钢筋信息"中选择相应的受力筋名称 SLJ-Φ 10@ 150,单击"确定"按钮,即可布置单板的受力筋,如图 3.95 所示。

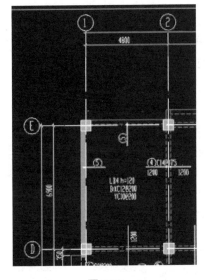

图 3.92

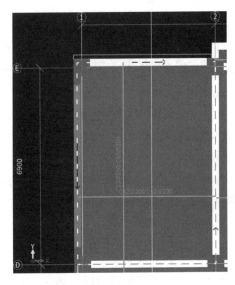

图 3.93

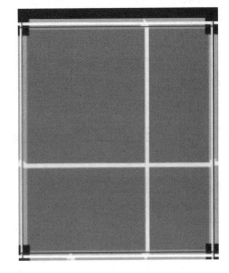

图 3.94

图 3.95

【说明】

①双向布置:适用于某种钢筋类别在两个方向上布置的信息相同的情况。

②双网双向布置:适用于底筋与面筋在 X 和 Y 两个方向上钢筋信息全部相同的情况。

③XY 向布置:适用于底筋的 X,Y 方向信息不同,面筋的 X,Y 方向信息不同的情况。

④选择参照轴网:可以选择以哪个轴网的水平和竖直方向为基准进行布置,不勾选时,以绘图区水平方向为 X 方向、竖直方向为 Y 方向。

---

(3)应用同名称板

由于 LB5 的钢筋信息,除了Ⓑ~Ⓒ轴与③~④轴上的板受力筋配筋是 LB5 外,还有Ⓑ~

ⓒ轴与②~③轴等处 LB5 的板受力筋配筋都是相同的,下面使用"应用同名称板"来布置其他同名称板的钢筋。

①选择"建模"→"板受力筋二次编辑"→"应用同名板"命令,如图 3.96 所示。

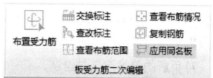

图 3.96

②选择已经布置上钢筋ⓑ~ⓒ轴与③~④轴的LB5 图元,单击鼠标右键确定,则其他同名称的板都布置上了相同的钢筋信息。同时ⓑ~ⓒ轴与②~③轴的 LB5 也会布置同样的板受力筋,对于其他板的钢筋,可采用相应的布置方式将其对应图纸进行正确修改布置即可。

6)跨板受力筋的定义与绘制

下面以结施-11 中的ⓒ~ⓓ轴、①~②轴的楼板的 8 号跨板受力筋Φ12@150 为例,介绍跨板受力筋的定义和绘制。

(1)跨板受力筋的属性定义

在导航树中选择"受力筋",在受力筋的"构件列表"中,单击"新建"→"新建跨板受力筋",将弹出如图 3.97 所示的新建跨板受力筋"属性列表"界面。

	属性名称	属性值	附加
1	名称	KBSLJ-8	
2	类别	面筋	
3	钢筋信息	Φ12@150	
4	左标注(mm)	1200	
5	右标注(mm)	1200	
6	马凳筋排数	1/1	
7	标注长度位置	(支座中心线)	
8	左弯折(mm)	(0)	
9	右弯折(mm)	(0)	
10	分布钢筋	Φ8@200	
11	备注		
12 ⊞	钢筋业务属性		
21 ⊞	显示样式		

图 3.97

7	标注长度位置	(支座中心线) ▲
8	左弯折(mm)	支座内边线
9	右弯折(mm)	支座轴线
10	分布钢筋	支座中心线
11	备注	支座外边线
12 ⊞	钢筋业务属性	

图 3.98

左标注和右标注:左右两边伸出支座的长度,根据图纸中的标注进行输入。

马凳筋排数:根据实际情况输入。

标注长度位置:可选择支座中心线、支座内边线和支座外边线,如图 3.98 所示。根据图纸中标注的实际情况进行选择。此工程选择"支座外边线"。

分布钢筋:结施-11 中说明:"1.板配筋表示方法按 16G 101—1,有关构造规定执行 16G 101—1。3.未标注悬挑板分布筋均为Φ8@200。"结施-1 结构总说明(一)中第 4 点现浇混凝土板第 7 款关于板内分布钢筋的说明:板厚小于 110 mm 时,分布钢筋直径、间距为Φ6@200,板厚 120~160 mm 时,分布钢筋直径、间距为Φ8@200。因此,此处分布钢筋输入Φ8@200。也可在计算设置中对相应的项进行输入,这样就不用针对每一个钢筋构件进行输入了。具体参考"2.2 计算设置"中钢筋设置的部分内容。

（2）跨板受力筋的绘制

对于该位置的跨板受力筋,可采用"单板"和"垂直"布置的方式来绘制,选择"单板",再选择"垂直",单击©~Ⓓ轴、①~②轴的楼板,即可布置垂直方向的跨板受力筋。其他位置的跨板受力筋采用同样的方式布置。

7) 负筋的属性定义与绘制

下面以结施上11©~Ⓓ轴、①~②轴的 6 号负筋为例,介绍负筋的定义和绘制,如图3.99所示。

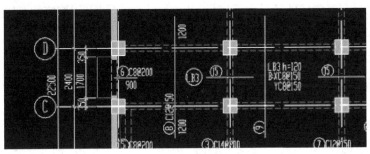

图 3.99

（1）负筋的属性定义

进入"板"→"板负筋",在"构建列表"中单击"新建"→"新建板负筋"。在"属性列表"中定义板负筋的属性,如图 3.100 所示。

左标注和右标注:5 号负筋只有一侧标注,左标注输入"0",右标注输入"900"。

单边标注位置:根据图中实际情况,选择"支座中心线"。

对②~③轴 LB3 在②轴上的 15 号负筋 ⏀8@150 的定义,如图 3.101 所示。

对于左右均有标注的负筋,有"非单边标注含支座宽"的属性,指左右标注的尺寸是否含支座宽度,这里根据实际图纸的情况选择"是",其他内容与 6 号、15 号负筋输入方式一致。按照同样的方式定义其他负筋。

	属性名称	属性值	附加
1	名称	6	
2	钢筋信息	⏀8@200	☐
3	左标注(mm)	0	☐
4	右标注(mm)	900	☐
5	马凳筋排数	1/1	☐
6	单边标注位置	(支座中心线)	☐
7	左弯折(mm)	(0)	☐
8	右弯折(mm)	(0)	☐
9	分布钢筋	⏀8@200	☐
10	备注		☐
11	⊞ 钢筋业务属性		
19	⊞ 显示样式		

图 3.100

	属性名称	属性值	附加
1	名称	15	
2	钢筋信息	⏀8@150	☐
3	左标注(mm)	900	☐
4	右标注(mm)	900	☐
5	马凳筋排数	1/1	☐
6	非单边标注含...	(是)	☐
7	左弯折(mm)	(0)	☐
8	右弯折(mm)	(0)	☐
9	分布钢筋	⏀8@200	☐
10	备注		☐
11	⊞ 钢筋业务属性		
19	⊞ 显示样式		

图 3.101

（2）负筋的绘制

负筋定义完毕后，回到绘图区域，对于②~③轴、ⓒ~ⓓ轴之间的 LB3 进行负筋的布置。

①对于左侧 6 号负筋，单击"板负筋二次编辑"面板上的"布置负筋"，选项栏则会出现布置方式，有按梁布置、按圈梁布置、按连梁布置、按墙布置、按板边布置及画线布置，如图 3.102 所示。

图 3.102

先选择"按墙布置"，再选择墙，按提示栏的提示单击墙，鼠标移动到墙图元上，则墙图元显示一道蓝线，并且显示出负筋的预览图，下侧确定方向，即可布置成功。

②对于②轴上的 15 号负筋，先选择"按梁布置"，再选择梁段，鼠标移动到梁图元上，则梁图元显示一道蓝线，并且显示出负筋的预览图，下侧确定方向，即本工程中的负筋都可按墙或者按梁布置，也可选择画线布置。

四、任务结果

板构件的任务结果如下：

①根据上述普通楼板 LB 的属性定义方法，将本层剩下的楼板定义好。

②用点画、直线、矩形等方法将首层顶板绘制好，布置完钢筋后如图 3.103 所示。

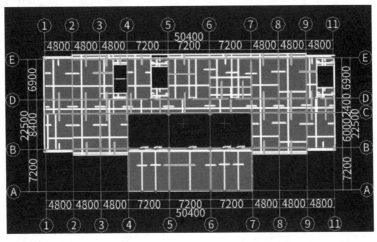

图 3.103

③汇总计算，首层板清单、定额工程量，见表 3.20。

表 3.20　首层板清单、定额工程量

序号	编码	项目名称及特征	单位	工程量
1	010505003001	平板 （1）混凝土强度等级：C30 （2）混凝土拌合料要求：泵送商品混凝土	m³	80.4727
	5-16	平板 泵送商品混凝土 C30	10 m³	8.10108

续表

序号	编码	项目名称及特征	单位	工程量
2	011702016001	平板 现浇混凝土板复合木模 支模高度 4.6 m	m	705.4655
	5-144	板复合木模 板支模超高每增加 1 m 钢、木模 支模高度 4.6 m	100 m²	7.054655

首层板钢筋量汇总表,见表 3.21(见报表预览——构件汇总信息分类统计表)。

表 3.21　首层板钢筋工程量

构件类型	构件类型钢筋总质量(kg)	构件名称	构件数量	单个构件钢筋质量(kg)	构件钢筋总质量(kg)	接头
现浇板	10469.698	B-120[585]	1	9.82	9.82	
		B-120[562]	1	67.704	67.704	
		B-120[561]	1	43.453	43.453	
		B-120[560]	1	68.697	68.697	
		B-120[559]	1	115.511	115.511	
		B-120[558]	1	45.534	45.534	
		B-120[556]	1	68.099	68.099	
		B-120[557]	1	67.699	67.699	
		B-120[546]	1	98.586	98.586	
		B-120[547]	1	80.173	80.173	
		B-120[545]	1	98.59	98.59	
		B-120[544]	1	80.173	80.173	
		B-120[532]	1	254.972	254.972	
		B-120[582]	1	213.944	213.944	
		B-120[581]	1	427.439	427.439	
		B-120[534]	1	171.776	171.776	
		B-120[550]	1	195.82	195.82	
		B-120[541]	1	171.044	171.044	

续表

构件类型	构件类型钢筋总质量(kg)	构件名称	构件数量	单个构件钢筋质量(kg)	构件钢筋总质量(kg)	接头
现浇板	10469.698	B-120[538]	1	171.044	171.044	
		B-120[563]	1	198.619	198.619	
		B-120[575]	1	198.619	198.619	
		B-120[555]	1	198.619	198.619	
		B-120[542]	1	171.044	171.044	
		B-120[548]	1	171.044	171.044	
		B-100[1402]	1	1914.658	1914.658	
		B-120[580]	1	212.857	212.857	
		B-120[579]	1	159.294	159.294	
		B-120[577]	1	142.072	142.072	
		B-120[576]	1	98.499	98.499	
		B-120[578]	1	111.252	111.252	
		B-120[564]	1	196.042	196.042	
		B-120[533]	1	225.335	225.335	
		B-120[567]	1	194.966	194.966	
		B-120[568]	1	243.994	243.994	
		B-120[569]	1	272.318	272.318	
		B-120[573]	1	196.032	196.032	
		B-120[551]	1	203.475	203.475	
		B-120[554]	1	252.384	252.384	
		B-120[583]	1	272.767	272.767	
		B-120[631]	1	164.42	164.42	
		B-120[632]	1	199.893	199.893	
		B-120[584]	1	28.548	28.548	
		B-120[696]	1	43.652	43.652	

续表

构件类型	构件类型钢筋总质量(kg)	构件名称	构件数量	单个构件钢筋质量(kg)	构件钢筋总质量(kg)	接头
现浇板	10469.698	B-120[552]	1	44.158	44.158	
		PB3[4916]	1	33.303	33.303	
		PB2[5050]	1	29.36	29.36	
		B-100[1405]	1	119.21	119.21	
		2	1	298.375	298.375	
		3	1	215.043	215.043	
		4	1	281.833	281.833	
		5	1	273.747	273.747	
		6	1	23.116	23.116	
		15	1	92.88	92.88	
		16	1	220.65	220.65	
		22	1	56.144	56.144	
		7	1	122.46	122.46	
		A10@150	1	138.938	138.938	

五、总结拓展

①当板顶标高与层顶标高不一致时,在绘制板后可以通过单独调整这块板的属性来调整标高。

②⑤轴与⑥轴间,左边与右边的板可以通过镜像绘制,绘制方法与柱镜像绘制方法相同。

③板属于面式构件,绘制方法和其他面式构件相似。

④在绘制跨板受力筋或负筋时,若左右标注和图纸标注正好相反,进行调整时可使用"交换标注"功能。

问题思考

(1)用点画法绘制板需要注意哪些事项?对绘制区域有什么要求?

(2)当板为有梁板时,板与梁相交时的扣减原则是什么?

3.5 首层砌体结构工程量计算

通过本节的学习,你将能够:

(1)依据定额和清单分析砌体墙的工程量计算规则;

(2)运用点加长度绘制墙图元;

(3)统计本层砌体墙的阶段性工程量;

(4)正确计算砌体加筋工程量。

一、任务说明

①完成首层砌体墙的属性定义、做法套用及图元绘制。

②汇总计算,统计本层砌体墙的工程量。

二、任务分析

①首层砌体墙在计量时的主要尺寸有哪些?从哪个图中的什么位置找到?有多少种类的墙?

②砌体墙不在轴线上如何使用点加长度绘制?

③砌体墙中清单计算的厚度与定额计算的厚度不一致时该如何处理?墙的清单项目特征描述是如何影响定额匹配的?

④虚墙的作用是什么?如何绘制?

三、任务实施

1)分析图纸

分析建施-0 建筑设计说明"第六条"墙体设计可得到砌体墙的基本信息,以及建施-3、建施-10、建施-11、建施-12、结施-8,见表3.22。

表 3.22 砌体墙

序号	类型	砌筑砂浆	材质	墙厚(mm)	备注
1	外墙	M5 混合砂浆	陶粒空心砖	250	梁下墙
2	内墙	M5 混合砂浆	陶粒空心砖	200	梁下墙

2)砌块墙清单、定额计算规则学习

(1)清单计算规则

砌块墙清单计算规则,见表3.23。

表 3.23　砌块墙清单计算规则

编号	项目名称	单位	计算规则
010402001	砌块墙	m³	按设计图示尺寸以体积计算

（2）定额计算规则

砖墙定额计算规则,见表 3.24。

表 3.24　砖墙定额计算规则

编号	项目名称	单位	计算规则
4-54	轻集料(陶粒)混凝土小型空心砌块墙厚 240 mm	m³	按设计图示尺寸以砌体墙外形体积计算
4-55	轻集料(陶粒)混凝土小型空心砌块墙厚 190 mm	m³	
4-56	轻集料(陶粒)混凝土小型空心砌块墙厚 120 mm	m³	

3) 砌块墙属性定义

新建砌块墙的方法参见新建剪力墙的方法,这里只是简单地介绍新建砌块墙需要注意的地方。

内/外墙标志:外墙和内墙要区别定义,除了对自身工程量有影响外,还影响其他构件的智能布置。这里可以根据工程实际需要对标高进行定义,如图 3.104 和图 3.105 所示。本工程是按照软件默认的高度进行设置的,软件会根据定额的计算规则对砌块墙和混凝土相交的地方进行自动处理。

图 3.104　　　　　　　　　　　　图 3.105

砌体墙类别:软件中分为砌体墙、间壁墙、空斗墙、空花墙、填充墙、虚墙、挡土墙等。

4）做法套用

砌块墙做法套用，如图 3.106 所示。

图 3.106

5）画法讲解

（1）直线

直线画法与构件画法类似，可参照构件绘制进行操作。

（2）点加长度

在⑥轴与①轴相交处到⑤轴与①轴相交处的墙体，向左延伸了 3000 mm（中心线距离），墙体总长度为 7200 mm+3000 mm，单击"直线"，选择"点加长度"，在绘图区域单击起点⑥轴与①轴相交，然后向左找到⑤轴与①轴的相交点，即可实现该段墙体延伸部分的绘制。使用"对齐"命令，将墙体与柱对齐即可，如图 3.107 所示。

图 3.107

（3）偏移绘制

用"Shift+左键"可绘制偏移位置的墙体。在直线绘制墙体的状态下，按住"Shift"键的同时单击⑤轴和①轴的相交点，弹出"输入偏移量"对话框，在"X ="的地方输入"−3000"，单击"确定"按钮，然后向着①轴的方向绘制墙体。

按照"直线"画法，将其他位置的砌体墙绘制完毕。

四、任务结果

汇总计算，首层砌体墙清单、定额工程量，见表 3.25。

表 3.25　首层砌体墙清单、定额工程量

序号	编码	项目名称	单位	工程量明细	
				绘图输入	表格输入
1	010402001001	砌块墙 上部 200 mm 厚直形墙： （1）200 mm 厚陶粒空心砌块墙体：强度不小于 MU10 （2）M5 混合砂浆	m³	90.3716	
	4-55	轻集料（陶粒）混凝土小型空心砌块墙厚 190 mm 干混砌筑砂浆 DM M5.0	m³	89.8066	

续表

序号	编码	项目名称	单位	工程量明细	
				绘图输入	表格输入
2	010402001002	砌块墙 上部 200 mm 厚直形外墙： (1)250 mm 厚陶粒空心砖及 35 mm 厚聚苯颗粒保温复合墙体 (2)M5 混合砂浆	m³	28.3278	
	4-54	轻集料(陶粒)混凝土小型空心砌块墙厚 240 mm	10 m³	2.82764	

【说明】
  填充墙的工程量统计需在门窗洞口绘制完进行。

五、总结拓展

1）软件对内外墙定义的规定

软件为方便内外墙的区分以及平整场地进行外墙轴线的智能布置，需要人为进行内外墙的设置。

2）砌体加筋的定义和绘制（在完成门窗洞口、圈梁、构造柱等后进行操作）

（1）分析图纸

分析结施-2"结构设计总说明（二）"，可见"9.填充墙"中（3）~（9）有关加筋的说明：填充墙与柱、抗震墙及构造柱连接处应设拉结筋 2φ6，间距 500 mm，沿墙通长布置。填充墙砌体加筋通长布置 2φ6@600，拉筋为φ6@250，起步距离为 300 mm。

（2）砌体加筋的定义

下面以④/⑤轴和①轴交点处的 L 形砌体墙位置的加筋为例，介绍砌体加筋的定义和绘制。

①在导航树中选择"墙"→"砌体加筋"，在"新建列表"中，新建砌体加筋。

②根据砌体加筋所在的位置选择参数图形，软件中有 L 形、T 形、"十"字形和"一"字形供选择，各自适用于相应形状的砌体相交形式。例如，对于④/⑤轴和①轴交点处的 L 形砌体墙位置的加筋，选择 L 形的砌体加筋定义和绘制。

a.选择参数化图形：选择"L-1 形"。砌体加筋参数图的选择主要看钢筋的形式，只要选择的钢筋形式与施工图中完全一致即可。

b.参数输入：Ls1 和 Ls2 指两个方向的加筋伸入砌体墙内的长度，输入"1000"；B1 指竖向砌体墙的厚度，输入"200"；B2 指横向砌体墙的厚度，输入"200"，如图 3.108 所示。单击"确定"按钮，回到属性输入界面。

c.根据需要输入名称，按照总说明中，每侧钢筋信息为 2φ6@600，1#加筋、2#加筋分别输入"2φ6@600"，如图 3.109 所示。

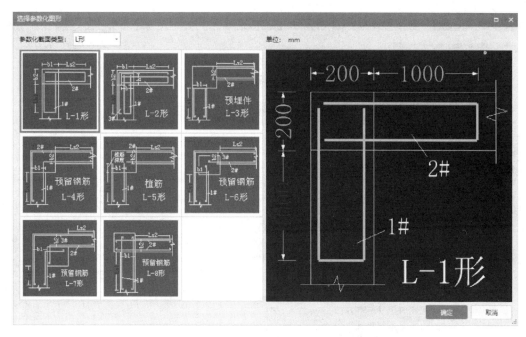

图 3.108

图 3.109

d.结合结施-2"结构总说明(二)",可见"9.填充墙"中(4)的有关说明:构造柱一般在砌体转角,纵、横墙体相交部位以及沿墙长每隔 3500~4000 mm 设置,构造柱上、下端楼层处 500 mm 高度范围内,箍筋间距加密到@ 100。至于加筋伸入构造柱的锚固长度需要在计算设置中设定。因为本工程所有砌体加筋的形式和锚固长度一致,所以可以在"工程设置"选项卡中选择"钢筋设置"→"计算设置",针对整个工程的砌体加筋进行设置,如图 3.110 所示。

在砌体加筋的钢筋信息和锚固长度设置完毕后,定义构件完成。按照同样的方法可定义其他位置的砌体加筋。

(3)砌体加筋的绘制

绘图区域中,在④/⑤轴和①轴交点处位置绘制砌体加筋,需要旋转 90°进行点画,采用"点"→"旋转点"绘制的方法,选择"旋转点",然后选择所在位置,可选择④轴或⑤轴的位置再水平向原体墙的方向偏移,则绘制成功,如图 3.111 所示。

图 3.110

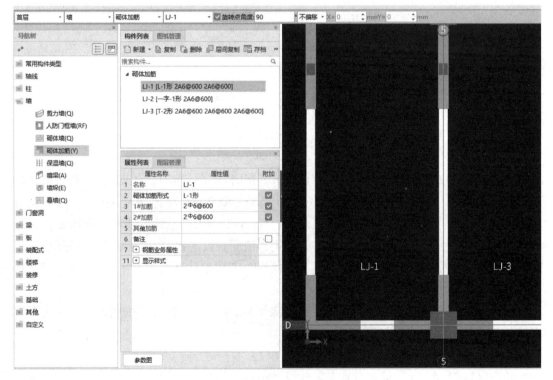

图 3.111

当所绘制的砌体加筋与墙体不对齐时,可采用"对齐"命令将其对应到所在位置。

其他位置加筋的绘制,可根据实际情况选择"点"画法或者"旋转点"画法,也可以使用"智能布置"。

以上所述,砌体加筋的定义绘制流程如下:"新建"→"选择参数图"→"输入截面参数"→"输入钢筋信息"→"计算设置"(本工程一次性设置完毕就不用再设)→"绘制"。

问题思考

(1)思考"Shift+左键"的方法还可以应用在哪些构件的绘制中?

(2)框架间墙的长度怎样计算?

(3)在定义墙构件属性时为什么要区分内外墙的标志?

3.6 门窗、洞口、壁龛的工程量计算

通过本节的学习,你将能够:

(1)正确计算门窗、洞口、壁龛的工程量;

(2)定义门窗洞口;

(3)绘制门窗图元;

(4)统计本层门窗的工程量。

一、任务说明

①完成首层门窗、洞口的属性定义、做法套用及图元绘制。

②使用精确和智能布置绘制门窗。

③汇总计算,统计本层门窗的工程量。

二、任务分析

①首层门窗的尺寸种类有多少? 影响门窗位置的离地高度如何设置? 门窗在墙中是如何定位的?

②门窗的清单与定额如何匹配?

③不精确布置门窗有可能影响哪些项目的工程量?

三、任务实施

1)分析图纸

分析建施-0"建筑设计说明"中的门窗数量及门窗规格一览表,可以得到门窗信息,见表3.26。

表 3.26　门窗表

编号	名称	规格(洞口尺寸)(mm)		数量(樘)							备注
		宽	高	地下1层	1层	2层	3层	4层	机房层	总计	
M1	木质夹板门	1000	2100	2	10	8	8	8		36	甲方确定
M2	木质夹板门	1500	2100	2	1	3	6	7		19	甲方确定
JFM1	钢质甲级防火门	1000	2000	1						1	甲方确定
JFM2	钢质甲级防火门	1800	2100	1						1	甲方确定
YFM1	钢质乙级防火门	1200	2100	1	2	2	2	2	2	11	甲方确定
JXM1	木质丙级防火检修门	550	2000	1	1	1	1	1		5	甲方确定
JXM2	木质丙级防火检修门	1200	2000	2	2	2	2	2		10	甲方确定
JLM1	铝塑平开门	2100	3000		1					1	甲方确定
TLM1	玻璃推拉门	3000	2100		1					1	甲方确定
LC1	铝塑上悬窗	900	2700		10	12	24	24		70	详见立面
LC2	铝塑上悬窗	1200	2700		16	16	16	16		64	详见立面
LC3	铝塑上悬窗	1500	2700		2					2	详见立面
TLC1	铝塑平开飘窗	1500	2700			2	2	2		6	详见立面
LC4	铝塑上悬窗	900	1800						4	4	详见立面
LC5	铝塑上悬窗	1200	1800						2	2	详见立面

2)门窗清单、定额计算规则学习

(1)清单计算规则学习

门窗清单计算规则,见表 3.27。

表 3.27　门窗清单计算规则

编号	项目名称	单位	计算规则
010801001	木质门	樘/ m²	
010801004	木质防火门	樘/ m²	（1）以樘计量,按设计图示数量计算
010802001	金属（塑钢）门	樘/ m²	（2）以 m² 计量,按设计图示洞口尺寸以面
010802003	钢质防火门	樘/ m²	积计算
010807001	金属（塑钢、断桥）窗	樘/ m²	

（2）定额计算规则学习

门窗定额计算规则,见表3.28。

表 3.28　门窗定额计算规则

编号	项目名称	单位	计算规则
8-15	胶合板门制作框断面 52 cm² 全板	100 m²	
8-37	木质防火门	100 m²	
8-40	隔热断桥铝合金门安装推拉	100 m²	按设计图示洞口尺寸以面积计算
8-46	隔热断桥铝合金门平开	100 m²	
8-112	隔热断桥铝合金内平开下悬	100 m²	

3) 构件的属性定义

（1）门的属性定义

在导航树中单击"门窗洞"→"门"。在"构件列表"中选择"新建"→"新建矩形门",在"属性编辑框"中输入相应的属性值。

①洞口宽度、洞口高度:从门窗表中可直接得到属性值。

②框厚:输入门实际的框厚尺寸,对墙面块料面积的计算有影响,本工程输入为"60"。

③立樘距离:门框中心线与墙中心间的距离,默认为"0"。如果门框中心线在墙中心线左边,该值为负,否则为正。

④框左右扣尺寸、框上下扣尺寸:如果计算规则要求门窗按框外围面积计算,输入框扣尺寸。

（2）门的属性值及做法套用

门的属性值如图 3.112 所示,做法套用如图 3.113 和图 3.114 所示。

（3）窗的属性定义

在导航树中选择"门窗洞"→"窗",在"构件列表"中选择"新建"→"新建矩形窗",新建"矩形窗 TLC1",

	属性名称	属性值	附加
1	名称	M1	
2	洞口宽度(mm)	1000	
3	洞口高度(mm)	2100	
4	离地高度(mm)	0	
5	框厚(mm)	60	
6	立樘距离(mm)	0	
7	洞口面积(m²)	2.1	
8	是否随墙变斜	否	
9	备注		
10	⊞ 钢筋业务属性		
15	⊞ 土建业务属性		
17	⊞ 显示样式		

图 3.112

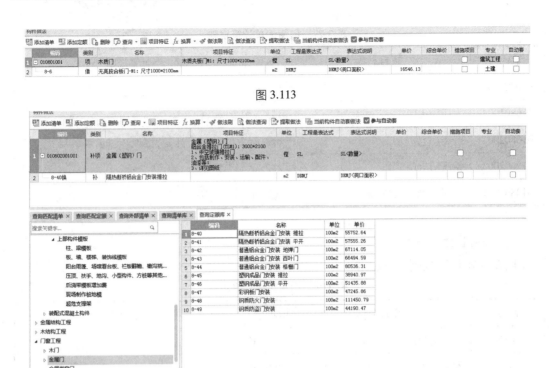

图 3.113

图 3.114

结合建施-9 至建施-12,窗离地高度 600 mm,属性定义如图 3.115 所示。

图 3.115

（4）窗的属性值及做法套用

窗的属性值及做法套用，如图 3.116 所示。

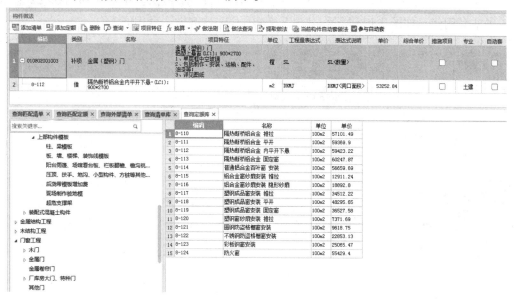

图 3.116

复制：修改名称和洞口宽度，如图 3.117—图 3.120 所示。

	属性名称	属性值	附加
1	名称	LC2	
2	类别	普通窗	
3	顶标高(m)	层底标高+3.3	
4	洞口宽度(mm)	1200	
5	洞口高度(mm)	2700	
6	离地高度(mm)	600	
7	框厚(mm)	60	
8	立樘距离(mm)	0	
9	洞口面积(m²)	3.24	
10	是否随墙变斜	是	
11	备注		
12	⊕ 钢筋业务属性		
17	⊕ 土建业务属性		
19	⊕ 显示样式		

图 3.117

	属性名称	属性值	附加
1	名称	LC3	
2	类别	普通窗	
3	顶标高(m)	层底标高+3.3	
4	洞口宽度(mm)	1500	
5	洞口高度(mm)	2700	
6	离地高度(mm)	600	
7	框厚(mm)	60	
8	立樘距离(mm)	0	
9	洞口面积(m²)	4.05	
10	是否随墙变斜	是	
11	备注		
12	⊕ 钢筋业务属性		
17	⊕ 土建业务属性		
19	⊕ 显示样式		

图 3.118

	属性名称	属性值	附加
1	名称	LC4	
2	类别	普通窗	
3	顶标高(m)	层底标高+2.4	
4	洞口宽度(mm)	900	
5	洞口高度(mm)	1800	
6	离地高度(mm)	600	
7	框厚(mm)	60	
8	立樘距离(mm)	0	
9	洞口面积(m²)	1.62	
10	是否随墙变斜	是	
11	备注		
12	⊕ 钢筋业务属性		
17	⊕ 土建业务属性		
19	⊕ 显示样式		

图 3.119

	属性名称	属性值	附加
1	名称	LC5	
2	类别	普通窗	
3	顶标高(m)	层底标高+2.4	
4	洞口宽度(mm)	1200	
5	洞口高度(mm)	1800	
6	离地高度(mm)	600	
7	框厚(mm)	60	
8	立樘距离(mm)	0	
9	洞口面积(m²)	2.16	
10	是否随墙变斜	是	
11	备注		
12	⊕ 钢筋业务属性		
17	⊕ 土建业务属性		
19	⊕ 显示样式		

图 3.120

4)做法套用

JXM1,JXM2 做法套用信息如图 3.121 所示,JFM1,JFM2 做法套用信息如图 3.122 所示,LC1 做法套用信息如图 3.123 所示,其他几个窗 LC2~LC5 做法套用同 LC1。

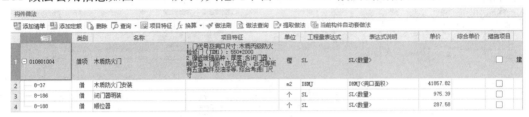

构件做法

添加清单 添加定额 删除 查询 项目特征 换算 做法刷 做法查询 提取做法 当前构件自动套做法

	编码	类别	名称	项目特征	单位	工程量表达式	表达式说明	单价	综合单价	措施项目	
1	010801004	借项	木质防火门	1.门代号及洞口尺寸:木质丙级防火检修门（JXM1）：550*2000 2.镶嵌玻璃品种、厚度:含闭门器、顺位器、门锁、防火烟条、合页等所有五金配件及油漆等,综合考虑门尺寸	樘	SL	SL<数量>			☐	建
2	8-37	借	木质防火门安装		m2	DKMJ	DKMJ<洞口面积>	41857.82		☐	
3	8-186	借	闭门器明装		个	SL	SL<数量>	975.39		☐	
4	8-188	借	顺位器		个	SL	SL<数量>	287.58		☐	

图 3.121

构件做法

添加清单 添加定额 删除 查询 项目特征 换算 做法刷 做法查询 提取做法 当前构件自动套做法

	编码	类别	名称	项目特征	单位	工程量表达式	表达式说明	单价	综合单价	措施项目	
1	010802003	借项	钢质防火门	1.门代号及洞口尺寸:钢质甲级防火门（JFM1）：1000*2000 2.其他:含闭门器、顺位器、门锁、防火烟条、合页等所有五金配件及油漆等,综合考虑门尺寸	樘	SL	SL<数量>			☐	建
2	8-48	借	钢质防火门安装		m2	DKMJ	DKMJ<洞口面积>	98894.47		☐	
3	8-186	借	闭门器明装		个	SL	SL<数量>	975.39		☐	
4	8-188	借	顺位器		个	SL	SL<数量>	287.58		☐	

图 3.122

构件做法

添加清单 添加定额 删除 查询 项目特征 换算 做法刷 做法查询 提取做法 当前构件自动套做法

	编码	类别	名称	项目特征	单位	工程量表达式	表达式说明	单价	综合单价	措施项目	
1	010802001	借项	金属（塑钢）门	1.门代号及洞口尺寸:铝塑上悬窗(LC1)：900*2700 2.玻璃品种、厚度:单层框中空玻璃 3.其他:包括制作、安装、运输、配件、油漆等；详见图纸	樘	SL	SL<数量>			☐	建
2	8-46	借	塑钢成品门安装平开		m2	DKMJ	DKMJ<洞口面积>	46029.77		☐	

图 3.123

5)门窗洞口的画法讲解

门窗洞构件属于墙的附属构件,也就是说门窗洞构件必须绘制在墙上。

(1)点画法

门窗最常用的是"点"绘制。对于计算来说,一段墙扣减门窗洞口面积,只要门窗绘制在墙上即可,一般对于位置要求不用很精确,所以直接采用点绘制即可。在点绘制时,软件默认开启动态输入的数值框,可直接输入一边距墙端头的距离,或通过"Tab"键切换输入框,如图 3.124 所示。

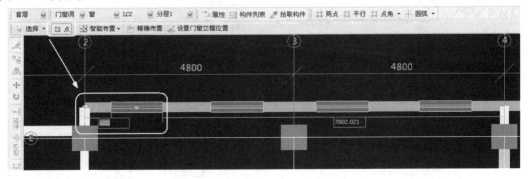

图 3.124

（2）精确布置

当门窗紧邻柱等构件布置时,考虑其上过梁与旁边的柱、墙扣减关系,需要对这些门窗精确定位。如一层平面图中的 M1 都是贴着柱边布置的。

以绘制ⓒ轴与②轴交点处的 M-1 为例:先选择"精确布置"功能,再选择ⓒ轴的墙,然后指定插入点,在"请输入偏移值"中输入"-300",单击"确定"按钮即可,如图 3.125 所示。

图 3.125

（3）打断

从建施-3 的 MQ1 的位置可以看出,起点和终点均位于外墙外边线的地方,绘制时这两个点不好捕捉,绘制好 MQ1 后,单击左侧工具栏的"打断",捕捉到 MQ1 和外墙外边线的交点,绘图界面出现黄色小叉,单击鼠标右键,然后在弹出的确认对话框中选择"是"。选取不需要的 MQ1,右键"删除"即可,如图 3.126 所示。

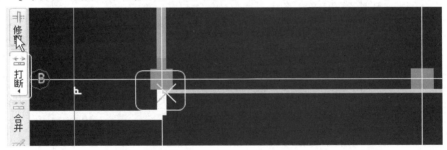

图 3.126

门窗除用以上方法绘制外,还可运用智能布置在墙段中点,复制粘贴、镜像、长度标注功能键。如有转角窗或飘窗可参考以下方法绘制。

四、任务结果

汇总计算,统计本层门窗的清单、定额工程量,见表3.29。

表 3.29　首层门窗的清单、定额工程量

序号	编码	项目名称及特征	单位	工程量
1	010801001001	木质门 (1)门代号:M1 (2)洞口尺寸:1000 mm×2100 mm (3)门类型:木质夹板门	樘	10
	8-15	木门实心门装饰夹板门平面普通	100 m²	0.21
2	010801001002	木质门 (1)门代号:M2 (2)洞口尺寸:1500 mm×2100 mm (3)门类型:木质夹板门	樘	1
	8-15	木门实心门装饰夹板门平面普通	100 m²	0.0315
3	010801004001	木质防火门 (1)门代号:JXM1 (2)洞口尺寸:550 mm×2200 mm (3)门类型:木质丙级防火检修门	樘	1
	8-37 换	木质防火门安装 木质丙级防火检修门	100 m²	0.011
	8-188	顺位器	10 个	0.1
	8-186	闭门器明装	10 个	0.1
4	010801004002	木质防火门 (1)门代号:JXM2 (2)洞口尺寸:1200 mm×2000 mm (3)门类型:木质丙级防火检修门	樘	2
	8-37 换	木质防火门安装 木质丙级防火检修门	100 m²	0.048
	8-188	顺位器	10 个	0.2
	8-186	闭门器明装	10 个	0.2
5	010802001001	金属(塑钢)门 (1)门代号:TLM1 (2)洞口尺寸:3000 mm×2100 mm (3)门类型:玻璃推拉门	樘	1
	8-40 换	隔热断桥铝合金门安装推拉	100 m²	0.063
6	010802001002	金属(塑钢)门 (1)门代号:LM1 (2)洞口尺寸:2100 mm×3000 mm (3)门框、扇材质:铝塑平开门	樘	1
	8-46 换	塑钢成品门安装平开	100 m²	0.063

序号	编码	项目名称及特征	单位	工程量
7	010802003001	钢质防火门 (1)门代号:YFM1 (2)洞口尺寸:1200 mm×2100 mm (3)门类型:钢质乙级防火门	樘	2
	8-48 换	钢质防火门安装 钢质乙级防火门	100 m²	0.0504
	8-188	顺位器	10 个	0.2
	8-186	闭门器明装	10 个	0.2
8	010807001001	金属(塑钢、断桥)窗 (1)窗代号:LC1 (2)洞口尺寸:900 mm×2700 mm (3)窗类型:铝塑上悬窗	樘	10
	8-112	隔热断桥铝合金内平开下悬	100 m²	0.243
9	010807001002	金属(塑钢、断桥)窗 (1)窗代号:LC2 (2)洞口尺寸:1200 mm×2700 mm (3)窗类型:铝塑上悬窗	樘	24
	8-112	隔热断桥铝合金内平开下悬	100 m²	0.7776
10	010807001003	金属(塑钢、断桥)窗 (1)窗代号:LC3 (2)洞口尺寸:1500 mm×2700 mm (3)窗类型:铝塑上悬窗	樘	2
	8-112	隔热断桥铝合金内平开下悬	100 m²	0.081

五、总结拓展

分析建施-3,位于Ⓔ轴向上②~④轴的位置的 LC2 和Ⓑ轴向下②~④轴的 LC2 是一样的,应用"复制"可以快速绘制 LC2。单击绘图界面的"复制按钮",选中 LC2,找到墙端头的基点,再单击Ⓑ轴向下 1025 mm 与②轴的相交点,完成复制,如图 3.127 所示。

题思考

在什么情况下需要对门、窗进行精确定位?

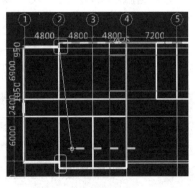

图 3.127

<table>
<tr><td>3.7</td><td colspan="2"># 过梁、圈梁、构造柱的工程量计算</td></tr>
</table>

3.7 过梁、圈梁、构造柱的工程量计算

通过本节的学习,你将能够:

(1)通过软件正确计算过梁、圈梁及构造柱的工程量;

(2)依据定额和清单分析过梁、圈梁、构造柱的工程量计算规则;

(3)定义过梁、圈梁、构造柱;

(4)绘制过梁、圈梁、构造柱;

(5)统计本层过梁、圈梁、构造柱的工程量。

一、任务说明

①完成首层过梁、圈梁、构造柱的属性定义、做法套用及图元绘制。

②汇总计算,统计首层过梁、圈梁、构造柱的工程量。

二、任务分析

①首层过梁、圈梁、构造柱的尺寸种类分别有多少? 分别从什么图中的什么位置找到?

②过梁伸入墙长度如何计算?

③如何快速使用智能布置和自动生成过梁、构造柱?

三、任务实施

1)分析图纸

(1)过梁

分析结施-2(6)中,过梁尺寸及配筋表,如图 3.128 所示。

过梁尺寸及配筋表

门窗洞口宽度		≤1200		>1200且≤2400		>2400且≤4000		>4000且≤5000	
断面 $b \times h$		$b \times 120$		$b \times 180$		$b \times 300$		$b \times 400$	
配筋 墙厚		①	②	①	②	①	②	①	②
$b \leq 90$		2φ10	2Φ14	2Φ12	2Φ16	2Φ14	2Φ18	2Φ16	2Φ20
$90<b<240$		2φ10	3Φ12	2Φ12	3Φ14	2Φ14	3Φ16	2Φ16	3Φ20
$b \geq 240$		2φ10	4Φ12	2Φ12	4Φ14	2Φ14	4Φ16	2Φ16	4Φ20

图 3.128

(2)圈梁

结施-2 中,"(7)砌体填充墙设钢筋混凝土圈梁",一般内墙门洞上设一道,兼作过梁,外

墙窗台及窗顶处各设一道。墙高超过 4 m 时,墙体半高宜设置与柱连接且沿墙全长贯通的钢筋混凝土水平系梁(断面及配筋同圈梁)。内墙圈梁宽度同填充墙厚度,高度 120 mm。外墙圈梁高度 180 mm,宽度根据建筑墙身详图确定。圈梁宽度 $b \leqslant 240$ mm 时,配筋上、下各 2ϕ10,ϕ6@200 箍;当 $b > 240$ mm 时,配筋上下各 2Φ12,ϕ6@200 箍。女儿墙压顶配筋按 4ϕ10,箍筋为 ϕ6@200。此案例工程内墙圈梁在门洞上设一道,兼做过梁,所以内墙的门洞口上不再设置过梁;外墙窗台处设一道圈梁,窗顶的圈梁不再设置,外墙所有的窗上不再布置过梁,MQ1,MQ2 的顶标高直接到混凝土梁,不再设置过梁;LM1 上设置过梁一道,尺寸 250 mm×300 mm。圈梁信息见表 3.30。

表 3.30　圈梁

序号	名称	位置	宽(mm)	高(mm)	备注
1	QL-1	内墙上	200	120	
2	QL-2	外墙上	250	180	

(3)构造柱

构造柱的设置位置参见结施-2(3)、结施-2(4)中构造柱的尺寸、钢筋信息及建施-17 构造柱平面布置位置示意图,如图 3.129 所示。

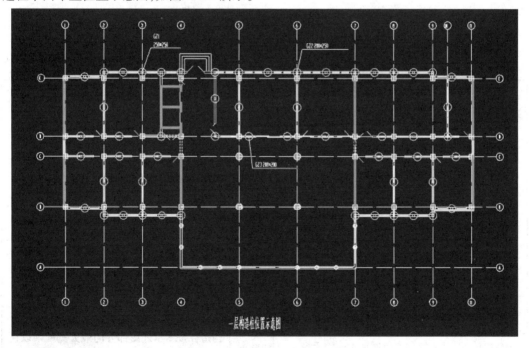

图 3.129

2)过梁、圈梁、构造柱清单、定额计算规则学习

(1)清单计算规则

过梁、圈梁、构造柱清单计算规则,见表 3.31。

表 3.31　过梁、圈梁、构造柱清单计算规则

编号	项目名称	单位	计算规则
010503005	过梁	m³	按设计图示尺寸以体积计算。伸入墙内的梁头、梁垫并入梁体积内
011702009	过梁模板	m²	按模板与现浇混凝土构件的接触面积计算
010503004	圈梁	m³	按设计图示尺寸以体积计算。伸入墙内的梁头、梁垫并入梁体积内
011702008	圈梁模板	m²	按模板与现浇混凝土构件的接触面积计算
010502002	构造柱	m³	按设计图示尺寸以体积计算。柱高:构造柱按全高计算,嵌接墙体部分(马牙槎)并入柱身体积
011702003	构造柱模板	m²	按模板与现浇混凝土构件的接触面积计算
010507005	压顶	m³	(1)以 m 计量,按设计图示的中心线延长米计算 (2)以 m³ 计量,按设计图示尺寸以体积计算
011702025	其他现浇构件模板	m²	按模板与现浇混凝土构件的接触面积计算

（2）定额计算规则学习

过梁、圈梁、构造柱定额计算规则,见表 3.32。

表 3.32　过梁、圈梁、构造柱定额计算规则

编号	项目名称	单位	计算规则
5-10	圈梁、过梁、拱形梁		
5-139	直形圈过梁组合钢模	100 m²	过梁、圈梁模板按图示面积计算
5-140	直形圈过梁复合木模	100 m²	
5-141	弧形圈过梁模板	100 m²	
4-137	梁支模超高每增加 1 m 钢木模	100 m²	
5-7	构造柱	10 m³	按设计图示尺寸以体积计算。柱高:构造柱按全高计算,嵌接墙体部分(马牙槎)并入柱身体积
5-123	构造柱模板	100 m²	构造柱按图示外露部分的最大宽度乘以柱高以面积计算
5-124	柱支模超高每增加 1 m 钢木模	100 m²	
5-125	柱支模超高每增加 1 m 铝模	100 m²	
5-28	小型构件	10 m³	按设计图示尺寸以体积计算
5-182	小型混凝土构件复合模板	100 m²	按设计图示尺寸以面积计算

3) 定义、构件做法

①内墙圈梁的属性定义及做法套用,如图 3.130 所示。内墙上门的高度不一样,绘制完内墙圈梁后,需要手动修改圈梁标高。

图 3.130

②过梁属性定义及做法套用。分析建施-3 门窗表门宽度和窗宽度,首层外墙厚为 250 mm,内墙为 200 mm。依据门窗宽度新建过梁信息,在左侧导航栏门窗列表中,单击"过梁",新建构件、属性定义及套做法,如图 3.131 所示。

图 3.131

117

③构造柱属性定义及做法套用,分析结施-2(4)中构造柱的尺寸、钢筋信息,在左侧导航栏柱列表中,单击"构造柱",新建构件、属性定义及套做法,如图 3.132 所示。

图 3.132

4)绘制构件

(1)圈梁绘制

圈梁可采用"直线"画法,方法同墙的画法,这里不再重复。单击"智能布置"功能,如图 3.133 所示。选中外墙有窗需要布置的部分,或选中砌块内墙,单击鼠标右键确定。

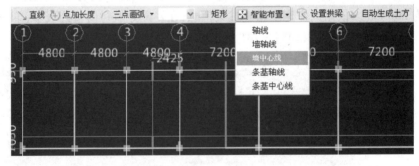

图 3.133

(2)过梁绘制

绘制过梁,GL-1 用"智能布置"功能,按"门窗洞口宽度"布置,如图 3.134 和图 3.135 所示。

图 3.134

单击"确定"按钮即可完成 GL-1 的布置。其他几根过梁操作方法同 GL-1,也可用点功能绘制。

（3）构造柱绘制

①按照建施-17"构造柱平面布置"所示位置点画绘制上去即可。其绘制方法同框架柱,可选择窗的端点,按下"Shift"键,弹出"请输入偏移值"对话框,输入偏移值,如图 3.136 所示。单击"确定"按钮,自动生成构造柱。

图 3.135

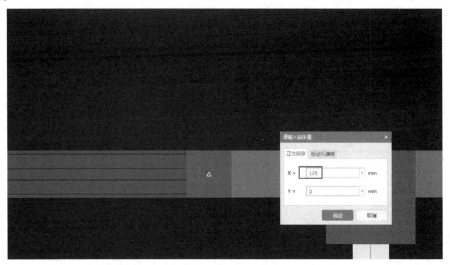

图 3.136

②单击"自动生成构造柱",弹出如图 3.137 所示的对话框。然后单击"确定"按钮,选中墙体右键。

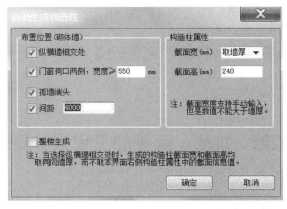

图 3.137

四、任务结果

汇总计算,统计本层过梁、圈梁、构造柱的清单、定额工程量,见表 3.33。

表 3.33　首层过梁、圈梁、构造柱的清单、定额工程量

序号	编码	项目名称及特征	单位	工程量
1	010502002001	构造柱:预制混凝土 C25	m^3	9.0426
	5-7	构造柱	10 m^3	0.90426
2	010503004001	圈梁	m^3	0
	5-10	圈梁、过梁、拱形梁	10 m^3	0
3	010503005001	过梁:预制混凝土 C25	m^3	2.0825
	5-10	圈梁、过梁、拱形梁	10 m^3	0.20825
4	011702003001	构造柱 现浇混凝土构造柱	m^2	99.4357
	5-123	构造柱模板	100 m^2	0.994357
5	011702009001	过梁 现浇混凝土直形过梁复合木模	m^2	33.437
	5-140	直形圈过梁复合木模	100 m^2	0.33437

五、总结拓展

圈梁的属性定义

在导航树中单击"梁"→"圈梁",在"构件列表"中单击"新建"→"新建圈梁",在"属性编辑框"中输入相应的属性值,绘制完圈梁后,需手动修改圈梁标高。

问 题思考

(1)简述构造柱的设置位置。

(2)为什么外墙窗顶没有设置圈梁?

(3)自动生成构造柱符合实际要求吗? 如果不符合,则需做哪些调整?

3.8 首层后浇带、挑檐、雨篷的工程量计算

通过本节的学习,你将能够:

(1)掌握挑檐、雨篷的工程量计算;

(2)依据定额和清单分析首层后浇带、挑檐、雨篷的工程量计算规则;

(3)定义首层后浇带、挑檐、雨篷;

(4)绘制首层后浇带、挑檐、雨篷;

(5)统计首层后浇带、挑檐、雨篷的工程量。

一、任务说明

①完成首层后浇带、挑檐、雨篷的属性定义、做法套用及图元绘制。

②汇总计算,统计首层后浇带、挑檐、雨篷的工程量。

二、任务分析

①首层后浇带、挑檐、雨篷涉及哪些构件?这些构件的图纸如何分析?钢筋工程量如何计算?这些构件的做法都一样吗?工程量表达式如何选用?

②首层雨篷是一个室外构件,为什么要一次性将清单及定额做完?做法套用分别是什么?如何选用工程量表达式?

三、任务实施

1)分析图纸

分析结施-11,可从板平面图得到后浇带的截面信息,本层只有一条后浇带,后浇带宽度为 800 mm,分部在⑤轴与⑥轴之间,距离⑤轴的距离为 1000 mm。

2)清单、定额计算规则学习

(1)清单计算规则学习

后浇带、挑檐、雨篷清单计算规则,见表 3.34。

表 3.34　后浇带、挑檐、雨篷清单计算规则

编号	项目名称	单位	计算规则
010508001	后浇带	m^3	按设计图示尺寸以体积计算
011702030	后浇带	m^2	按模板与后浇带的接触面积计算
010505008	雨篷、悬挑板、阳台板	m^3	按设计图示尺寸以墙外部分体积计算,包括伸出墙外的牛腿和雨篷反挑檐的体积
011702023	雨篷、悬挑板、阳台板	m^2	按图示外挑部分尺寸的水平投影面积计算,挑出墙外的悬臂梁及板边不另计算
010902002	屋面涂膜防水雨篷	m^2	按设计图示尺寸以面积计算: (1)斜屋顶(不包括平屋顶找坡)按斜面积计算,平屋顶按水平投影面积计算; (2)不扣除房上烟囱、风帽底座、风道、屋面小气窗和斜沟所占面积; (3)屋面的女儿墙、伸缩缝和天窗等处的弯起部分,并入屋面工程量内
011301001	天棚抹灰雨篷	m^2	按设计图示尺寸以水平投影面积计算

(2)定额计算规则(部分)学习

后浇带、挑檐、雨篷定额计算规则(部分),见表3.35。

表3.35　后浇带、挑檐、雨篷定额计算规则(部分)

编号	项目名称	单位	计算规则
5-31	现浇混凝土后浇带梁、板(板厚)20 cm以内	10 m³	按设计图示尺寸以体积计算
5-32	现浇混凝土后浇带梁、板(板厚)20 cm以上	10 m³	
5-185	后浇带模板增加费梁板(板厚)20 cm以内	10 m	按后浇带中心线的长度计算
5-186	后浇带模板增加费梁板(板厚)20 cm以上	10 m	
5-22	现浇混凝土雨篷	10 m³	按设计图示尺寸以体积计算
5-23	现浇混凝土阳台	10 m³	
5-24	现浇混凝土挑檐	10 m³	
5-174	阳台、雨篷模板	10 m²	按水平投影面积计算
5-176	栏板、翻檐模板直形	100 m²	
5-177	栏板、翻檐模板弧形	100 m²	
5-178	天沟、挑檐模板	100 m²	

3)后浇带、挑檐、雨篷的属性定义

(1)后浇带的属性定义

在导航树中单击后浇带,在"构件列表"下新建现浇板HJD-1,根据HJD-1图纸中的尺寸标注,在"属性编辑框"中输入相应的属性值,如图3.138所示。

(2)雨篷的属性定义

在模块导航栏"其他"中单击"雨篷",在"属性编辑框"中输入相应的属性值,如图3.139所示。

图3.138　　　　　　　　　图3.139

4) 做法套用

①后浇带定义好以后,套用做法。后浇带的做法套用与现浇板有所不同,如图 3.140 所示。

	编码	类别	名称	项目特征	单位	工程量表达式	表达式说明	单价	综合单价	措施项目	专业	自动套
1	010508001002	补项	后浇带	后浇带 梁板后浇带20cm以内: 1、混凝土强度等级: C30P6; 2、混凝土拌和料要求: 泵送商品砼; 3、HEA型防水外加剂,掺量为水泥用量的12%。	m3	XJBHJDTJ+LHJDTJ	XJBHJDTJ<现浇板后浇带体积>+LHJDTJ<梁后浇带体积>			☐		☐
2	5-31换	补	后浇带梁、板 板厚20cm以内~泵送防水商品混凝土C35/P6坍落度12±3cm		m3	XJBHJDTJ+LHJDTJ	XJBHJDTJ<现浇板后浇带体积>+LHJDTJ<梁后浇带体积>			☐		☐
3	011702030002	补项	后浇带	后浇带 梁板20cm以内后浇带模板增加费	m2	LHJDMBMJ+XJBHJDMBMJ	LHJDMBMJ<梁后浇带模板面积>+XJBHJDMBMJ<现浇板后浇带模板面积>			☐		☐

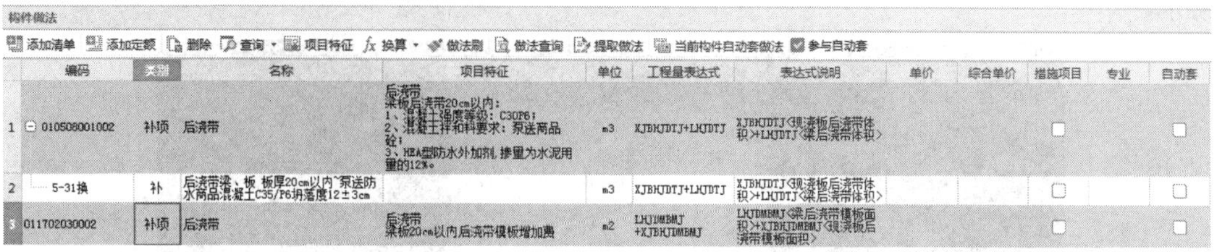

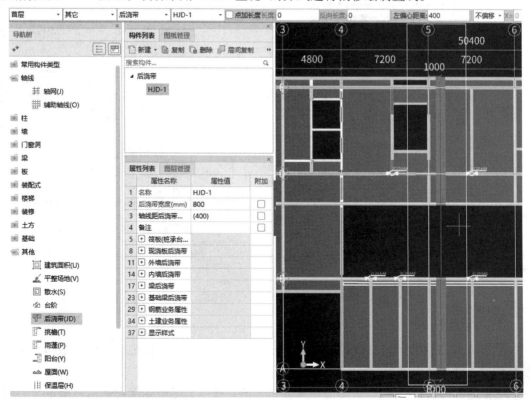

图 3.140

②雨篷的做法套用,如图 3.141 所示。

	编码	类别	名称	项目特征	单位	工程量表达式	表达式说明	单价	综合单价	措施项目	专业	自动套
1	010505008	项	雨篷、悬挑板、阳台板	雨棚: 1、混凝土强度等级: C30; 2、混凝土拌和料要求: 泵送商品砼;	m3	TJ	TJ<体积>			☐	房屋建筑与装饰工程	☐
2	5-16	借	现浇混凝土 雨篷		m3	TJ	TJ<体积>	5171.71		☐	土建	☐
3	011702023	项	雨篷、悬挑板、阳台板	阳台、雨篷复合木模	m2	MBMJ	MBMJ<底面模板面积>			☑	房屋建筑与装饰工程	☐
4	5-174	补	阳台、雨篷复合木模		m2	MBMJ	MBMJ<底面模板面积>			☑		☐

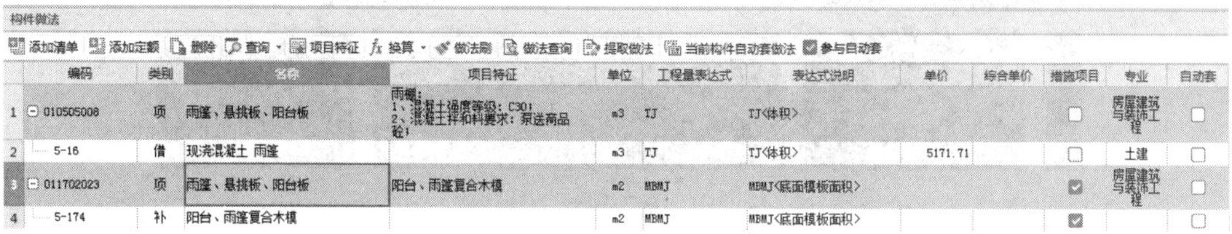

图 3.141

5) 后浇带、挑檐、雨篷绘制

(1) 直线绘制后浇带

首先根据图纸尺寸做好辅助轴线,单击“直线”,再用鼠标左键单击起点与终点即可绘制挑檐,如图 3.142 所示。或者采用“Shift+左键”的方式进行偏移绘制直线。

图 3.142

（2）直线绘制雨篷

首先根据图纸尺寸做好辅助轴线,或者用"Shift+左键"的方法绘制雨篷,如图 3.143 所示。

图 3.143

四、任务结果

汇总计算,统计本层挑檐、雨篷的清单、定额工程量,见表 3.36。

表 3.36　挑檐、雨篷的清单、定额工程量

序号	编码	项目名称及特征	单位	工程量
1	010505008001	雨篷、悬挑板、阳台板 混凝土强度等级:C25	m³	0.9171
	5-22	现浇混凝土雨篷	10 m³	0.09171
2	011702023001	雨篷、悬挑板、阳台板	m²	9.25
	5-174	阳台、雨篷模板	10 m²	0.925
3	010508001001	后浇带 混凝土强度等级:C35	m³	1.9805
	5-31	现浇混凝土后浇带梁、板(板厚)20 cm 以内	10 m³	0.19805
4	011702030001	后浇带	m²	19.292
	5-185	后浇带模板增加费梁板(板厚)20 cm 以内	10 m	1.9292

五、总结拓展

①后浇带、挑檐既属于线性构件也属于面式构件,所以后浇带、挑檐直线绘制的方法与线性构件一样。

②雨篷的形式不一样,所采用的计算方式也不一样。上述雨篷反檐是用栏板定义绘制的,如果不用栏板,也可用梁定义绘制。

问题思考

(1)后浇带直线绘制法与现浇板直线绘制法有什么区别？

(2)若不使用辅助轴线，怎样才能快速绘制上述后浇带？

(3)如果采用现浇混凝土雨篷，该如何绘制雨篷？

3.9 台阶、散水、栏杆的工程量计算

通过本节的学习，你将能够：

(1)掌握台阶、散水及栏杆的工程量计算；

(2)依据定额和清单分析首层台阶、散水、栏杆的工程量计算规则；

(3)定义台阶、散水、栏杆的属性；

(4)绘制台阶、散水、栏杆；

(5)统计台阶、散水、栏杆的工程量。

一、任务说明

①完成首层台阶、散水、栏杆的属性定义、做法套用及图元绘制。

②汇总计算，统计首层台阶、散水、栏杆的工程量。

二、任务分析

①首层台阶的尺寸能够从哪个图中的什么位置找到？台阶构件做法说明中 88BJ1-T 台 1B 如何构造？都有哪些工作内容？如何套用清单定额？

②首层散水的尺寸能够从哪个图中的什么位置找到？散水构件做法说明中 88BJ1-1 散 7 如何构造？都有哪些工作内容？如何套用清单定额？

③栏杆的高度能够从哪个图中的什么位置找到？栏杆的做法采用什么材质、构造如何？如何套用清单定额？

三、任务实施

1)图纸分析

结合建施-3，可从平面图中得到台阶、散水、栏杆的信息，本层台阶、散水、栏杆的截面尺寸如下：

①台阶的踏步宽度为 300 mm，踏步个数为 2，顶标高为首层层底标高。

②散水的宽度为 900 mm，沿建筑物周围布置。

结合建施-12，可以从散水做法详图和台阶做法详图中得到以下信息：

①台阶做法：a.20 mm 厚花岗岩板铺面；b.素水泥面；c.30 mm 厚 1：4 硬性水泥砂浆黏结

层;d.素水泥浆一道;e.100 mm 厚 C15 混凝土;f.300 mm 厚 3∶7 灰土垫层分两步夯实;g.素土夯实。

②散水做法:a.60 mm 厚 C15 细石混凝土面层;b.150 mm 厚 3∶7 灰土宽出面层300 mm;c.素土夯实,向外坡4%。散水宽度为 900 mm,沿建筑物周围布置。

③栏杆做法:a.不锈钢栏杆直形;b.高度 $H = 1000$ mm。

2)清单、定额计算规则学习

(1)清单计算规则学习

台阶、散水、栏杆清单计算规则,见表 3.37。

表 3.37　台阶、散水、栏杆清单计算规则

编号	项目名称	单位	计算规则
011107004	水泥砂浆台阶面	m²	按设计图示尺寸以面积计算
011702027	台阶	m²	按图示台阶水平投影面积计算,台阶端头两侧不另计算模板面积。架空式混凝土台阶,按现浇楼梯计算
010507001	散水、坡道	m²	按设计图示尺寸以水平投影面积计算
011702029	散水	m²	按模板与散水的接触面积计算
011503001	金属扶手、栏杆、栏板	m	设计图示尺寸以扶手中心线的长度(包括弯头长度)计算

(2)定额计算规则学习

台阶、散水、栏杆定额计算规则,见表 3.38。

表 3.38　台阶、散水、栏杆定额计算规则

编号	项目名称	单位	计算规则
4-89	垫层 3∶7 灰土	m³	按设计图示尺寸以体积计算
5-1	混凝土垫层	m³	按设计图示体积计算
9-5	台阶 DS 砂浆	m²	按设计图示尺寸以面积计算
17-187	台阶	m²	按图示台阶水平投影面积计算,台阶端头两侧不另计算模板面积。架空式混凝土台阶,按现浇楼梯计算
4-89	现浇混凝土散水	m³	按设计图示体积计算
9-117	嵌缝建筑油膏	m	按设计图示长度计算
17-179	散水	m²	按模板与散水的接触面积计算
15-171	栏杆(板)不锈钢栏杆 直形	m	设计图示尺寸以扶手中心线的长度(包括弯头长度)计算

3) 台阶、散水、栏杆的属性定义

(1) 台阶的属性定义

在导航树中选择"其他"→"台阶",在"构件列表"中选择"新建"→"新建台阶",新建室外台阶,根据图纸中台阶的尺寸标注,在属性编辑框中输入相应的属性值,如图 3.144 所示。

(2) 散水的属性定义

在导航树中选择"其他"→"散水",在"构件列表"中选择"新建"→"新建散水",新建散水,根据建施-03 首层平面图尺寸标注,散水宽度为 900 mm,在"属性编辑框"中输入相应的属性值,如图 3.145 所示。

属性名称	属性值	附加
名称	台阶1	
材质	预拌混凝	☐
砼类型	(预拌砼)	☐
砼标号	(C25)	☐
顶标高(m)	层底标高	☐
台阶高度(	450	☐
踏步个数	3	☐
踏步高度(	150	☐
备注		☐

图 3.144

属性名称	属性值	附加
名称	散水1	
材质	预拌混凝	☐
厚度(mm)	100	☐
砼类型	(预拌砼)	☐
砼标号	(C25)	☐
备注		☐

图 3.145

(3) 栏杆的属性定义

在导航树中选择"其他"→"栏杆扶手",在"构件列表"中选择"新建"→"新建栏杆扶手",新建"1000 高不锈钢栏杆护窗扶手",根据建施-13 中的尺寸标注,在"属性编辑框"中输入相应的属性值,如图 3.146 所示。

图 3.146

4)做法套用

台阶、散水定义好以后,套用做法,台阶、散水的做法套用与其他构件有所不同。

①台阶做法都套用装修子目,如图 3.147 所示。

	编码	类别	名称	项目特征	单位	工程量表达式	表达式说明	单价	综合单价	措施项目	专业	自动套
1	010507004	项	台阶	水泥砂浆台阶面,1)88KJ1-1 台1B	m2	MJ	MJ<台阶整体水平投影面积>			☐	建筑工程	☐
2	17-186	借	台阶砖砌		m2	MJ	MJ<台阶整体水平投影面积>	2518.38		☐	土建	☐

图 3.147

②散水清单项套用建筑工程清单子目,定额项套用装修子目如图 3.148 所示。

	编码	类别	名称	项目特征	单位	工程量表达式	表达式说明	单价	综合单价	措施项目	专业	自动套
	010507001	项	散水、坡道	混凝土散水做法(01)88KJ1-1 散1)1、每隔12米设一道20宽变形缝,内填沥青砂浆。	m2	MJ	MJ<面积>			☐	建筑工程	☐
	补	补	散水、坡道		m2	MJ	MJ<面积>			☐		☐

图 3.148

③栏杆做法套用,如图 3.149 所示。

	编码	类别	名称	项目特征	单位	工程量表达式	表达式说明	单价	综合单价	措施项目	专业	自动套
1	011503001002	补项	金属扶手、栏杆、栏板	金属扶手、栏杆、栏板H=1000 参考图集L96J401/2/30	m	CD	CD<长度(含弯头)>			☐		☐
2	补	补	护窗栏杆H=1000mm		m	CD	CD<长度(含弯头)>			☐		☐

图 3.149

5)台阶、散水、栏杆画法讲解

(1)直线绘制台阶

台阶属于面式构件,因此可以直线绘制、三点画弧,也可以点绘制,这里用直线和三点画弧绘制法。首先作好辅助轴线,依据图纸,然后选择"直线"和"三点画弧",单击交点形成闭合区域即可绘制台阶,如图 3.150 所示。

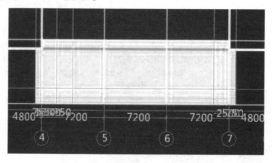

图 3.150

(2)智能布置散水

散水同样属于面式构件,因此可以直线绘制也可以点绘制,这里用智能布置法比较简单。先在④轴与⑦轴之间绘制一道虚墙,与外墙平齐形成封闭区域,单击"智能布置"后选择"外墙外边线",在弹出的对话框中输入"900",单击"确定"按钮即可,如图 3.151 所示。

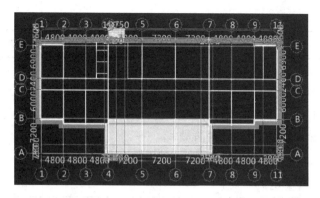

图 3.151

（3）直线布置栏杆

栏杆同样属于线式构件，因此可直线绘制。依据图纸位置和尺寸，绘制直线，单击鼠标右键确定即可，栏杆属性如图 3.152 所示。

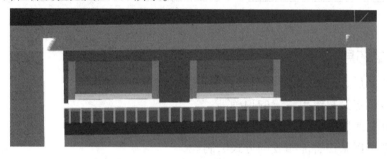

图 3.152

四、任务结果

汇总计算，统计首层台阶、散水、栏杆的清单、定额工程量，见表 3.39。

表 3.39　台阶、散水、栏杆的清单、定额工程量

序号	编码	项目名称及特征	单位	工程量
1	010507001001	散水、坡道 做法：见 88BJ1-1 散 1	m²	96.6057
	4-89	垫层 3：7 灰土	10 m³	14.6609
	17-179	墙脚护坡混凝土面散水坡道	100 m²	0.966057
	9-117	嵌缝建筑油膏	100 m	1.05899
2	011503001001	护窗栏杆、栏板 栏杆 $H = 1000$ mm 参照图集 L96J401/2/30 包括预埋、制作、运输、安装等	m	94.929
	补	护窗栏杆 $H = 1000$ mm	m	94.929

续表

序号	编码	项目名称及特征	单位	工程量
3	011107004001	水泥砂浆台阶面 (1)素土夯实 (2)300 mm 厚 3∶7 灰土分两步夯实 (3)60 mm 厚 C15 混凝土 (4)20 mm 厚干拌砂浆抹面压光	m²	27.3816
	4-89	垫层 3∶7 灰土	10 m³	5.50253
	17-187	现浇混凝土台阶	10 m²	2.73816
	5-1	混凝土垫层	10 m³	1.10051
	9-5	台阶 DS 砂浆	100 m²	1.834175

五、总结拓展

①台阶绘制后,还要根据实际图纸设置台阶起始边。

②台阶属性定义只给出台阶的顶标高。

③如果在封闭区域,台阶也可以使用点绘制。

④栏杆还可以采用智能布置的方式绘制。

问题思考

(1)智能布置散水的前提条件是什么?

(2)平面图中散水的工程量是最终工程量吗?

(3)散水与台阶相交时,软件会自动扣减吗? 若扣减,谁的级别大?

(4)台阶、散水、栏杆在套用清单与定额时,与主体构件有哪些区别?

3.10 平整场地、建筑面积工程量计算

通过本节的学习,你将能够:

(1)掌握平整场地、建筑面积的工程量计算;

(2)依据定额和清单分析平整场地、建筑面积的工程量计算规则;

(3)定义平整场地、建筑面积的属性及做法套用;

(4)绘制平整场地、建筑面积;

(5)统计平整场地、建筑面积的工程量。

一、任务说明

①完成平整场地、建筑面积的属性定义、做法套用及图元绘制。

②汇总计算,统计首层平整场地、建筑面积的工程量。

二、任务分析

①平整场地的工程量计算如何定义? 此任务中应选用地下一层还是首层的建筑面积?

②首层建筑面积中门厅外台阶的建筑面积应如何计算? 工程量表达式作何修改?

③与建筑面积相关的综合脚手架和工程水电费如何套用清单定额?

三、任务实施

1)分析图纸

分析首层平面图可知,本层建筑面积分为楼层建筑面积和雨篷建筑面积两部分。

2)清单、定额计算规则学习

(1)清单计算规则学习

平整场地清单计算规则,见表3.40。

表3.40　平整场地清单计算规则

编号	项目名称	单位	计算规则
010101001	平整场地	m²	按设计图示尺寸以建筑物首层建筑面积计算
011701001	综合脚手架	m²	按建筑面积计算
011703001	垂直运输	m²	按建筑面积计算

(2)定额计算规则学习

平整场地定额计算规则,见表3.41。

表3.41　平整场地定额计算规则

编号	项目名称	单位	计算规则
1-76	平整场地机械	m²	按设计图示尺寸以建筑物首层建筑面积(或架空层结构外围面积)的外边线每边各放2 m计算,建筑物地下室结构外边线凸出首层结构外边线时,其凸出部分的面积合并计算
18-5	综合脚手架檐高(20 m以内)层高(6 m以内)	m²	按建筑面积计算
19-1	垂直运输地下室层数一层	m²	按建筑面积计算
19-4	垂直运输檐高(20 m以内)层高(6 m以内)	m²	按建筑面积计算

3) 属性定义

(1)平整场地的属性定义

在导航树中选择"其他"→"平整场地",在"构件列表"中选择"新建"→"新建平整场地",如图 3.153 所示。

(2)建筑面积的属性定义

在导航树中选择"其他"→"建筑面积",在"构件列表"中选择"新建"→"新建建筑面积",在"属性编辑框"中输入相应的属性值,如图 3.154 所示。

图 3.153 图 3.154

4) 做法套用

①平整场地的做法在建筑面积中套用,如图 3.155 所示。

	编码	类别	名称	项目特征	单位	工程量表达式	表达式说明	单价	综合单价
1	⊟ 010101001	借项	平整场地	三类土	m2	MJ	MJ<面积>		
2	1-76	借	平整场地机械		m2	WF2MMJ	WF2MMJ<外放2米的面积>	411.98	

图 3.155

②建筑面积的做法套用,如图 3.156 所示。

	编码	类别	名称	项目特征	单位	工程量表达式	表达式说明	单价	综合单价	措施项目	专业	自动套
1	⊟ 011701001002	补项	综合脚手架	综合脚手架 混凝土结构综合脚手架 檐高20m以内	m2	TSMJ	YSMJ<原始面积>			☐		☐
2	18-5	补	混凝土结构综合脚手架(20m以内) 檐高6m以内		m2	TSMJ	YSMJ<原始面积>					☐
3	⊟ 011703001002	补项	垂直运输	垂直运输 混凝土结构建筑物垂直运输 檐高20m内,层高3.9m内	m2	TSMJ	YSMJ<原始面积>			☐		☐
4	19-4换	补	混凝土结构建筑物檐高(20m以内)~ 建筑檐高20m以内每增加1m建筑物檐高20m以内,层高3.9m内		m2	TSMJ	YSMJ<原始面积>					☐

图 3.156

5) 画法讲解

(1)平整场地绘制

平整场地属于面式构件,可以点绘制,也可以直线绘制。注意在本工程中,如有飘窗部分不需要计算建筑面积,以点画绘制,将所绘制区域用外虚墙封闭,在绘制区域内单击鼠标右键即可。以直线绘制为例,沿着建筑外墙外边线进行绘制,形成封闭区域,单击鼠标右键即可,如图 3.157 所示。

(2)建筑面积绘制

首层建筑面积绘制同平整场地。但特别注意,在本工程中如有飘窗,不需要计算建筑面积;如有雨篷,建筑面积要计算一半。

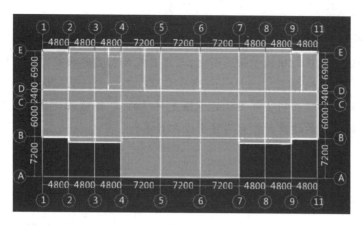

图 3.157

四、任务结果

汇总计算,统计本层平整场地、建筑面积的清单、定额工程量,见表 3.42。

表 3.42　平整场地、建筑面积(首层综合脚手架、垂直运输费)清单、定额工程量

序号	编码	项目名称及特征	单位	工程量
1	010101001001	平整场地 土壤类别:三类干土	m²	1279.3559
	1-76	平整场地机械	1000 m²	1.2793559
2	011703001001	垂直运输 混凝土结构建筑物垂直运输檐高 20 m 内,层高 3.9 m 内	m²	918.4205
	19-4 换	混凝土结构建筑物檐高(20 m 以内)混凝土结构层高超过 3.6 m 每增加 1 m 建筑物檐高 20 m 以内 层高 3.9 m 内	m²	918.4205
3	011701001001	综合脚手架 混凝土结构综合脚手架檐高 20 m 以内	m²	918.4205
	18-5	混凝土结构综合脚手架檐高(20 m 以内)层高 6 m 以内	m²	918.4205

五、总结拓展

①平整场地习惯上是计算首层建筑面积区域,但是地下室建筑面积大于首层建筑面积时,平整场地以地下室为准。

②当一层建筑面积计算规则不一样时,有几个区域就要建立几个建筑面积属性。

![问]题思考

(1)平整场地与建筑面积属于面式图元,与用直线绘制其他面式图元有什么区别? 需要注意哪些问题?

(2)平整场地与建筑面积绘制图元的范围是一样的,计算结果是否有区别?

(3)工程中的雨篷的建筑面积是否按全面积计算?

4 二层工程量计算

通过本章的学习,你将能够:

(1)掌握层间复制图元的方法;

(2)掌握修改构件图元的方法。

4.1 二层柱、墙体工程量计算

通过本节的学习,你将能够:

(1)掌握图元层间复制的两种方法;

(2)统计本层柱、墙体的工程量。

一、任务说明

①使用两种层间复制方法完成二层柱、墙体的定义、做法套用及图元绘制。

②查找首层与二层的不同部分,并修正不同部分。

③汇总计算,统计二层柱、墙的工程量。

二、任务分析

①对比二层与首层的柱、墙都有哪些不同,分别从名称、尺寸、位置、做法 4 个方面进行对比。

②从其他楼层复制构件图元与复制选定图元到其他楼层有什么不同。

三、任务实施

1)分析图纸

(1)分析框架柱

分析结施-5,二层框架柱和首层框架柱相比,截面尺寸、混凝土强度等级没有差别,不同的是二层没有 KZ4 和 KZ5。

(2)分析剪力墙

分析结施-5,二层剪力墙和一层相比,截面尺寸、混凝土强度等级没有差别,唯一的不同在于标高发生了变化。二层的暗梁、连梁、暗柱和首层相比没有差别,暗梁、连梁、暗柱为剪力墙的一部分。

（3）分析砌块墙

分析建施-3、建施-4,二层砌体与一层基本相同。屋面位置有 150 mm 厚的女儿墙。女儿墙将在后续章节中详细讲解,这里不做介绍。

2)画法讲解

（1）复制选定图元到其他楼层

在首层,选择"楼层"→"复制选定图元到其他楼层",框选需要复制的墙体,右键弹出"复制选定图元到其他楼层"对话框,勾选"第 2 层",单击"确定"按钮,弹出"图元复制成功"提示框,如图 4.1—图 4.3 所示。

图 4.1

图 4.2

图 4.3

（2）删除多余墙体

选择"第 2 层",选中②轴/①~⑥轴的框架间墙,单击鼠标右键选择"删除",弹出"是否删除当前选中的图元"对话框,选择"是"按钮,完成删除,如图 4.4、图 4.5 所示。

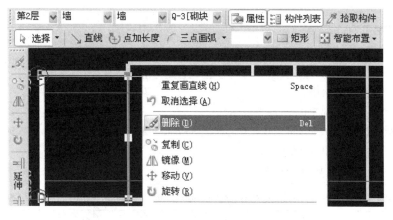

图 4.4

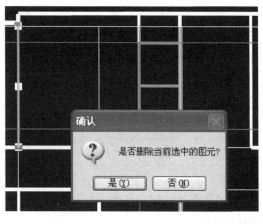

图 4.5

四、任务结果

应用"复制选定图元到其他楼层"完成二层图元的绘制。保存并汇总计算,统计本层柱、墙的清单、定额工程量,见表 4.1。

表 4.1　本层柱、墙的清单、定额工程量

序号	编码	项目名称	单位	工程量明细	
				绘图输入	表格输入
实体项目					
1	010402001002	砌块墙 上部 200 mm 厚直形墙: (1) 200 mm 厚陶粒空心砌块墙体:强度不小于 MU10 (2)M5 混合砂浆	m³	87.1044	
	4-55	轻集料(陶粒)混凝土小型空心砌块墙厚 190 mm 干混砌筑砂浆 DM M5.0	m³	86.9911	

续表

序号	编码	项目名称	单位	工程量明细	
				绘图输入	表格输入
2	010402001005	砌块墙 上部 250 mm 厚直形外墙: (1)250 mm 厚陶粒空心砖及 35 mm 厚聚苯颗粒保温复合墙体 (2)M5 混合砂浆	m³	28.9079	
	4-54	轻集料(陶粒)混凝土小型空心砌块墙厚(240 mm)	10 m³	2.88641	
3	010502001001	矩形柱 (1)混凝土强度等级:C25 (2)混凝土拌合料要求:泵送商品混凝土	m³	36.7182	
	5-6	矩形柱、异形柱、圆形柱 泵送商品混凝土 C25	10 m³	3.67182	
4	010502002001	构造柱 (1)混凝土强度等级:C25 (2)混凝土拌合料要求:非泵送商品混凝土	m³	7.8713	
	5-7	构造柱 非泵送商品混凝土 C25	10 m³	0.78713	
5	010504001002	直形墙 10 cm 以上直形混凝土墙 (1)混凝土强度等级:C25 (2)混凝土拌合料要求:泵送商品混凝土	m³	76.5863	
	5-14	直形、弧形墙墙厚 10 cm 以上 泵送商品混凝土 C25	m³	76.5863	
措施项目					
1	011702002002	矩形柱 现浇混凝土矩形柱 复合木模 支模高度4.6 m	m²	228.6992	
	5-119	矩形柱复合木模 柱支模超高每增加 1 m 钢、木模 支模高度 4.6 m	100 m²	2.286992	
2	011702003001	构造柱 现浇混凝土 构造柱	m²	72.14	
	5-123	构造柱模板	100 m²	0.7214	
3	011702011002	直形墙 现浇混凝土 墙 复合木模 支模高度 4.6 m	m²	578.9806	
	5-155	直形墙复合木模	100 m²	5.794395	

五、总结拓展

①从其他楼层复制图元如图 4.6 所示,应用"复制选定图元到其他楼层"的功能进行墙体复制时,可以看到"复制选定图元到其他楼层"的上面有"从其他楼层复制构件图元"的功能,同样可以运用此功能对构件进行层间复制。

图 4.6

②选择"第 2 层",在"源楼层选择"中选择"首层",然后在"图元选择"中选择所有的墙体构件,再在"目标楼层选择"中勾选"第 2 层",然后单击"确定"按钮。弹出"同位置图元/同名构件处理方式"对话框,如图 4.7 所示。

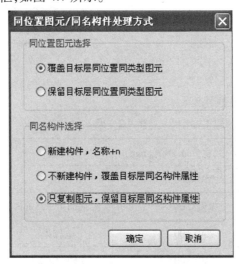

图 4.7

题思考

简述两种层间复制方法的区别。

4.2 二层梁、板、后浇带工程量计算

通过本节的学习,你将能够:
(1)掌握"修改构件图元名称"修改图元的方法;
(2)掌握三点画弧绘制弧形图元;
(3)统计本层梁、板、后浇带的工程量。

一、任务说明

①查找首层与二层的不同部分。
②使用修改构件图元名称修改二层梁、板、后浇带。
③使用三点画弧完成弧形图元的绘制。
④汇总计算,统计二层梁、板、后浇带的工程量。

二、任务分析

①对比二层与首层的梁、板、后浇带都有哪些不同? 分别从名称、尺寸、位置、做法 4 个方面进行对比。
②构件名称、构件属性、做法、图元之间有什么关系?

三、任务实施

1)分析图纸

(1)分析梁

分析结施-8、结施-9,见表 4.2。

表 4.2 梁

序号	名称	截面尺寸:宽(mm)×高(mm)	位置	备注(mm)
1	L1	250×500	Ⓑ轴向下	弧形梁
2	L3	250×500	Ⓔ轴向上 725 mm	名称改变,250×500
3	L4	250×400	电梯处	截面变化原来 200×400
4	KL5	250×500	③轴、⑧轴上	名称改变,250×500
5	KL6	250×500	⑤轴、⑥轴上	名称、截面改变,250×600
6	KL7	250×500	Ⓔ轴/⑨~⑩轴	名称改变,250×500

（2）分析板

分析结施-12 与结施-13,通过对比首层和二层的板厚、位置等,可知二层在Ⓑ~Ⓒ/④~
⑦轴区域内与首层不一样。

（3）后浇带

二层后浇带的长度发生了改变。

2）做法套用

做法同首层。

3）画法讲解

（1）复制首层梁到二层

运用"复制选定图元到其他楼层"复制梁图元,复制方法同第一节复制墙的方法,这里不再
赘述。在选中图元时用左框选,选中需要的图元,右键单击"确定"即可完成。需要注意的是,
位于Ⓑ轴向下区域的梁不进行框选,二层这个区域的梁和首层完全不一样,如图 4.8 所示。

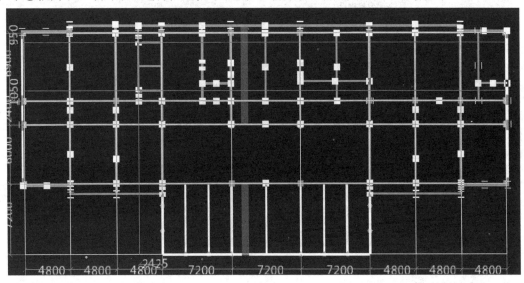

图 4.8

（2）修改二层梁图元

①修改 L12 变成 L3,选中要修改的图元,单击鼠标右键选择"修改构件图元名称",如图
4.9 所示。弹出"修改构件图元名称"对话框,在
"目标构件"中选择"L3",如图 4.10 所示。

②修改 L4 的截面尺寸。在绘图界面选中 L4
的图元,在"属性编辑框"中修改宽度为"250",按
"回车"结束。

③选中Ⓔ轴/④~⑦轴的 XL1,单击鼠标右键
"复制",选中基准点,复制到Ⓑ轴/④~⑦轴,复制
后的情况如图 4.11 所示。然后把这两段 XL1 延伸
到Ⓑ轴上,如图 4.12 所示。

	属性编辑	
	批量选择构件图元(N)	F3
	选择同名称图元	
	修改构件图元名称(Y)...	
	构件转换	
	调整图元显示方向..	
	复制到其他分层	
	查看构件图元工程量(Q)	F10
	查看构件图元工程量计算式(E)	F11

图 4.9

图 4.10

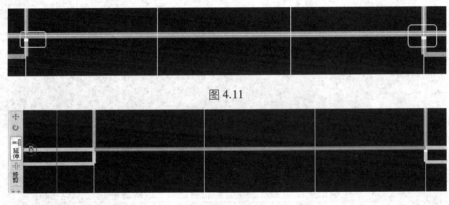

图 4.11

图 4.12

（3）绘制弧形梁

①绘制辅助轴线。前面已经讲过在轴网界面建立辅助轴线,下面介绍一种更简便的建立辅助轴线的方法:在本层,单击绘图工具栏"平行",也可绘制辅助轴线。

图 4.13

②三点画弧。点开"逆小弧"旁的三角符号,选择"三点画弧",如图 4.13 所示。在英文状态下按下键盘上的"Z"将柱图元显示出来,按下捕捉工具栏的"中点",捕捉位于Ⓑ轴与⑤轴相交的柱端的中点,此点为起始点,如图4.14所示。点中第二点,如图4.14 所示的两条辅助轴线的交点,选择终点Ⓑ轴与⑦轴的相交处柱端的终点,如图 4.15 所示。单击鼠标右键结束,再单击"保存"按钮。

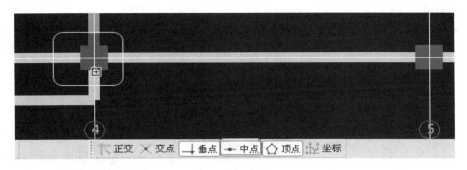

图 4.14

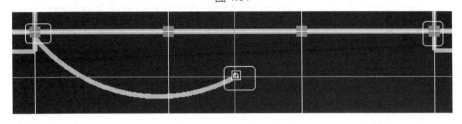

图 4.15

四、任务结果

汇总计算,统计本层梁、板、后浇带的清单、定额工程量,见表 4.3。

表 4.3　本层梁、板、后浇带的清单、定额工程量

序号	编码	项目名称	单位	工程量明细	
				绘图输入	表格输入
		实体项目			
1	010503002002	矩形梁 (1)混凝土强度等级:C25 (2)混凝土拌合料要求:泵送商品混凝土	m³	50.1442	
	5-9	矩形梁、异形梁、弧形梁 泵送商品混凝土 C25	10 m³	5.01442	
2	010503006001	弧形、拱形梁 (1)混凝土强度等级:C25 (2)混凝土拌合料要求:泵送商品混凝土	m³	2.5653	
	5-5-9 换	矩形梁、异形梁、弧形梁 泵送商品混凝土 C25	m³	2.5653	
3	010505003001	平板 (1)混凝土强度等级:C25 (2)混凝土拌合料要求:泵送商品混凝土	m³	84.1209	
	5-16	平板 泵送商品混凝土 C25	10 m³	8.47029	

续表

序号	编码	项目名称	单位	工程量明细	
				绘图输入	表格输入
4	010505003001	平板 (1)混凝土强度等级:C30 (2)混凝土拌合料要求:泵送商品混凝土	m³	0.33	
	5-16	平板 泵送商品混凝土 C25	10 m³	0.0336	
6	010508001002	后浇带 梁板后浇带 20 cm 以内: (1)混凝土强度等级:C30 P6 (2)混凝土拌合料要求:泵送商品混凝土 (3)HEA 型防水外加剂,掺量为水泥用量的 12%	m³	2.1582	
	5-31 换	后浇带梁、板 板厚 20 cm 以内 泵送防水商品混凝土 C35/P6 坍落度(12±3) cm	m³	2.1582	
9	011702030002	后浇带 梁板 20 cm 以内后浇带模板增加费	m²	20.0099	
	5-185	后浇带模板增加费梁 板厚 20 cm 以内	m²	15.0083	
措施项目					
1	011702006002	矩形梁 现浇混凝土 矩形梁 复合木模 支模高度 4.6 m	m²	424.9969	
	5-131	矩形梁复合木模	100 m²	4.249969	
2	011702010001	弧形、拱形梁 现浇混凝土 弧形梁 复合木模 支模高度 4.6 m	m²	23.332	
	5-134 换	弧形梁木模板 梁支模超高每增加 1 m 钢、木模 支模高度 4.6 m	m²	23.332	
3	011702016003	平板 现浇混凝土 板 复合木模 支模高度 4.6 m	m²	718.5594	
	5-144	板复合木模 板支模超高每增加 1 m 钢、木模 支模高度4.6 m	100 m²	7.185594	

五、总结拓展

(1)左框选,图元完全位于框中的才能被选中。

（2）右框选，只要在框中的图元都被选中。

（3）练习。

①应用"修改构件图元名称"把③轴和⑧轴的 KL6 修改为 KL5。

②应用"修改构件图元名称"把⑤轴和⑥轴的 KL7 修改为 KL6，使用"延伸"将其延伸到图纸所示位置。

③利用层间复制的方法复制板图元到二层。

④利用直线和三点画弧重新绘制 LB1。

问题思考

（1）把位于⑤轴/⑨~⑩轴的 KL8 修改为 KL7？

（2）绘制位于⑧~⑥/④~⑦轴的三道 L12，要求运用到偏移和"Shift+左键"。

4.3　二层门窗工程量计算

通过本节的学习，你将能够：

（1）定义参数化飘窗；

（2）掌握移动功能；

（3）统计本层门窗工程量。

一、任务说明

①查找首层与二层的不同部分，并修正。

②使用参数化飘窗功能完成飘窗定义与做法套用。

③汇总计算，统计二层门窗的工程量。

二、任务分析

①对比二层与首层的门窗都有哪些不同，分别从名称、尺寸、位置、做法 4 个方面进行对比。

②飘窗由多少个构件组成？每一构件都对应有哪些工作内容？做法如何套用？

三、任务实施

1）分析图纸

分析建施-3、建施-4，首层 LM1 的位置对应二层的两扇 LC1，首层 TLM1 的位置对应二层的 M2，首层 MQ1 的位置对应二层的 MQ3，首层①轴/①~③的位置对应二层的 M2。首层 LC3 的位置对应二层的 TC1。

2)属性定义

①新建参数化飘窗 TC1 的属性定义,如图 4.16 所示。

②在弹出的"选择参数化图形"对话框中选择"矩形飘窗",如图 4.17 所示。

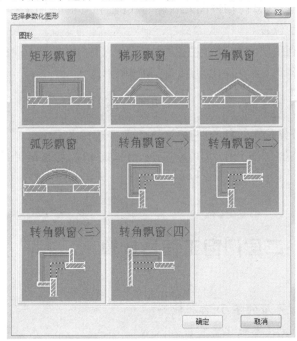

属性名称	属性值
名称	TC1
砼标号	(C25)
砼类型	(预拌砼)
截面形状	矩形飘窗
离地高度(	600
备注	

图 4.16   图 4.17

③单击"确定"按钮,弹出"编辑图形参数"对话框,编辑相应尺寸后,单击"保存退出",如图 4.18 所示。

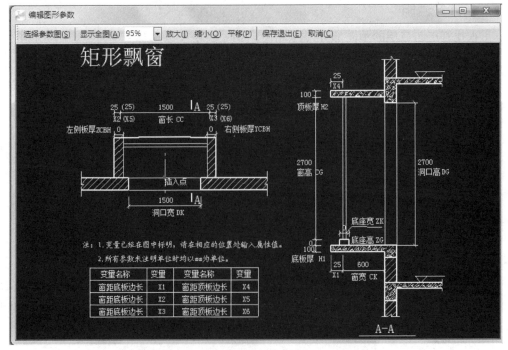

图 4.18

3)做法套用

分析 LC1,结施-9 的节点 1、结施-12、结施-13、建施-4 可知,LC1 是由底板、顶板、带形窗组成的,如图 4.19、图 4.20 所示。

构件做法

	编码	类别	名称	项目特征	单位	工程量表达式	表达式说明
1	010802001003	补项	金属(塑钢)门	金属(塑钢)门 铝塑上悬窗(LC1):900*2700 1、单层框中空玻璃 2、包括制作、安装、运输、配件、油漆等; 3、详见图纸	樘	SL	SL<数量>
2	8-112	借	隔热断桥铝合金内平开下悬		m2	DKMJ	DKMJ<洞口面积>

图 4.19

构件做法

	编码	类别	名称	项目特征	单位	工程量表达式	表达式说明	单价	综合单价	措施项目	专业	自动套
1	010801001	项	木质门	木质夹板门M1:尺寸1000*2100	樘	SL	SL<数量>				建筑工程	
2	8-6	借	无亮胶合板门-M1:尺寸1000*2100mm		m2	DKMJ	DKMJ<洞口面积>	16546.13			土建	
3	010801001	项	木质门	木质夹板门M2:尺寸1500*2100	樘	SL	SL<数量>				建筑工程	
4	8-6	借	无亮胶合板门-M2:尺寸1500*2100mm		m2	DKMJ	DKMJ<洞口面积>	16546.13			土建	
5	010802001001	补项	金属(塑钢)门	金属(塑钢)门 铝合金推拉门(TLM1):3000*2100 1、中空玻璃推拉 2、包括制作、安装、运输、配件、油漆等; 3、详见图纸	樘	SL	SL<数量>					
6	8-40换	补	隔热断桥铝合金门安装推拉		m2	DKMJ	DKMJ<洞口面积>					
7	010602003001	补项	钢质防火门	钢质防火门 1、钢质乙级防火门(YFM1):1200*2100 2、含闭门器、顺位器、门挡、防火锁等,含页所有五金配件及油漆等,综合考虑尺寸	樘	SL	SL<数量>					
8	8-48	借	钢质防火门安装 钢质乙级防火门		m2	DKMJ	DKMJ<洞口面积>	98894.47			土建	
9	8-188	补	顺位器		个	SL	SL<数量>					
10	8-186	补	闭门器明装		个	SL	SL<数量>					
11	010801004001	补项	木质防火门	木质防火门 1、木质内级防火检修门(JXM1):550*2000 2、含闭门器、顺位器、门挡、防火锁等,含页所有五金配件及油漆等,综合考虑尺寸	樘	SL	SL<数量>					
12	8-37	借	木质防火门安装 木质丙级防火检修		m2	DKMJ	DKMJ<洞口面积>	41857.82			土建	
13	8-188	补	顺位器		个	SL	SL<数量>					
14	8-186	补	闭门器明装		个	SL	SL<数量>					
15	010801004001	补项	木质防火门	木质防火门 1、木质内级防火检修门(JXM2):1200*2000 2、含闭门器、顺位器、门挡、防火锁等,含页所有五金配件及油漆等,综合考虑尺寸	樘	SL	SL<数量>					
16	8-37	借	木质防火门安装 木质丙级防火检修		m2	DKMJ	DKMJ<洞口面积>	41857.82			土建	
17	8-188	补	顺位器		个	SL	SL<数量>					
18	8-186	补	闭门器明装		个	SL	SL<数量>					

图 4.20

4)画法讲解

(1)复制首层门窗到二层

运用“从其他楼层复制构件图元”复制门、窗、墙洞、带形窗、壁龛到二层,如图 4.21 所示。

(2)修改二层的门、窗图元

①删除①轴上 M1 和 TLM1;利用“修改构件图元名称”把 M1 变成 M2。由于 M2 尺寸比 M1 宽,M2 的位置变成如图 4.22 所示。

②对 M2 进行移动,选中 M2 右键“移动”,单击并移动图元,如图 4.23 所示。

③将门端的中点作为基准点,单击如图 4.24 所示的插入点。

④移动后的 M2 位置如图 4.25 所示。

图 4.21

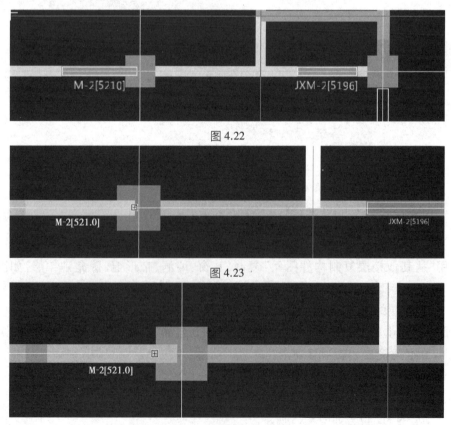

图 4.22

图 4.23

图 4.24

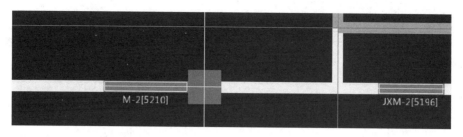

图 4.25

（3）精确布置 TC1

删除 LC3，利用精确布置绘制 TC1 图元，绘制好的 TC1 如图 4.26 所示。

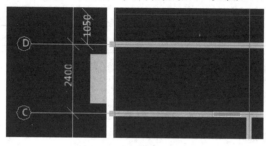

图 4.26

四、任务结果

汇总计算，统计本层门窗的清单、定额工程量，见表 4.4。

表 4.4　本层门窗的清单、定额工程量

序号	编码	项目名称	单位	工程量明细	
				绘图输入	表格输入
实体项目					
1	010505008001	雨篷、悬挑板、阳台板 飘窗板 （1）混凝土强度等级：C25 （2）混凝土拌合料要求：泵送商品混凝土	m³	0.462	
	5-21	现浇混凝土 檐沟、挑檐	m³	0.462	
2	010801001001	木质门 木质夹板门 M1：尺寸 1000 mm×2100 mm	樘	8	
	8-6	无亮胶合板门-M1：尺寸 1000 mm×2100 mm	100 m²	0.168	
3	010801001002	木质门 木质夹板门 M2：尺寸 1500 mm×2100 mm	樘	3	
	8-6	无亮胶合板门-M2：尺寸 1500 mm×2100 mm	100 m²	0.0945	

续表

序号	编码	项目名称	单位	工程量明细	
				绘图输入	表格输入
4	010801004001	木质防火门 (1)木质丙级防火检修门(JXM2):1200 mm×2000 mm (2)含闭门器、顺位器、门锁、防火烟条、合页等所有五金配件及油漆,综合考虑门尺寸	樘	2	
	8-186	闭门器明装	个	2	
	8-188	顺位器	个	2	
	8-37	木质防火门安装 木质丙级防火检修门	100 m²	0.0504	
5	010801004001	木质防火门 (1)木质丙级防火检修门(JXM1):550 mm×2000 mm (2)含闭门器、顺位器、门锁、防火烟条、合页等所有五金配件及油漆,综合考虑门尺寸	樘	1	
	8-186	闭门器明装	个	1	
	8-188	顺位器	个	1	
	8-37	木质防火门安装 木质丙级防火检修门	100 m²	0.01155	
6	010802001003	金属(塑钢)门 铝塑上悬窗(LC2):1200 mm×2700 mm (1)单层框中空玻璃 (2)包括制作、安装、运输、配件、油漆等 (3)详见图纸	樘	24	
	8-112	隔热断桥铝合金内平开下悬-LC2:1200 mm×2700 mm	100 m²	0.7776	
7	010802001003	金属(塑钢)门 铝塑上悬窗(LC1):900 mm×2700 mm (1)单层框中空玻璃 (2)包括制作、安装、运输、配件、油漆等 (3)详见图纸	樘	12	
	8-112	隔热断桥铝合金内平开下悬-LC1:900 mm×2700 mm	100 m²	0.2916	

续表

序号	编码	项目名称	单位	工程量明细	
				绘图输入	表格输入
8	010802003001	钢质防火门 (1)钢质乙级防火门(YFM1):1200 mm×2100 mm (2)含闭门器、顺位器、门锁、防火烟条、合页等所有五金配件及油漆,综合考虑门尺寸	樘	2	
	8-186	闭门器明装	个	2	
	8-188	顺位器	个	2	
	8-48	钢质防火门安装 钢质乙级防火门	100 m²	0.0504	
措施项目					
1	011702023001	雨篷、悬挑板、阳台板 飘窗板复合木模	m²	3.8516	
	5-174	飘窗板复合木模	10 m² 水平投影面积	0.38516	

五、总结拓展

组合构件

灵活利用软件中的构件去组合图纸中复杂的构件。以组合飘窗为例,讲解组合构件的操作步骤。飘窗由底板、顶板、带形窗、墙洞组成。

(1)飘窗底板

①新建飘窗底板,如图 4.27 所示。

②通过复制建立飘窗顶板,如图 4.28 所示。

图 4.27   图 4.28

（2）新建飘窗、墙洞

①新建带形窗，如图 4.29 所示。

②飘窗墙洞，如图 4.30 所示。

图 4.29   图 4.30

（3）绘制底板、顶板、带形窗、墙洞

绘制完飘窗底板，在同一位置绘制飘窗顶板，图元标高不相同，可以在同一位置进行绘制。绘制带形窗，如图 4.31 所示，需要在外墙外边线的地方把带形窗打断，对带形窗进行偏移，如图 4.32 所示，接着绘制飘窗墙洞。

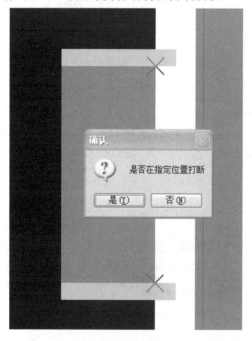

图 4.31

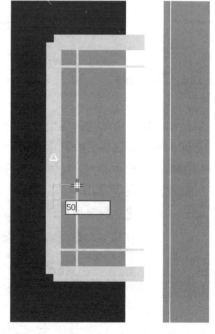

图 4.32

（4）组合构件

进行右框选，如图 4.33 所示，弹出"新建组合构件"对话框，查看是否有多余或缺少的构件，用鼠标右键单击"确定"按钮，完成组合构件，如图 4.34 所示。

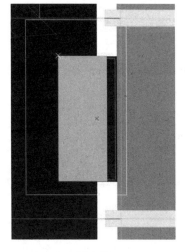

图 4.33

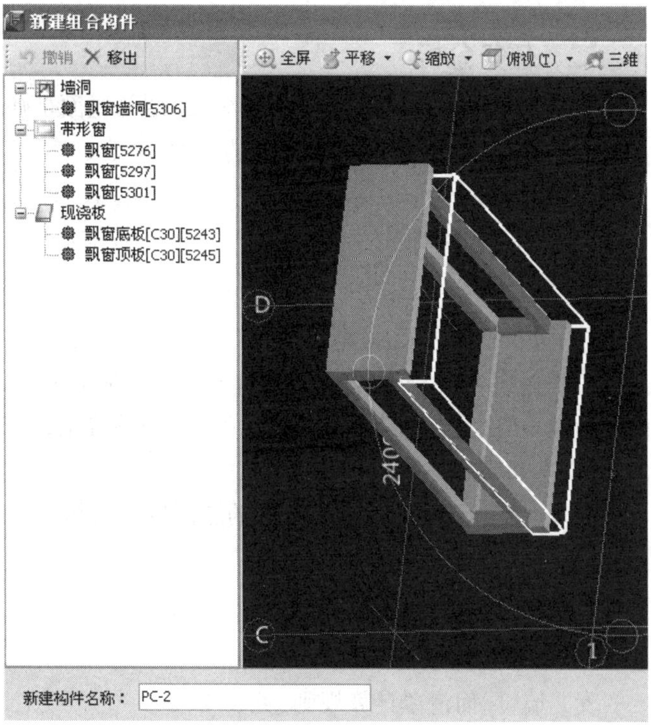

图 4.34

问题思考

(1)Ⓔ轴/④~⑤轴间 LC1 为什么要利用精确布置进行绘制?

(2)定额中飘窗是否计算建筑面积?

4.4 女儿墙、屋面工程量计算

通过本节的学习,你将能够:

(1)确定女儿墙高度、厚度,确定屋面防水的上卷高度;

(2)矩形绘制屋面图元;

(3)图元的拉伸;

(4)统计本层女儿墙、屋面的工程量。

一、任务说明

①完成二层屋面的女儿墙、屋面的工程量计算。

②汇总计算,统计二层屋面的工程量。

二、任务分析

①从哪张图中能够找到屋面做法？二层的屋面是什么做法？都与哪些清单、定额相关？

②从哪张图中能够找到女儿墙的尺寸？

三、任务实施

1)分析图纸

(1)分析女儿墙及压顶

分析建施-4、建施-8,女儿墙的构造参见建施-8 节点 1,女儿墙墙厚 150 mm(以建施-4 平面图为准)。女儿墙墙身为砖墙,压顶材质为混凝土,宽 350 mm,高 150 mm。

(2)分析屋面

分析建施-0、建施-1 可知,本层的屋面做法为屋面 3,防水的上卷高度设计没有指明的,按照定额默认高度为 250 mm。

2)清单、定额计算规则的学习

(1)清单计算规则

女儿墙、屋面清单计算规则,见表 4.5。

表 4.5　女儿墙、屋面清单计算规则

编号	项目名称	单位	计算规则
010401003	实心砖墙	m³	按设计图示尺寸以体积计算
010507005	扶手、压顶	m³	(1)以 m 计量,按设计图示的中心线以延长米计算 (2)以 m³ 计量,按设计图示尺寸以体积计算
011702008	压顶	m²	按模板与现浇混凝土构件的接触面积计算
010902002	屋面涂膜防水	m²	按设计图示尺寸以面积计算: (1)斜屋顶(不包括平屋顶找坡)按斜面积计算,平屋顶按水平投影面积计算 (2)不扣除房上烟囱、风帽底座、风道、屋面小气窗和斜沟所占面积 (3)屋面的女儿墙、伸缩缝和天窗等处的弯起部分,并入屋面工程量内

(2)定额计算规则

女儿墙、屋面定额计算规则,见表 4.6。

表 4.6　女儿墙、屋面定额计算规则

编号	项目名称	单位	计算规则
4-6	砖砌体 女儿墙	m³	从屋面板上表面算至女儿墙顶面(如有混凝土压顶时算至压顶下表面)
5-27	现浇混凝土 扶手、压顶	m³	按设计图示尺寸以体积计算
5-182	小型构件复合模板	m³	按模板与现浇混凝土构件的接触面积计算
9-88	屋面防水及其他 聚氨酯防水涂料 厚 2 mm	m²	按设计图示尺寸以面积计算: (1)斜屋顶(不包括平屋顶找坡)按斜面积计算,平屋顶按水平投影面积计算 (2)不扣除房上烟囱、风帽底座、风道、屋面小气窗和斜沟所占面积 (3)屋面的女儿墙、伸缩缝和天窗等处的弯起部分,并入屋面工程量内
10-45	屋面找坡水泥、粉煤灰、页岩陶粒	m³	按设计图示水平投影面积乘以平均厚度以体积计算
11-1	楼地面找平层 DS 砂浆 平面 厚20 mm 保温层上	m²	按设计图示尺寸以面积计算
10-31	屋面保温 粘贴复合硬泡聚氨酯板 厚 40 mm	m²	按设计图示尺寸以面积计算

3)属性定义

(1)女儿墙

新建外墙,在类别中选择"女儿墙",属性定义如图 4.35 所示。

(2)屋面

屋面的属性定义,如图 4.36 所示。

属性名称	属性值	附加
名称	女儿墙	
类别	女儿墙	
材质	砖	
砂浆标号	(M5)	
砂浆类型	(混合砂浆)	
厚度(mm)	240	✓
轴线距左墙	(120)	
内/外墙标	外墙	✓
起点顶标高	层底标高+	
终点顶标高	层底标高+	
起点底标高	层底标高	
终点底标高	层底标高	
是否为人防	否	
备注		

属性名称	属性值	附加
名称	不上人屋	
顶标高(m)	层底标高	
坡度(°)		
备注		

图 4.35　　　　　　　　　　图 4.36

（3）女儿墙压顶

女儿墙压顶的属性定义,如图 4.37 所示。

图 4.37

4)做法套用

女儿墙的做法套用,如图 4.38 所示。

	编码	类别	名称	项目特征	单位	工程量表达式	表达式说明	单价	综合单价	措施项
1	010402001005	补项	砌块墙	砌块墙 -女儿墙 上部250厚高的墙; 1、250厚陶粒空心砖及35厚聚苯颗粒 保温复合墙体; 2、M5混合砂浆;	m3	TJ	TJ<体积>			☐
2	4-54	借	轻集料(陶粒)混凝土小型空心砌块墙 厚(mm)240		m3	TJ	TJ<体积>	4162.39		☐

图 4.38

屋面的做法套用,如图 4.39 所示。

	编码	类别	名称	项目特征	单位	工程量表达式	表达式说明	单价	综合单价	措施项
1	010902003003	补项	屋面刚性层	屋面3:不上人屋面 满水堤防保护层 1、1.5厚聚氨酯涂膜防水层(刷三遍),散水一层粘牢 2、20厚1:3水泥砂浆找平层 3、最薄30厚1.0:2.5水泥粉煤灰页岩陶粒找2%坡 4、40厚现喷硬质发泡聚氨保温层(清单已列项) 5、现浇钢筋屋面板	m2	DMJ	DMJ<地面积>			☐
2	11-1	补	干混砂浆找平层混凝土或硬基层上20 厚 干混地面砂浆 DS M20.0		m2	DMJ	DMJ<地面积>			☐
3	9-99	补	铝基反光隔热涂料涂刷一遍		m2	DMJ	DMJ<地面积>			☐
4	10-45	定	屋面保温隔热 陶粒混凝土		m3	DMJ*0.108	DMJ<地面积>*0.108	5036.68		☐
5	010902002001	补项	屋面涂膜防水	屋面涂膜防水 1.5厚聚氨酯涂膜防水层(刷三遍),散水一层粘牢	m2	DMJ	DMJ<地面积>			☐
6	9-88	补	聚氨酯防水涂料厚度(mm)1.5平面		m2	DMJ	DMJ<地面积>			☐
7	011001001001	补项	保温隔热屋面	保温隔热屋面 40厚现喷硬质发泡聚氨保温层	m2	DMJ	DMJ<地面积>			☐
8	10-31	补	聚氨酯硬泡(喷涂)厚度(mm)40		m2	DMJ	DMJ<地面积>			☐

图 4.39

女儿墙的压顶做法套用,如图 4.40 所示。

	编码	类别	名称	项目特征	单位	工程量表达式	表达式说明	单价	综合单价	措施项
1	010507005001	补项	扶手、压顶	扶手、压顶 1、混凝土强度等级: C25; 2、混凝土拌和料要求:非泵送商品砼	m3	TJ	TJ<体积>			☐
2	5-27换	补	扶手、压顶 非泵送商品混凝土C25		m3	TJ	TJ<体积>			☐
3	011702025001	补项	其他现浇构件	其他现浇构件 其他现浇构件模板	m2	MBMJ	MBMJ<模板面积>			☐
4	5-179	补	单独扶手压顶复合模板		m2	MBMJ	MBMJ<模板面积>			☐

图 4.40

5）画法讲解

（1）直线绘制女儿墙

采用直线绘制女儿墙，因为画的时候是居中于轴线绘制的，女儿墙图元绘制完成后要对其进行偏移、延伸，使女儿墙各段墙体封闭，绘制好的图元如图4.41所示。

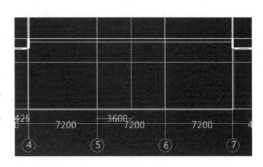

图4.41

（2）矩形绘制屋面

采用矩形绘制屋面，只要找到两个对角点即可进行绘制，如图4.42所示中的两个对角点。绘制完屋面后，与图纸对应位置的屋面比较发现缺少一部分，如图4.43所示。采用"延伸"功能将屋面补全，选中屋面，单击要拉伸的面上一点，拖着往延伸的方向找到终点，如图4.44所示。

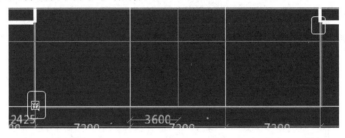

图4.42

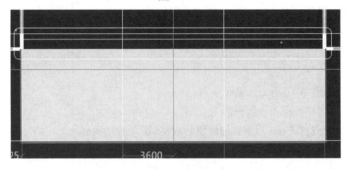

图4.43

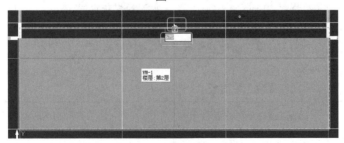

图4.44

四、任务结果

汇总计算，统计本层女儿墙、屋面的清单、定额工程量，见表4.7。

表 4.7 本层女儿墙、屋面的清单、定额工程量

序号	编码	项目名称	单位	工程量明细	
				绘图输入	表格输入
实体项目					
1	010402001005	砌块墙-女儿墙 上部 200 mm 厚直形外墙: (1)200 mm 厚陶粒空心砖及 35 mm 厚聚苯颗粒保温复合墙体 (2)M5 混合砂浆	m³	2.3701	
	4-54	轻集料(陶粒)混凝土小型空心砌块墙厚 240 mm	10 m³	0.23631	
2	010507005001	扶手、压顶 (1)混凝土强度等级:C25 (2)混凝土拌合料要求:非泵送商品混凝土	m³	1.7188	
	5-27 换	扶手、压顶 非泵送商品混凝土 C25	m³	1.7188	
4	010902002001	屋面涂膜防水 1.5 mm 厚聚氨酯涂膜防水层(刷 3 遍),撒砂一层粘牢	m²	141.1038	
	9-88	聚氨酯防水涂料厚 1.5 mm 平面	m²	141.1038	
5	010902003003	屋面刚性层 屋面 3:不上人屋面 (1)满涂银粉保护剂 (2)1.5 mm 厚聚氨酯涂膜防水层(刷 3 遍),撒砂一层粘牢(清单另列项) (3)20 mm 厚 1:3 水泥砂浆找平层 (4)最薄 30 mm 厚 1:0.2:3.5 水泥粉煤灰页岩陶粒 找 2%坡 (5)40 mm 厚现喷硬质发泡聚氨保温层(清单另列项) (6)现浇混凝土屋面板	m²	141.1038	
	10-45	屋面保温隔热 陶粒混凝土	10 m³	1.52392	
	11-1	干混砂浆找平层混凝土或硬基层上 20 mm 厚 干混地面砂浆 DS M20.0	m²	141.1038	
	9-99	铝基反光隔热涂料涂刷一遍	m²	141.1038	

续表

序号	编码	项目名称	单位	工程量明细	
				绘图输入	表格输入
6	011001001001	保温隔热屋面 40 mm 厚现喷硬质发泡聚氨保温层	m²	141.1038	
	10-31	聚氨酯硬泡(喷涂)厚 40 mm	m²	141.1038	
7	011702025001	其他现浇构件模板	m²	14.8602	
	5-179	单独扶手压顶复合模板	m²	14.8602	
8	011407001001	墙面喷刷涂料外墙 8A (1)部位:外墙面 (2)喷(或刷)面涂料 (3)喷仿石底涂料 (4)着色剂 (5)刷封底涂料增强黏结力 (6)6 mm 厚 1:2.5 水泥砂浆找平 (7)12 mm 厚 1:3 水泥砂浆打底扫毛或划出纹道	m²	22.88	
	12-2	墙面一般抹灰 水泥砂浆 1:2.5	m²	22.88	
	12-2	墙面一般抹灰 水泥砂浆 1:3	m²	22.88	
	14-148	外墙涂料仿石型涂料	m²	22.88	

4.5　过梁、圈梁、构造柱工程量计算

通过本节的学习,你将能够:
统计本层的过梁、圈梁、构造柱的工程量。

一、任务说明
完成二层的过梁、圈梁、构造柱的工程量计算。

二、任务分析
①对比二层与首层的过梁、圈梁、构造柱都有哪些不同?
②构造柱为什么不建议用复制?

三、任务实施

1)分析图纸

(1)分析过梁、圈梁

分析结施-2、结施-9、建施-4、建施-10、建施-11可知,二层层高3.9 m,外墙上窗高2.7 m,窗距地高0.7 m,外墙上梁高0.5 m,所以外墙窗顶不设置过梁、圈梁,窗底设置圈梁。内墙门顶设置圈梁代替过梁。

(2)分析构造柱

构造柱的布置位置详见结施-2第8条中的(4)。

2)画法讲解

(1)从首层复制圈梁图元到二层

利用从其他楼层复制构件图元的方法复制圈梁图元到二层,对于复制的图元,利用"三维"显示查看是否正确(如查看门窗图元是否和梁相撞)。

(2)自动生成构造柱

对于构造柱图元,不推荐采用层间复制。如果楼层不是标准层,通过复制的构造柱图元容易出现位置错误的问题。

单击"自动生成构造柱",然后对构造柱图元进行查看(如看是否在一段墙中重复布置了构造柱图元)。查看的目的是保证本层的构造柱图元的位置及属性都是正确的。

四、任务结果

汇总计算,统计本层过梁、圈梁、构造柱的清单、定额工程量,见表4.8。

表4.8 本层过梁、圈梁、构造柱的清单、定额工程量

序号	编码	项目名称	单位	工程量明细	
				绘图输入	表格输入
		实体项目			
1	010502002001	构造柱 (1)混凝土强度等级:C25 (2)混凝土拌合料要求:非泵送商品混凝土	m³	7.8713	
	5-7	构造柱 非泵送商品混凝土 C25	10 m³	0.78713	
2	010503004001	圈梁 卫生间翻边 (1)混凝土强度等级:C20 (2)混凝土拌合料要求:非泵送商品混凝土	m³	0.7182	
	5-10 换	圈梁、过梁、拱形梁 非泵送商品混凝土 C20	m³	0.7182	

序号	编码	项目名称	单位	工程量明细	
				绘图输入	表格输入
3	010503005001	过梁 (1)混凝土强度等级:C25 (2)混凝土拌合料要求:非泵送商品混凝土	m^3	1.8602	
	5-10	圈梁、过梁、拱形梁 非泵送商品混凝土 C25	$10m^3$	0.18602	
		措施项目			
4	011702008001	圈梁 现浇混凝土 直形圈梁 复合木模	m^2	7.3801	
	5-140	直形圈过梁复合木模	m^2	7.3801	
1	011702003001	构造柱 现浇混凝土 构造柱	m^2	71.94	
	5-123	构造柱模板	$100\ m^2$	0.7194	
2	011702009001	过梁 现浇混凝土 直形过梁 复合木模	m^2	30.5029	
	5-140	直形圈过梁复合木模	$100\ m^2$	0.305029	

五、总结拓展

变量标高

对于构建属性中的标高处理一般有两种方式:第一种为直接输入标高的数字,比如在组合飘窗的图 4.32 中可以看在这点;另一种属性定义中,QL1 的顶标高为:层底标高+0.1+0.6,这种定义标高模式称为变量标高,好处在于进行层间复制时标高不容易出错,可省下手动调整标高的时间。推荐用户使用变量标高。

5 第三、四层、机房及屋面工程量计算

5.1 三、四层工程量计算

通过本节的学习，你将能够：

(1)掌握块存盘、块提取的方法；

(2)掌握批量选择构件图元的方法；

(3)掌握批量删除的方法；

(4)统计三、四层各构件图元的工程量。

一、任务说明

完成三层、四层的工程量计算。

二、任务分析

①对比三层、四层与二层的图纸都有哪些不同。

②如何快速对图元进行批量选定、删除工作？

③做法套用有快速方法吗？

三、任务实施

1)分析三层图纸

①分析结施-5，三层ⓒ轴位置的矩形 KZ3 在二层为圆形 KZ2，其他柱和二层柱一样。

②由结施-5、结施-9、结施-13 可知，三层剪力墙、梁、板、后浇带与二层完全相同。

③对比建施-4 与建施-5 发现三层和二层砌体墙基本相同，三层有一段弧形墙体。

④二层有天井，三层为办公室，因此增加几道墙体？

2)绘制三层图元

运用"从其他楼层复制构件图元"的方法复制图元到三层。建议构造柱不要进行复制，用自动生成构造柱的方法绘制三层构造柱图元。运用学到的软件功能对三层图元进行修改，保存并汇总计算。

3)三层工程量汇总

汇总计算、统计本层砌体墙、现浇柱、墙、梁、板、后浇带、门窗、天棚、外墙等的清单、定额

工程量,见表5.1。

表5.1 三层砌体墙、现浇柱、墙、梁、板、后浇带、门窗、天棚、外墙等的清单、定额工程量

序号	编码	项目名称	单位	工程量明细	
				绘图输入	表格输入
		实体项目			
1	010402001002	砌块墙 上部200 mm厚直形墙: (1)200 mm厚陶粒空心砌块墙体:强度不小于MU10 (2)M5混合砂浆	m³	83.1567	
	4-55	轻集料(陶粒)混凝土小型空心砌块墙厚190 mm 干混砌筑砂浆 DM M5.0	m³	83.0569	
2	010402001004	砌块墙 上部200 mm厚直形外墙: (1)200 mm厚陶粒空心砖及35 mm厚聚苯颗粒保温复合墙体 (2)M5混合砂浆	m³	9.468	
	4-55 换	轻集料(陶粒)混凝土小型空心砌块墙厚190 mm 干混砌筑砂浆 DM M5.0 圆弧形砌筑	m³	8.0999	
3	010402001005	砌块墙 上部200 mm厚弧形外墙: (1)200 mm厚陶粒空心砖及35 mm厚聚苯颗粒保温复合墙体 (2)M5混合砂浆	m³	32.0635	
	4-55	轻集料(陶粒)混凝土小型空心砌块 墙厚190 mm	m³	31.6458	
4	010502001001	矩形柱 (1)混凝土强度等级:C30 (2)混凝土拌合料要求:泵送商品混凝土	m³	32.292	
	5-6	矩形柱、异形柱、圆形柱 泵送商品混凝土 C30	10 m³	3.2292	
5	010502001001	矩形柱 (1)混凝土强度等级:C25 (2)混凝土拌合料要求:泵送商品混凝土	m³	2.808	
	5-6	矩形柱、异形柱、圆形柱 泵送商品混凝土 C25	10 m³	0.2808	
6	010502002001	构造柱 (1)混凝土强度等级:C25 (2)混凝土拌合料要求:非泵送商品混凝土	m³	6.9142	
	5-7	构造柱 非泵送商品混凝土 C25	10 m³	0.69142	
7	010503002002	矩形梁 (1)混凝土强度等级:C30 (2)混凝土拌合料要求:泵送商品混凝土	m³	17.2056	
	5-9	矩形梁、异形梁、弧形梁 泵送商品混凝土 C30	10 m³	1.72056	

续表

序号	编码	项目名称	单位	工程量明细	
				绘图输入	表格输入
8	010503002002	矩形梁 (1)混凝土强度等级:C25 (2)混凝土拌合料要求:泵送商品混凝土	m³	33.0573	
	5-9	矩形梁、异形梁、弧形梁 泵送商品混凝土 C25	10 m³	3.30573	
9	010503004001	圈梁 卫生间翻边 (1)混凝土强度等级:C20 (2)混凝土拌合料要求:非泵送商品混凝土	m³	0.7237	
	5-10 换	圈梁、过梁、拱形梁 非泵送商品混凝土 C20	m³	0.7237	
10	010503005001	过梁 (1)混凝土强度等级:C25 (2)混凝土拌合料要求:非泵送商品混凝土	m³	2.4372	
	5-10	圈梁、过梁、拱形梁 非泵送商品混凝土 C25	10 m³	0.24372	
11	010503006001	弧形、拱形梁 (1)混凝土强度等级:C25 (2)混凝土拌合料要求:泵送商品混凝土	m³	2.5653	
	5-5-9 换	矩形梁、异形梁、弧形梁 泵送商品混凝土 C25	m³	2.5653	
12	010504001002	直形墙 10 cm 以上直形混凝土墙 (1)混凝土强度等级:C25 (2)混凝土拌合料要求:泵送商品混凝土	m³	76.5862	
	5-14	直形、弧形墙墙厚 10 cm 以上 泵送商品混凝土 C25	m³	76.5862	
13	010505003001	平板 (1)混凝土强度等级:C25 (2)混凝土拌合料要求:泵送商品混凝土	m³	83.8607	
	5-16	平板 泵送商品混凝土 C25	10 m³	8.44179	
14	010505003001	平板 (1)混凝土强度等级:C30 (2)混凝土拌合料要求:泵送商品混凝土	m³	0.6115	
	5-16	平板 泵送商品混凝土 C30	10 m³	0.0621	
15	010506001002	楼梯 直形楼梯 (1)混凝土强度等级:C25 (2)混凝土拌合料要求:泵送商品混凝土	m²	19.8641	
	5-24	楼梯直形 泵送商品混凝土 C25	10 m²	1.98641	

序号	编码	项目名称	单位	工程量明细	
				绘图输入	表格输入
16	010508001002	后浇带 梁板后浇带 20 cm 以内: (1)混凝土强度等级:C30 P6 (2)混凝土拌合料要求:泵送商品混凝土 (3)HEA 型防水外加剂,掺量为水泥用量的 12%	m³	2.1582	
	5-31 换	后浇带梁、板 板厚 20 cm 以内 泵送防水商品混凝土 C35/P6 坍落度(12±3)cm	m³	2.1582	
17	010607005001	砌块墙钢丝网加固 所有填充墙与梁、柱相接处的内墙粉刷及不同材料交 接处的粉刷应铺设金属网,防止裂缝	m²	295.8735	
	12-8	墙面挂钢丝网	m²	295.8735	
18	010801001001	木质门 木质夹板门 M1:尺寸 1000 mm×2100 mm	樘	8	
	8-6	无亮胶合板门-M1:尺寸 1000 mm×2100 mm	100 m²	0.168	
19	010801001002	木质门 木质夹板门 M2:尺寸 1500 mm×2100 mm	樘	6	
	8-6	无亮胶合板门-M2:尺寸 1500 mm×2100 mm	100 m²	0.189	
20	010801004001	木质防火门 (1)木质丙级防火检修门(JXM2):1200 mm×2000 mm (2)含闭门器、顺位器、门锁、防火烟条、合页等所有五 金配件及油漆,综合考虑门尺寸	樘	2	
	8-186	闭门器明装	个	2	
	8-188	顺位器	个	2	
	8-37	木质防火门安装 木质丙级防火检修门	100 m²	0.0504	
21	010801004001	木质防火门 (1)木质丙级防火检修门(JXM1):550 mm×2000 mm (2)含闭门器、顺位器、门锁、防火烟条、合页等所有五 金配件及油漆,综合考虑门尺寸	樘	1	
	8-186	闭门器明装	个	1	
	8-188	顺位器	个	1	
	8-37	木质防火门安装 木质丙级防火检修门	100 m²	0.01155	
22	010802001003	金属(塑钢)门 铝塑平开飘窗(TC1):1500 mm×2700 mm (1)单层框中空玻璃 (2)包括制作、安装、运输、配件、油漆等 (3)详见图纸	樘	6	
	8-111	铝塑平开飘窗	100 m²	0.13932	

续表

序号	编码	项目名称	单位	工程量明细	
				绘图输入	表格输入
23	010802001003	金属(塑钢)门 铝塑上悬窗(LC2):1200 mm×2700 mm (1)单层框中空玻璃 (2)包括制作、安装、运输、配件、油漆等 (3)详见图纸	樘	24	
	8-112	隔热断桥铝合金内平开下悬-LC2:1200 mm×2700 mm	100 m²	0.7776	
24	010802001003	金属(塑钢)门 铝塑上悬窗(LC1):900 mm×2700 mm (1)单层框中空玻璃 (2)包括制作、安装、运输、配件、油漆等 (3)详见图纸	樘	24	
	8-112	隔热断桥铝合金内平开下悬-(LC1):900 mm×2700 mm	100 m²	0.5832	
25	010802003001	钢质防火门 (1)钢质乙级防火门(YFM1):1200 mm×2100 mm (2)含闭门器、顺位器、门锁、防火烟条、合页等所有五金配件及油漆等,综合考虑门尺寸	樘	2	
	8-186	闭门器明装	个	2	
	8-188	顺位器	个	2	
	8-48	钢质防火门安装 钢质乙级防火门	100 m²	0.0504	
26	010904002002	楼(地)面涂膜防水 楼面2:1.5 mm 厚聚氨酯涂膜防水层	m²	49.3444	
	9-88	聚氨酯防水涂料厚度 1.5 mm 平面	m²	49.3444	
27	011102001001	石材楼地面 楼面3:大理石楼面(大理石尺寸 800 mm×800 mm) (1)铺 20 mm 厚大理石板,稀水泥擦缝 (2)撒素水泥面(洒适量清水) (3)30 mm 厚1:3干硬性水泥砂浆黏结层 (4)40 mm 厚1:1.6 水泥粗砂焦渣垫层	m²	670.1774	
	10-40	炉(矿)渣混凝土	m³	26.8071	
	11-31 换	石材楼地面干混砂浆铺贴 20 mm 厚大理石板	m²	670.1774	

序号	编码	项目名称	单位	工程量明细	
				绘图输入	表格输入
28	011102003002	块料楼地面 楼面1:防滑地砖楼面(砖采用400 mm×400 mm) (1)5~10 mm厚防滑地砖,稀水泥浆擦缝 (2)6 mm厚建筑胶水泥砂浆黏结层 (3)素水泥浆一道(内掺建筑胶) (4)20 mm厚1:3水泥砂浆找平层 (5)素水泥浆一道(内掺建筑胶)	m²	77.3369	
	11-1	干混砂浆找平层混凝土或硬基层上20 mm厚 干混地面砂浆 DS M20.0	m²	77.3369	
	11-49换	地砖楼面(黏结剂铺贴)周长2000 mm以内密缝 防滑地砖400 mm×400 mm	m²	77.3369	
	11-4换	素水泥浆一道107胶纯水泥浆	m²	77.3369	
29	011102003003	块料楼地面 楼面2:防滑地砖防水楼面(砖采用400 mm×400 mm) (1)5~10 mm厚防滑地砖,稀水泥浆擦缝 (2)撒素水泥面(洒适量清水) (3)20 mm厚1:2干硬性水泥砂浆黏结层 (4)1.5 mm厚聚氨酯涂膜防水层(清单另列项) (5)20 mm厚1:3水泥砂浆找平层,四周及竖管根部抹小八字角 (6)素水泥浆一道 (7)最薄处30 mm厚C15细石混凝土从门口向地漏找1%坡	m²	49.3444	
	11-1	干混砂浆找平层混凝土或硬基层上20 mm厚 干混地面砂浆 DS M20.0	m²	49.3444	
	11-4	素水泥浆一道	m²	49.3444	
	11-45换	地砖楼面(干混砂浆铺贴)周长2000 mm以内密缝 防滑地砖400 mm×400 mm	m²	49.3444	
30	011105002001	石材踢脚线 踢脚3:大理石踢脚(用800 mm×100 mm深色大理石,高度为100 mm) (1)10~15 mm厚大理石踢脚板,稀水泥浆擦缝 (2)10 mm厚1:2水泥砂浆(内掺建筑胶)黏结层 (3)界面剂一道甩毛(甩前先将墙面用水湿润)	m²	52.8392	
	11-96换	踢脚线石材干混砂浆铺贴10~15 mm厚大理石	m²	52.8392	
	12-20	墙面干粉型界面剂	m²	52.8392	

续表

序号	编码	项目名称	单位	工程量明细	
				绘图输入	表格输入
31	011105003001	块料踢脚线 踢脚 2:地砖踢脚(用 400 mm×100 mm 深色地砖,高度为 100 mm) (1)5~10 mm 厚防滑地砖踢脚,稀水泥浆擦缝 (2)8 mm 厚 1:2 水泥砂浆(内掺建筑胶)黏结层 (3)5 mm 厚 1:3 水泥砂浆打底扫毛或划出纹道	m²	11.4222	
	11-97	踢脚线陶瓷地面砖干混砂浆铺贴 防滑地砖综合	m²	11.4222	
32	011106002001	块料楼梯面层 楼面 1:防滑地砖楼面(砖采用 400 mm×400 mm) (1)5~10 mm 厚防滑地砖,稀水泥浆擦缝 (2)6 mm 厚建筑胶水泥砂浆黏结层 (3)素水泥浆一道(内掺建筑胶) (4)20 mm 厚 1:3 水泥砂浆找平层 (5)素水泥浆一道(内掺建筑胶)	m²	19.8641	
	11-116 换	楼梯陶瓷地面砖干混砂浆铺贴 防滑地砖综合	m²	19.8641	
33	011201001001	墙面一般抹灰 内墙面 1:水泥砂浆墙面 (1)喷水性耐擦洗涂料(清单另列项) (2)5 mm 厚 1:2.5 水泥砂浆找平 (3)9 mm 厚 1:3 水泥砂浆打底扫毛 (4)素水泥浆一道甩毛(内掺建筑胶)	m²	905.651	
	12-1	内墙抹灰 增减厚度-6 mm	m²	905.651	
	12-18	墙面刷素水泥浆有 107 胶	m²	905.651	
34	011204003001	块料墙面 内墙面 2:瓷砖墙面(面层用 200 mm×300 mm 高级面砖) (1)白水泥擦缝 (2)5 mm 厚釉面砖面层(粘前先将釉面砖浸水两小时以上) (3)5 mm 厚 1:2建筑水泥砂浆黏结层 (4)素水泥浆一道 (5)6 mm 厚 1:2.5 水泥砂浆打底压实抹平 (6)涂塑中碱玻璃纤维网格布一层	m²	271.1382	
	12-16×0.4 换	墙面打底找平厚15 mm 干混抹灰砂浆 DP M15.0	m²	271.1382	
	12-17	墙面刷素水泥浆无 107 胶	m²	271.1382	
	12-48 换	瓷砖墙面(干混砂浆)周长 1200 mm 以内 高级面砖 200 mm×300 mm	m²	271.1382	
	12-7	墙面贴玻纤网格布	m²	271.1382	

序号	编码	项目名称	单位	工程量明细	
				绘图输入	表格输入
35	011301001001	天棚抹灰 顶棚1:抹灰顶棚 (1)喷水性耐擦洗涂料(清单另列项) (2)2 mm厚纸筋灰罩面 (3)5 mm厚1:0.5:3水泥石膏砂浆扫毛 (4)素水泥浆一道甩毛(内掺建筑胶)	m²	29.873	
	12-18	墙面刷素水泥浆有107胶	m²	29.873	
	13-1	混凝土面天棚一般抹灰 干混抹灰砂浆 DP M15.0	m²	29.873	
36	011302001001	吊顶天棚 吊顶1:铝合金条板吊顶(燃烧性能为A级) (1)0.8~1.0 mm厚铝合金条板,离缝安装带插缝板 (2)U形轻钢次龙骨LB45×48,中距≤1500 mm (3)U形轻钢主龙骨LB38×12,中距≤1500 mm与钢筋吊杆固定 (4)φ6钢筋吊杆,中距横向≤1500 mm,纵向≤1200 mm (5)现浇混凝土板底预留φ10钢筋吊环,双向中距≤1500 mm	m²	245.8039	
	13-43	铝合金方板面层浮搁式	m²	245.8039	
	13-8	轻钢龙骨(U38型)平面	m²	245.8039	
37	011302001002	吊顶天棚 吊顶2:岩棉吸音板吊顶(燃烧性能为A级) (1)12 mm厚岩棉吸音板面层,规格592 mm×592 mm (2)T形轻钢次龙骨TB24×28,中距600 mm (3)T形轻钢次龙骨TB24×38,中距600 mm,找平后与钢筋吊杆固定 (4)φ8钢筋吊杆,双向中距≤1200 mm (5)现浇混凝土板底预留φ10钢筋吊环,双向中距≤1200 mm	m²	515.083	
	13-39	矿棉板搁放在龙骨上 12 mm厚岩棉吸音板	m²	515.083	
	13-6	轻钢龙骨(U38型)平面	m²	515.083	
38	011407001001	墙面喷刷涂料 内墙面1:水泥砂浆墙面 喷水性耐擦洗涂料	m²	905.651	
	14-130	涂料墙、柱、天棚面两遍	m²	905.651	

续表

序号	编码	项目名称	单位	工程量明细	
				绘图输入	表格输入
39	011407002001	天棚喷刷涂料 顶棚 1:水泥砂浆墙面 喷水性耐擦洗涂料	m²	29.873	
	14-130	涂料墙、柱、天棚面两遍	m²	29.873	
40	011503001001	金属扶手、栏杆、栏板 楼梯栏杆 $H=1000$ mm 包括预埋、制作、运输、安装等	m	16.324	
	补	楼梯栏杆 $H=1000$ mm	m	16.324	
41	011503001002	金属扶手、栏杆、栏板 护窗栏杆 $H=1000$ mm 参考图集 L96J401/2/30	m	31.643	
	补	护窗栏杆 $H=1000$ mm	m	31.643	

4)分析四层图纸

(1)结构图纸分析

分析结施-5、结施-9、结施-10、结施-13 与结施-14 可知,框架柱和端柱与三层图元是相同的;大部分梁的截面尺寸和三层相同,只是名称发生了变化;板的名称和截面都发生了变化;四层连梁高度发生了变化,LL1 下的洞口高度为 3.9 m−1.3 m=2.6 m,LL2 下的洞口高度不变为 2.6 m。剪力墙的截面未发生变化。

(2)建筑图纸分析

从建施-5、建施-6 两张平面图上可以看出,四层和三层的房间数发生了变化。

结合以上分析,建立四层构件图元的方法可采用前面介绍的两种层间复制图元的方法,本节介绍另一种快速建立整层图元的方法:块存盘和块提取。

5)一次性建立整层构件图元

(1)块存盘

在黑色绘图区域下方的显示栏中选择第三层,如图 5.1 所示,单击"楼层",在下拉菜单中可以看到"块存盘"和"块提取",如图 5.2 所示。单击"块存盘",框选本层,然后单击基准点①轴与Ⓐ轴的交点,如图 5.3 所示。弹出"另存为"对话框,可以对文件保存的位置进行更改,如图 5.4 所示。这里选择保存在桌面上。

图 5.1

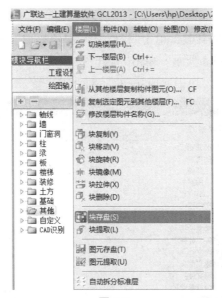

图 5.2

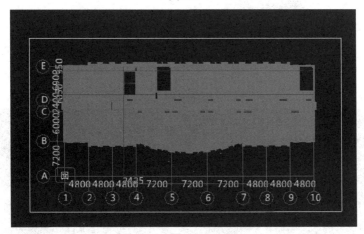

图 5.3

图 5.4

(2)块提取

在显示栏中切换楼层到第四层,单击"楼层"中的"块提取",弹出"打开"对话框,选择保存在桌面上的块文件,如图 5.5 所示。单击"打开"按钮,屏幕上会出现如图 5.6 所示的情况,单击①轴和⑥轴的交点,弹出"块提取成功"提示对话框。

图 5.5

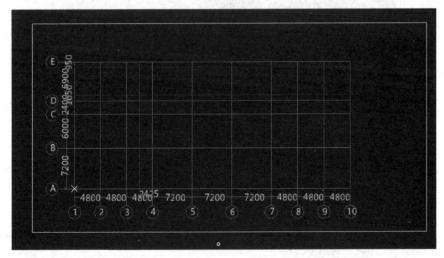

图 5.6

6) 四层构件及图元的核对修改

(1)柱、剪力墙构件及图元的核对修改

对柱、剪力墙图元的位置、截面尺寸、混凝土强度等级进行核对修改。

(2)梁、板的核对修改

①利用修改构件名称建立梁构件。选中⑥轴 KL3,在"属性编辑框"中将名称修改为 WKL-3,如图 5.7 所示。

属性名称	属性值	附加
名称	WKL-3	
类别1	框架梁	☐
类别2		☐
材质	预拌混凝	☐
砼类型	(预拌砼)	☐
砼标号	(C25)	☐
截面宽度(	250	☑
截面高度(	500	☑
截面面积(m	0.125	☐
截面周长(m	1.5	☐
起点顶标高	层顶标高	☐
终点顶标高	层顶标高	☐
轴线距梁左	(125)	☐
砖胎膜厚度	0	☐
是否计算单	否	☐
图元形状	矩形	☐
模板类型	复合模板	☐
是否为人防	否	☐
备注		☐

图 5.7

②批量选择构件图元("F3 键")。单击模块导航树中的板,切换到板构件,按键盘上的"F3"键,弹出如图 5.8 所示的"批量选择构件图元"对话框,选择所有的板,然后单击"确定"按钮,能看到绘图界面的板图元都被选中,如图 5.9 所示,按下"Delete"键,弹出"是否删除当前选中的图元"对话框,如图 5.10 所示,单击"是"按钮。删除板的构件图元后,单击"构件列表",再单击"构件名称"可以看到所有的板构件都被选中,如图 5.11 所示,单击鼠标右键"删除",在弹出的确认对话框中单击"是"按钮,可看到构件列表为空。

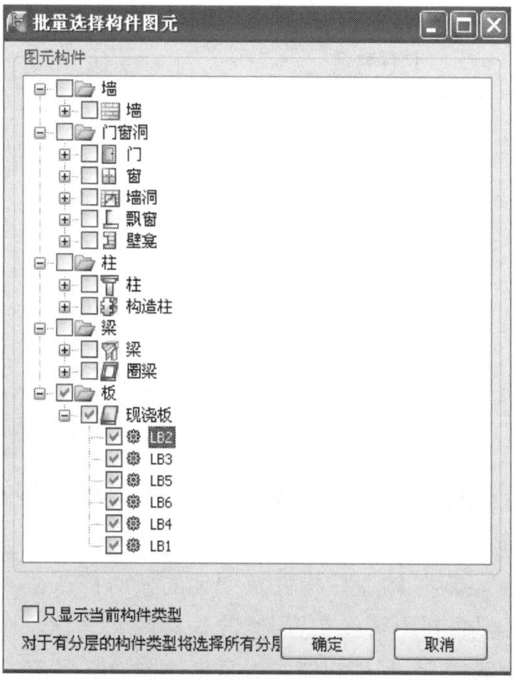

图 5.8

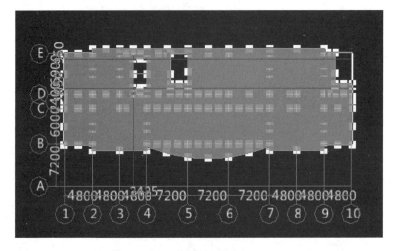

图 5.9

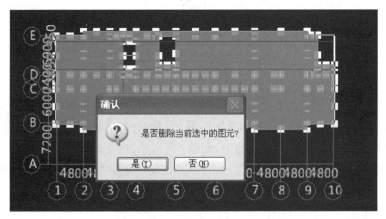

图 5.10

图 5.11

③新建板构件并绘制图元。板构件的属性定义及绘制参见第 2.2.4 节的相关内容。注意:LB1 的标高为 17.4 m。

④砌块墙、门窗、过梁、圈梁、构造柱构件及图元的核对修改。利用延伸、删除等功能对四层砌块墙体图元进行绘制;利用精确布置、修改构件图元名称绘制门窗洞口构件图元;按"F3"键选择内墙 QL1,删除图元,利用智能布置重新绘制 QL1 图元。按"F3"键选择构造柱,

删除构件图元,然后在"构件列表"中删除其构件。单击"自动生成构造柱"快速生成图元,检查复核构造柱的位置是否按照图纸要求进行设置。

⑤后浇带、建筑面积构件及图元核对修改。对比图纸,查看后浇带的宽度、位置是否正确。四层后浇带和三层无异,无须修改;建筑面积三层和四层无差别,无须修改。

7)做法刷套用做法

单击框架柱构件,双击进入"套取做法"界面,可以看到通过块提取建立的构件中没有做法,需要对四层所有的构件套取做法,切换到第三层,如图 5.12 所示,利用做法刷功能套取做法。

图 5.12

框架柱,在"构件列表"中双击 KZ1,进入套取做法界面,单击"做法刷",如图 5.13 所示,勾选第 4 层的所有框架柱,单击"确定"即可完成。

图 5.13

四、任务结果

汇总计算,统计本层砌体墙、现浇柱、墙、梁、板、后浇带、门窗、天棚、外墙等的清单、定额工程量,见表 5.2。

表 5.2　本层砌体墙、现浇柱、墙、梁、板、后浇带、门窗、天棚、外墙等的清单、定额工程量

序号	编码	项目名称	单位	工程量明细	
				绘图输入	表格输入
实体项目					
1	010402001002	砌块墙 上部 200 mm 厚直形墙: (1)200 mm 厚陶粒空心砌块墙体:强度不小于 MU10 (2)M5 混合砂浆	m³	99.1957	
	4-55	轻集料(陶粒)混凝土小型空心砌块墙厚 190 mm 干混砌筑砂浆 DM M5.0	m³	99.0978	
2	010402001004	砌块墙 上部 200 mm 厚直形外墙: (1)200 mm 厚陶粒空心砖及 35 mm 厚聚苯颗粒保温复合墙体 (2)M5 混合砂浆	m³	9.932	
	4-55 换	轻集料(陶粒)混凝土小型空心砌块墙厚 190 mm 干混砌筑砂浆 DM M5.0 圆弧形砌筑	m³	8.4126	
3	010402001005	砌块墙 上部 200 mm 厚弧形外墙: (1)200 mm 厚陶粒空心砖及 35 mm 厚聚苯颗粒保温复合墙体 (2)M5 混合砂浆	m³	31.2717	
	4-55	轻集料(陶粒)混凝土小型空心砌块 墙厚 190 mm	m³	30.8965	
4	010502001001	矩形柱 (1)混凝土强度等级:C30 (2)混凝土拌合料要求:泵送商品混凝土	m³	32.292	
	5-6	矩形柱、异形柱、圆形柱 泵送商品混凝土 C30	10 m³	3.2292	
5	010502001001	矩形柱 (1)混凝土强度等级:C25 (2)混凝土拌合料要求:泵送商品混凝土	m³	2.808	
	5-6	矩形柱、异形柱、圆形柱 泵送商品混凝土 C25	10 m³	0.2808	
6	010502002001	构造柱 (1)混凝土强度等级:C25 (2)混凝土拌合料要求:非泵送商品混凝土	m³	6.8419	
	5-7	构造柱 非泵送商品混凝土 C25	10 m³	0.68419	

续表

序号	编码	项目名称	单位	工程量明细	
				绘图输入	表格输入
7	010503002002	矩形梁 (1)混凝土强度等级:C30 (2)混凝土拌合料要求:泵送商品混凝土	m³	3.6358	
	5-9	矩形梁、异形梁、弧形梁 泵送商品混凝土 C30	10 m³	0.36358	
8	010503002002	矩形梁 (1)混凝土强度等级:C25 (2)混凝土拌合料要求:泵送商品混凝土	m³	44.5788	
	5-9	矩形梁、异形梁、弧形梁 泵送商品混凝土 C25	10 m³	4.45788	
9	010503004001	卫生间翻边 (1)混凝土强度等级:C20 (2)混凝土拌合料要求:非泵送商品混凝土	m³	0.7267	
	5-10 换	圈梁、过梁、拱形梁 非泵送商品混凝土 C20	m³	0.7267	
10	010503005001	过梁 (1)混凝土强度等级:C25 (2)混凝土拌合料要求:非泵送商品混凝土	m³	2.5227	
	5-10	圈梁、过梁、拱形梁 非泵送商品混凝土 C25	10 m³	0.25227	
11	010503006001	弧形、拱形梁 (1)混凝土强度等级:C25 (2)混凝土拌合料要求:泵送商品混凝土	m³	2.5654	
	5-5-9 换	矩形梁、异形梁、弧形梁 泵送商品混凝土 C25	m³	2.5654	
12	010504001002	直形墙 10 cm 以上直形混凝土墙 (1)混凝土强度等级:C25 (2)混凝土拌合料要求:泵送商品混凝土	m³	76.5864	
	5-14	直形、弧形墙墙厚 10 cm 以上 泵送商品混凝土 C25	m³	76.5864	
13	010505003001	平板 (1)混凝土强度等级:C25 (2)混凝土拌合料要求:泵送商品混凝土	m³	86.0459	
	5-16	平板 泵送商品混凝土 C25	10 m³	8.66239	
14	010505003001	平板 (1)混凝土强度等级:C30 (2)混凝土拌合料要求:泵送商品混凝土	m³	0.33	
	5-16	平板 泵送商品混凝土 C30	10 m³	0.0336	

续表

序号	编码	项目名称	单位	工程量明细	
				绘图输入	表格输入
15	010506001002	楼梯 直形楼梯 (1)混凝土强度等级:C25 (2)混凝土拌合料要求:泵送商品混凝土	m²	10.0097	
	5-24	楼梯直形 泵送商品混凝土 C25	10 m²	1.00097	
16	010508001002	后浇带 梁板后浇带 20 cm 以内: (1)混凝土强度等级:C30 P6 (2)混凝土拌合料要求:泵送商品混凝土 (3)HEA 型防水外加剂,掺量为水泥用量的 12%	m³	2.1581	
	5-31 换	后浇带梁、板 板厚 20 cm 以内 泵送防水商品混凝土 C35/P6 坍落度(12±3)cm	m³	2.1581	
17	010607005001	砌块墙钢丝网加固 所有填充墙与梁、柱相接处的内墙粉刷及不同材料交接处的粉刷应铺设金属网,防止裂缝	m²	333.0426	
	12-8	墙面挂钢丝网	m²	333.0426	
18	010801004001	木质防火门 (1)木质丙级防火检修门(JXM2):1200 mm×2000 mm (2)含闭门器、顺位器、门锁、防火烟条、合页等所有五金配件及油漆,综合考虑门尺寸	樘	2	
	8-186	闭门器明装	个	2	
	8-188	顺位器	个	2	
	8-37	木质防火门安装 木质丙级防火检修门	100 m²	0.0504	
19	010801001001	木质门 木质夹板门 M1:尺寸 1000 mm×2100 mm	樘	8	
	8-6	无亮胶合板门-M1:尺寸 1000 mm×2100 mm	100 m²	0.168	
20	010801001002	木质门 木质夹板门 M2:尺寸 1500 mm×2100 mm	樘	7	
	8-6	无亮胶合板门-M2:尺寸 1500 mm×2100 mm	100 m²	0.2205	
21	010801004001	木质防火门 (1)木质丙级防火检修门(JXM1):550 mm×2000 mm (2)含闭门器、顺位器、门锁、防火烟条、合页等所有五金配件及油漆,综合考虑门尺寸	樘	1	
	8-186	闭门器明装	个	1	
	8-188	顺位器	个	1	
	8-37	木质防火门安装 木质丙级防火检修门	100 m²	0.01155	

序号	编码	项目名称	单位	工程量明细	
				绘图输入	表格输入
22	010802001003	金属(塑钢)门 铝塑平开飘窗(TC1):1500 mm×2700 mm (1)单层框中空玻璃 (2)包括制作、安装、运输、配件、油漆等 (3)详见图纸	樘	6	
	8-111	铝塑平开飘窗	100 m²	0.13932	
23	010802001003	金属(塑钢)门 铝塑上悬窗(LC2):1200 mm×2700 mm (1)单层框中空玻璃 (2)包括制作、安装、运输、配件、油漆等 (3)详见图纸	樘	24	
	8-112	隔热断桥铝合金内平开下悬-LC2:1200 mm×2700 mm	100 m²	0.7776	
24	010802001003	金属(塑钢)门 铝塑上悬窗(LC1):900 mm×2700 mm (1)单层框中空玻璃 (2)包括制作、安装、运输、配件、油漆等 (3)详见图纸	樘	24	
	8-112	隔热断桥铝合金内平开下悬-(LC1):900 mm×2700 mm	100 m²	0.5832	
25	010802003001	钢质防火门 (1)钢质乙级防火门(YFM1):1200 mm×2100 mm (2)含闭门器、顺位器、门锁、防火烟条、合页等所有五金配件及油漆,综合考虑门尺寸	樘	2	
	8-186	闭门器明装	个	2	

五、总结拓展

(1)删除不存在图元的构件

单击梁"构件列表"中的"过滤",选择"当前楼层未使用的构件",单击如图 5.14 所示的位置,一次性选择所有构件,右键删除。

图 5.14

（2）查看工程量的方法

下面简单介绍几种在绘图界面查看工程量的方式：

①单击"查看工程量"，选中要查看的构件图元，弹出"查看构件图元工程量"对话框，如图 5.15、图 5.16 所示，可以查看做法工程量、清单工程量和定额工程量。

图 5.15

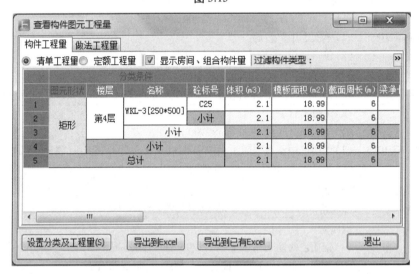

图 5.16

②按"F3"键批量选择构件图元，然后单击"查看工程量"，可以查看做法工程量、清单工程量和定额工程量。

③单击"查看计算式"，选择单一图元，弹出"查看构件图元工程量计算式"，可以查看此图元的详细计算式，还可利用"查看三维扣减图"查看详细工程量计算式。

问题思考

分析能否以块复制建立三层图元。

5.2 机房及屋面工程量计算

通过本节的学习，你将能够：

（1）掌握三点定义斜板的画法；

（2）掌握屋面的定义与做法套用；

（3）绘制屋面图元；

（4）统计本层屋面的工程量。

一、任务说明

①完成机房及屋面工程的构件属性定义、做法套用及绘制。

②汇总计算，统计机房及屋面的工程量。

二、任务分析

①机房层及屋面都有哪些构件？机房中的墙、柱尺寸在什么图中能找到？

②此层屋面与二屋面的做法有什么不同？

③斜板、斜墙如何定义绘制？

三、任务实施

1）分析图纸

①从建施-8中可以看出，机房的屋面是由平屋面+坡屋面组成的，以④轴为分界线。

②坡屋面是结构找坡，本工程为结构板找坡，斜板下的梁、墙、柱的起点顶标高和终点顶标高不再是同一标高。

2）板的属性定义

WB2的属性定义，结施-14中WB2，YXB3，YXB4的厚度均为150 mm，在画板图元时可以统一按照WB2进行绘制，方便绘制斜板图元。板的属性定义如图5.17所示。

属性名称	属性值	附加
名称	WB-2	
材质	预拌混凝	☐
类别	有梁板	☐
砼类型	(预拌砼)	☐
砼标号	(C25)	☐
厚度(mm)	150	☐
顶标高(m)	层顶标高	☐
坡度(°)		☐
是否是楼板	是	☐
是否是空心	否	☐
模板类型	复合模板	☐
备注		☐

图 5.17

3）做法套用

①坡屋面的做法套用，如图5.18所示。

②上人屋面做法，如图5.19所示。

构件做法

添加清单 | 添加定额 | 删除 | 查询 ▾ | 项目特征 | 换算 ▾ | 做法刷 | 做法查询 | 提取做法 | 当前构件自动套做法

	编码	类别	名称	项目特征	单位	工程量表达式	表达式说明	单价
1	010902003	借项	屋面刚性层	屋面2：坡屋面 1、满余隔汽保护剂 2、1.5厚彩涂复膜防水层(刷三遍)，撒砂一层粘牢(清单另列项) 3、20厚1:3水泥砂浆找平层 4、40厚现喷硬质发泡聚氨保温层(清单另列项) 5、现浇混凝土屋面板	m2	SPFSMJ	SPFSMJ<水平防水面积>	
2	11-1	借	干混砂浆找平层混凝土或硬基层上20厚		m2	DMJ	DMJ<地面积>	1746.27
3	9-99	借	铝基反光隔热涂料涂刷一遍		m2	SPFSMJ	SPFSMJ<水平防水面积>	282.49
4	010902002	借项	屋面涂膜防水	屋面3：不上人屋面 1.5厚聚氨酯涂膜防水层(刷三遍)，撒砂一层粘牢	m2	SPFSMJ	SPFSMJ<水平防水面积>	
5	9-88	借	聚氨酯防水涂料厚度(mm)1.5平面		m2	SPFSMJ	SPFSMJ<水平防水面积>	3462.52
6	011001001	借项	保温隔热屋面	屋面3：不上人屋面 40厚现喷硬质发泡聚氨保温层	m2	SPFSMJ	SPFSMJ<水平防水面积>	
7	10-31	借	聚氨酯硬泡(喷涂)厚度(mm)40		m2	SPFSMJ	SPFSMJ<水平防水面积>	5106.89

图 5.18

构件做法

添加清单 | 添加定额 | 删除 | 查询 ▾ | 项目特征 | 换算 ▾ | 做法刷 | 做法查询 | 提取做法 | 当前构件自动套做法

	编码	类别	名称	项目特征	单位	工程量表达式	表达式说明	单价
1	010902003	借项	屋面刚性层	屋面1：铺地缸砖保护层上人屋面 1、8~10厚彩色水泥地面防耐地砖，用建筑胶砂浆粘贴，干水泥擦缝 2、3厚纸筋灰隔离层 3、4厚高聚物改性沥青防水卷材(清单另列项) 4、20厚1:3水泥砂浆找平层 5、最薄30厚1:0.2:3.5水泥粉煤灰页岩陶粒找2%坡(清单另列项) 6、40厚现喷硬质发泡聚氨保温层(清单另列项) 7、现浇混凝土屋面板	m2	SPFSMJ	SPFSMJ<水平防水面积>	
2	11-1	借	干混砂浆找平层混凝土或硬基层上20厚		m2	SPFSMJ	SPFSMJ<水平防水面积>	1746.27
3	11-51	借	地砖楼地面(粘结剂铺贴)2400以外密缝		m2	KLDMJ	KLDMJ<块料地面积>	10318.98
4	9-94	借	隔离层纸筋灰		m2	SPFSMJ	SPFSMJ<水平防水面积>	534.64
5	010902001	借项	屋面卷材防水	屋面1：铺地缸砖保护层上人屋面 3厚高聚物改性沥青防水卷材	m2	SPFSMJ	SPFSMJ<水平防水面积>	
6	9-47	借	改性沥青卷材热熔法一层平面		m2	SPFSMJ	SPFSMJ<水平防水面积>	3342.91
7	011001001	借项	保温隔热屋面	屋面1：铺地缸砖保护层上人屋面 最薄30厚1:0.2:3.5水泥粉煤灰页岩陶粒找2%坡	m2	SPFSMJ	SPFSMJ<水平防水面积>	
8	10-45	借	陶粒混凝土		m3	LDMBWMJ*0.03	LDMBWMJ<楼地面保温面积>*0.03	4678.81
9	011001001	借项	保温隔热屋面	屋面1：铺地缸砖保护层上人屋面 40厚现喷硬质发泡聚氨保温层	m2	SPFSMJ	SPFSMJ<水平防水面积>	
10	10-31	借	聚氨酯硬泡(喷涂)厚度(mm)40		m2	SPFSMJ	SPFSMJ<水平防水面积>	5106.89

图 5.19

4)画法讲解

(1)三点定义斜板

单击"三点定义斜板"，选择 WB2，可以看到选中的板边缘变成淡蓝色，如图 5.20 所示。在有数字的地方按照图纸的设计输入标高，如图 5.21 所示，输入标高后一定要记得按"Enter"键保存输入的数据。输入标高后可以看到板上有个箭头表示斜板已经绘制完成，箭头指向标高低的方向，如图 5.22 所示。

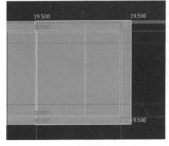

图 5.20

图 5.21

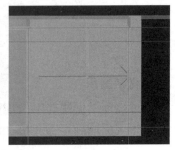

图 5.22

（2）平齐板顶

用鼠标右键单击"平齐板顶"，如图5.23所示，选择梁、墙、柱图元，如图5.24所示，弹出确认对话框询问"是否同时调整手动修改顶标高后的柱、梁、墙的顶标高"，如图5.25所示，单击"是"按钮，然后利用三维查看斜板的效果，如图5.26所示。

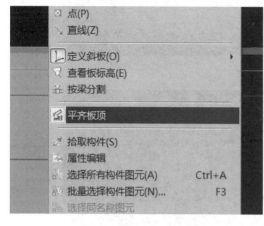

图 5.23

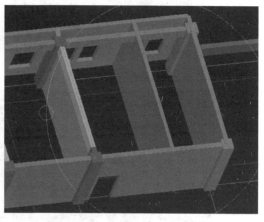

图 5.24

图 5.25

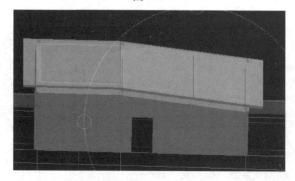

图 5.26

（3）智能布置屋面图元

建立好屋面构件，单击"智能布置"，如图5.27所示，选择外墙内边线，如图5.28所示，布置后的图元如图5.29所示。单击定义屋面卷边，设置屋面卷边。单击"智能布置"→"现浇板",选择机房屋面板,单击"三维"按钮查看布置后的屋面如图 5.30 所示。

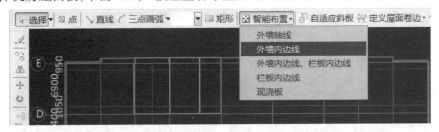

图 5.27

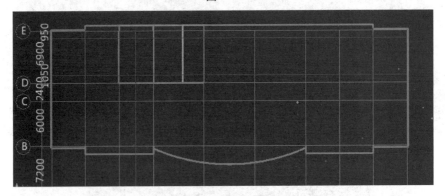

图 5.28

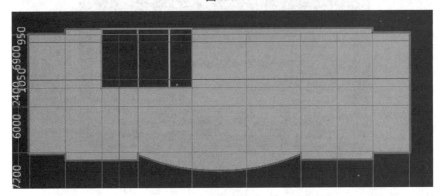

图 5.29

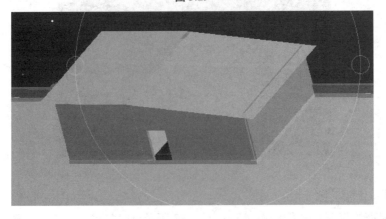

图 5.30

（4）绘制建筑面积图元

绘制矩形机房层建筑面积，绘制建筑面积图元后对比图纸，可以看到机房层的建筑面积并不是一个规则的矩形，单击"分割"→"矩形"，如图5.31所示。

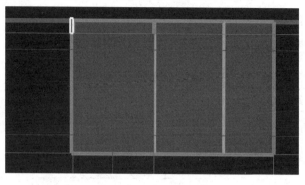

图 5.31

四、任务结果

汇总计算，统计本层砌体墙、现浇柱、墙、梁、板、后浇带、门窗、屋面、天棚、外墙等的清单、定额工程量，见表5.3。

表 5.3　本层砌体墙、现浇柱、墙、梁、板、后浇带、门窗、屋面、天棚、外墙等的清单、定额工程量

序号	编码	项目名称	单位	工程量明细	
				绘图输入	表格输入
		实体项目			
1	010402001002	砌块墙 上部 200 mm 厚直形墙： （1）200 mm 厚陶粒空心砌块墙体：强度不小于 MU10 （2）M5 混合砂浆	m³	24.7008	
	4-55	轻集料（陶粒）混凝土小型空心砌块墙厚 190 mm 干混砌筑砂浆 DM M5.0	m³	24.6788	
2	010402001004	砌块墙 上部 200 mm 厚弧形外墙： （1）250 mm 厚陶粒空心砖及 35 mm 厚聚苯颗粒保温复合墙体 （2）M5 混合砂浆	m³	2.9495	
	4-55 换	轻集料（陶粒）混凝土小型空心砌块墙厚 190 mm 干混砌筑砂浆 DM M5.0 圆弧形砌筑	m³	2.9495	
3	010402001005	砌块墙 上部 200 mm 厚弧形外墙： （1）200 mm 厚陶粒空心砖及 35 mm 厚聚苯颗粒保温复合墙体 （2）M5 混合砂浆	m³	13.1218	
	4-55	轻集料（陶粒）混凝土小型空心砌块 墙厚 190 mm	m³	13.1218	

续表

序号	编码	项目名称	单位	工程量明细 绘图输入	工程量明细 表格输入
4	010502001001	矩形柱 (1)混凝土强度等级:C30 (2)混凝土拌合料要求:泵送商品混凝土	m^3	6.48	
	5-6	矩形柱、异形柱、圆形柱 泵送商品混凝土 C30	$10\ m^3$	0.648	
5	010502002001	构造柱 (1)混凝土强度等级:C25 (2)混凝土拌合料要求:非泵送商品混凝土	m^3	2.7077	
	5-7	构造柱 非泵送商品混凝土 C25	$10\ m^3$	0.27077	
6	010503002002	矩形梁 (1)混凝土强度等级:C25 (2)混凝土拌合料要求:泵送商品混凝土	m^3	6.0513	
	5-9	矩形梁、异形梁、弧形梁 泵送商品混凝土 C25	$10\ m^3$	0.60513	
7	010503005001	过梁 (1)混凝土强度等级:C25 (2)混凝土拌合料要求:非泵送商品混凝土	m^3	0.357	
	5-10	圈梁、过梁、拱形梁 非泵送商品混凝土 C25	$10\ m^3$	0.0357	
8	010504001002	直形墙 10 cm 以上直形混凝土墙 (1)混凝土强度等级:C30 (2)混凝土拌合料要求:泵送商品混凝土	m^3	0.9135	
	5-14	直形、弧形墙墙厚 10 cm 以上 泵送商品混凝土 C30	m^3	0.9135	
9	010504001002	直形墙 10 cm 以上直形混凝土墙 (1)混凝土强度等级:C25 (2)混凝土拌合料要求:泵送商品混凝土	m^3	9.2453	
	5-14	直形、弧形墙墙厚 10 cm 以上 泵送商品混凝土 C25	m^3	9.2453	
10	010505003001	平板 (1)混凝土强度等级:C25 (2)混凝土拌合料要求:泵送商品混凝土	m^3	18.7093	
	5-16	平板 泵送商品混凝土 C25	$10\ m^3$	1.89605	
11	010505006001	栏板 (1)混凝土强度等级:C30 (2)混凝土拌合料要求:泵送商品混凝土	m^3	0.4738	
	5-20	栏板 泵送商品混凝土 C30	m^3	0.4738	

序号	编码	项目名称	单位	工程量明细	
				绘图输入	表格输入
12	010507005001	扶手、压顶 (1)混凝土强度等级:C25 (2)混凝土拌合料要求:非泵送商品混凝土	m³	6.419	
	5-27 换	扶手、压顶 非泵送商品混凝土 C25	m³	6.419	
13	010802001003	金属(塑钢)门 铝塑上悬窗(LC5):1200 mm×1800 mm (1)单层框中空玻璃 (2)包括制作、安装、运输、配件、油漆等 (3)详见图纸	樘	2	
	8-112	隔热断桥铝合金内平开下悬-(LC5):1200 mm×1800 mm	100 m²	0.0432	
14	010802001003	金属(塑钢)门 铝塑上悬窗(LC4):900 mm×1800 mm (1)单层框中空玻璃 (2)包括制作、安装、运输、配件、油漆等 (3)详见图纸	樘	4	
	8-112	隔热断桥铝合金内平开下悬-(LC4):900 mm×1800 mm	100 m²	0.0648	
15	010802003001	钢质防火门 (1)钢质乙级防火门(YFM1):1200 mm×2100 mm (2)含闭门器、顺位器、门锁、防火烟条、合页等所有五金配件及油漆,综合考虑门尺寸	樘	2	
	8-186	闭门器明装	个	2	
	8-188	顺位器	个	2	
	8-48	钢质防火门安装 钢质乙级防火门	100 m²	0.0504	
16	010902001001	屋面卷材防水 3 mm 厚高聚物改性沥青防水卷材	m²	758.3157	
	9-47 换	改性沥青卷材热熔法一层平面 3 mm 厚高聚物改性沥青防水卷材	m²	758.3157	
17	010902003001	屋面刚性层 屋面 1:铺地缸砖保护层上人屋面 (1)8~10 mm 厚彩色水泥釉面防滑地砖,用建筑胶砂浆粘贴,干水泥擦缝 (2)3 mm 厚纸筋灰隔离层 (3)3 mm 厚高聚物改性沥青防水卷材(清单另列项) (4)20 mm 厚 1:3 水泥砂浆找平层 (5)最薄 30 mm 厚 1:0.2:3.5 水泥粉煤灰页岩陶粒 找2%坡(清单另列项) (6)40 mm 厚现喷硬质发泡聚氨酯保温层(清单另列项) (7)现浇混凝土屋面板	m²	758.3157	
	11-1	干混砂浆找平层混凝土或硬基层上 20 mm 厚 干混地面砂浆 DS M20.0	m²	758.3157	
	11-51 换	地砖楼地面(黏结剂铺贴)周长 2400 mm 以外密缝 8~10 mm 厚彩色水泥釉面防滑地砖 800 mm×800 mm	m²	758.3157	
	9-94	隔离层纸筋灰	m²	758.3157	

续表

序号	编码	项目名称	单位	工程量明细	
				绘图输入	表格输入
18	011001001001	保温隔热屋面 40 mm 厚现喷硬质发泡聚氨保温层	m²	758.3157	
	10-31	聚氨酯硬泡(喷涂)厚度 40 mm	m²	758.3157	
19	011001001002	保温隔热屋面 屋面最薄 30 mm 厚 1:0.2:3.5 水泥粉煤灰页岩陶粒 找 2%坡	m²	758.3157	
	10-45	陶粒混凝土	m³	81.8981	
20	011102003002	块料楼地面 楼面 1:防滑地砖楼面(砖采用 400 mm×400 mm) (1)5~10 mm 厚防滑地砖,稀水泥浆擦缝 (2)6 mm 厚建筑胶水泥砂浆黏结层 (3)素水泥浆一道(内掺建筑胶) (4)20 mm 厚 1:3 水泥砂浆找平层 (5)素水泥浆一道(内掺建筑胶)	m²	83.7626	
	11-1	干混砂浆找平层混凝土或硬基层上 20 mm 厚 干混地面砂浆 DS M20.0	m²	83.7626	
	11-49 换	地砖楼地面(黏结剂铺贴)周长 2000 mm 以内密缝 防滑地砖 400 mm×400 mm	m²	83.7626	
	11-4 换	素水泥浆一道 107 胶纯水泥浆	m²	83.7626	
21	011105003001	块料踢脚线 踢脚 2:地砖踢脚(用 400 mm×100 mm 深色地砖,高度为 100 mm) (1)5~10 mm 厚防滑地砖踢脚,稀水泥浆擦缝 (2)8 mm 厚 1:2 水泥砂浆(内掺建筑胶)黏结层 (3)5 mm 厚 1:3 水泥砂浆打底扫毛或划出纹道	m²	12.5102	
	11-97	踢脚线陶瓷地面砖干混砂浆铺贴 防滑地砖综合	m²	12.5102	
22	011204003001	块料墙面 内墙面 2:瓷砖墙面(面层用 200 mm×300 mm 高级面砖) (1)白水泥擦缝 (2)5 mm 厚釉面砖面层(粘前先将釉面砖浸水两小时以上) (3)5 mm 厚 1:2 建筑水泥砂浆黏结层 (4)素水泥浆一道 (5)6 mm 厚 1:2.5 水泥砂浆打底压实抹平 (6)涂塑中碱玻璃纤维网格布一层	m²	222.6473	
	12-16×0.4 换	墙面打底找平厚 15 mm 干混抹灰砂浆 DP M15.0	m²	222.6473	
	12-17	墙面刷素水泥浆无 107 胶	m²	222.6473	
	12-48 换	瓷砖墙面(干混砂浆)周长 1200 mm 以内 高级面砖 200 mm×300 mm	m²	222.6473	
	12-7	墙面贴玻纤网格布	m²	222.6473	

五、总结拓展

线性构件起点顶标高与终点顶标高不一样时,梁的情况就如图 5.32 所示。如果这样的梁不在斜板下时,就不能应用"平齐板顶",需要对梁的起点顶标高和终点顶标高进行编辑,达到图纸上的设计要求。

图 5.32

按键盘上的"~"键,显示构件的图元方向。选中梁,单击"属性",注意梁的起点顶标高和终点顶标高都是顶板顶标高。假设梁的起点顶标高为 18.6 m,我们对这道梁构件的属性进行编辑,如图 5.33 所示,单击"三维"查看三维效果,如图 5.34 所示。

属性名称	属性值	附加
名称	WKL-1	
类别1	框架梁	☐
类别2		☐
材质	预拌混凝	☐
砼类型	(预拌砼)	☐
砼标号	(C25)	☐
截面宽度(	250	☑
截面高度(	600	☑
截面面积(m	0.15	☐
截面周长(m	1.7	☐
起点顶标高	18.6	☐
终点顶标高	层顶标高	☐
轴线距梁左	(125)	☐
砖胎膜厚度	0	☐
是否计算单	否	☐
图元形状	矩形	☐
模板类型	复合模板	☐

图 5.33

图 5.34

6 地下一层工程量计算

通过本章的学习,你将能够:

(1)分析地下层要计算哪些构件;

(2)各构件需要计算哪些工程量;

(3)地下层构件与其他层构件定义与绘制的区别;

(4)计算并统计地下一层工程量。

6.1 地下一层柱的工程量计算

通过本节的学习,你将能够:

(1)分析本层归类到剪力墙的构件;

(2)掌握异形柱的属性定义及做法套用功能;

(3)绘制异形柱图元;

(4)统计本层柱的工程量。

一、任务说明

①完成地下一层柱的构件属性定义、做法套用及绘制。

②汇总计算,统计地下一层柱的工程量。

二、任务分析

①地下一层都有哪些需要计算框架柱、圆形柱、圆形框架柱、异形端柱的构件工程量?

②地下一层中有哪些柱构件不需要绘制?

三、任务实施

1)图纸分析

分析结施-4、结施-6,可以从柱表得到柱的截面信息,本层包括矩形框架柱、圆形框架柱及异形端柱。

③轴与④轴之间以及⑦轴上的 GJZ1,GJZ2,GYZ1,GYZ2,GYZ3,GAZ1,这些柱构件包含在剪力墙中,图形算量时属于剪力墙内部构件的,归到剪力墙中,在绘图时不需要单独绘制,

因此本层需要绘制的柱的主要信息见表6.1。

表6.1　柱

序号	类型	名称	混凝土标号	截面尺寸(mm)	标高	备注
1	矩形框架柱	KZ1	C30	600×600	−4.300～−0.100	
		KZ3	C30	600×600	−4.300～−0.100	
2	圆形框架柱	KZ2	C30	$D=850$	−4.300～−0.100	
3	异形端柱	GDZ1	C30	详见结施-14 柱截面尺寸	−4.300～−0.100	
		GDZ2	C30		−4.300～−0.100	
		GDZ3	C30		−4.300～−0.100	
		GDZ4	C30		−4.300～−0.100	
		GDZ5	C30		−4.300～−0.100	
		GDZ6	C30		−4.300～−0.100	

2)柱的定义

本层 GDZ3,GDZ5,GDZ6 属性定义在参数化端柱里找不到类似的参数图,需要考虑用另一种方法来定义,新建柱中除了可以建立矩形、圆形、参数化柱外,还可以建立异形柱,因此,这些 GDZ3,GDZ5,GDZ6 柱需要在异形柱中建立。

①首先根据柱的尺寸需要定义网格,单击新建异形柱,在弹出窗口中输入想要的网格尺寸,单击"确定"按钮即可,如图6.1所示。

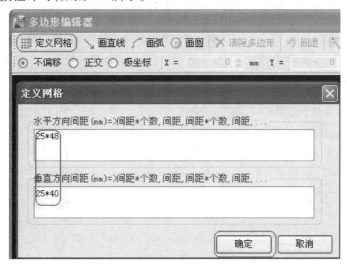

图6.1

②用画直线或画弧线的方式绘制想要的参数图,以 GDZ3 为例,如图6.2所示。

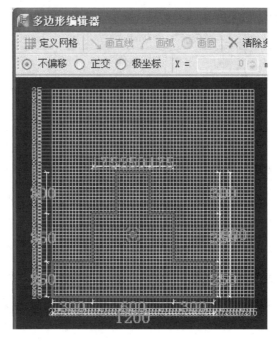

图 6.2

3) 做法套用

柱的做法可以将一层柱的做法利用"做法刷"按下列步骤复制即可,如图 6.3 所示。

图 6.3

①将 GDZ1 按照图 6.3 套用好做法,选择"GDZ1"→"定义"→"GDZ1 的做法"→"做法刷"。

②弹出"做法刷"对话框,选择"−1 层"→"柱",选择与首层 GDZ1 做法相同的柱,单击"确定"按钮即可将本层与首层 GDZ1 做法相同的柱定义好做法。

③可使用相同方法将 KZ1,KZ2,KZ3 套用做法。

四、任务结果

①用上述建立异形柱的方法重新定义本层异形柱,并绘制本层柱图元。

②汇总计算,统计本层的柱、剪力墙暗柱的清单、定额工程量,见表 6.2。

表 6.2 地下室的柱、剪力墙暗柱的清单、定额工程量

序号	编码	项目名称	单位	工程量明细	
				绘图输入	表格输入
实体项目					
1	010502001001	矩形柱 (1)混凝土强度等级:C30 (2)混凝土拌合料要求:泵送商品混凝土	m³	15.636	
	5-6	矩形柱、异形柱、圆形柱 泵送商品混凝土 C30	10 m³	1.5636	
2	010502003001	异形柱 (1)混凝土强度等级:C30 (2)混凝土拌合料要求:泵送商品混凝土	m³	4.1128	
	5-6	矩形柱、异形柱、圆形柱 泵送商品混凝土 C30	m³	4.1128	
措施项目					
1	011702002002	矩形柱 现浇混凝土矩形柱 复合木模 支模高度 4.6 m	m²	101.386	
	5-119	矩形柱复合木模 柱支模超高每增加 1 m 钢、木模 支模高度 4.6 m	100 m²	1.01386	
2	011702004002	异形柱 现浇混凝土圆形柱 复合木模 支模高度 4.6 m	m²	19.0102	

五、总结拓展

①在绘制异形图时应遵循一个原则:无论是直线还是弧线,都需要一次围成封闭区域,围成封闭区域后不能在这个网格上再绘制任何图形。

②本层 GDZ5 在异形柱里是不能精确定义的,很多人在绘制这个图时会产生错觉,认为绘制直线后再绘制弧线即可,其实不然,图纸给的尺寸是矩形部分的边线到圆形部分的切线距离为 300 mm,并非到与弧线的交点部分为 300 mm。如果要精确绘制,必须先将这个距离手算出来后定义网格才能绘制。

③前面已讲述的这些柱是归到墙里计算的,因为需要准确的量,所以可以灵活变通,定义一个圆形柱即可。

6.2 地下一层剪力墙工程量计算

通过本节的学习,你将能够:

(1)分析本层归类到剪力墙的构件;

(2)熟练运用构件的层间复制并掌握做法刷的使用;

(3)绘制剪力墙图元;

(4)统计本层剪力墙的工程量。

一、任务说明

①完成地下一层剪力墙的属性定义、做法套用及绘制。

②汇总计算,统计地下一层剪力墙的工程量。

二、任务分析

①地下一层剪力墙的构件与首层有什么不同?

②地下一层中有哪些剪力墙构件不需要绘制?

三、任务实施

1)分析图纸

(1)分析剪力墙

分析结施-4,见表6.3。

表 6.3 剪力墙

序号	类型	名称	混凝土标号	墙厚(mm)	标高	备注
1	外墙	WQ1	C30	250	−4.3～−0.1	
2	内墙	Q1	C30	250	−4.3～−0.1	
3	内墙	Q2	C30	200	−4.3～−0.1	

(2)分析连梁

连梁是剪力墙的一部分。

①结施-4 中,①轴和⑩轴的剪力墙上有 LL4 尺寸 250 mm×1200 mm,梁顶标高为−3.0 mm;在剪力墙里连梁是归到墙中的,所以不用绘制 LL4,直接绘制外墙 WQ1 即可。

②结施-4中,④轴和⑦轴的剪力墙上有LL1,LL2,LL3,连梁下方有门和墙洞,在绘制墙时可直接通画绘制墙,不用绘制LL1,LL2,LL3,到绘制门窗时将门和墙洞绘制上即可。

(3)分析暗梁、暗柱

暗梁、暗柱是剪力墙的一部分,结施-4中的暗梁布置图则不再进行绘制,类似GAZ1和墙厚一样的暗柱,此位置的剪力墙通长绘制,GAZ1不再进行绘制。类似外墙上GDZ1这样的暗柱,我们将其定义为异形柱并进行绘制,在做法套用时按照剪力墙的做法套用清单、定额。

2)剪力墙的属性定义

①本层剪力墙的属性定义与首层相同,参照首层剪力墙的属性定义。

②本层剪力墙可以不重新定义,而是直接将首层剪力墙构件复制过来,具体操作步骤如下:

a.切换到绘图界面,单击菜单栏"构件"→"从其他楼层复制构件",如图6.4所示。

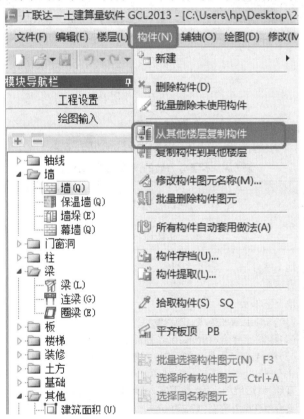

图6.4

b.选择本层需要复制的构件,同时复制构件的做法,如图6.5所示,单击"确定"按钮,但⑨轴与⑪轴之间的200 mm厚混凝土墙没有复制过来,需要重新建立属性。这样本层的剪力墙就全部建立好了。

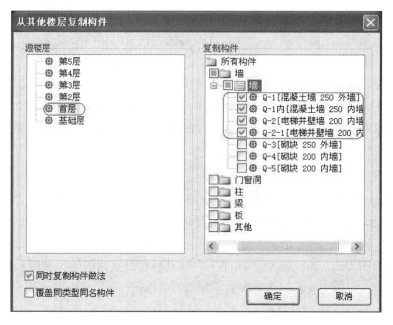

图 6.5

四、任务结果

①参照上述方法重新定义并绘制本层剪力墙。

②汇总计算,统计本层剪力墙的清单、定额工程量,见表 6.4。

表 6.4　本层剪力墙的清单、定额工程量

序号	编码	项目名称	单位	工程量明细	
				绘图输入	表格输入
		实体项目			
1	010504001001	地下室外墙 直形墙 地下室外墙 (1)混凝土强度等级:C30 P6 (2)混凝土拌合料要求:泵送商品混凝土 (3)HEA 型防水外加剂,掺量为水泥用量的 8%	m³	172.9883	
	5-15	直形、弧形墙挡土墙、地下室外墙 泵送防水商品混凝土 C30/P6 坍落度(12±3)cm 直形墙	10 m³	17.29883	
2	010504001002	10 cm 以上直形混凝土墙 (1)混凝土强度等级:C30 (2)混凝土拌合料要求:泵送商品混凝土	m³	31.0714	
	5-14	直形、弧形墙墙厚 10 cm 以上 泵送商品混凝土 C30	m³	31.0714	

续表

序号	编码	项目名称	单位	工程量明细	
				绘图输入	表格输入
措施项目					
1	011702011001	地下室外墙 直形墙 现浇混凝土 地下室外墙 复合木模 支模高度 3.6 m	m²	1286.3837	
	5-157	直形地下室外墙复合木模 六角带帽螺栓	100 m²	12.863837	

五、总结拓展

本层剪力墙的外墙大部分都是偏轴线外 175 mm,如果每段墙都用偏移方法绘制比较麻烦。在第 2.6.1 节中柱的位置是固定好的,因此,可先在轴线上绘制外剪力墙,绘制完后利用对齐功能将墙的外边线与柱的外边线对齐即可。

6.3 地下一层梁、板、填充墙工程量计算

通过本节的学习,你将能够:
统计本层梁、板及填充墙的工程量。

一、任务说明

①完成地下一层梁、板及填充墙的属性定义、做法套用及绘制。
②汇总计算,统计地下一层梁、板及填充墙的工程量。

二、任务分析

地下一层梁、板、填充墙的构件与首层有什么不同?

三、任务实施

1) 图纸分析
①分析图纸结施-7,从左至右、从上至下本层有框架梁、非框架梁和悬梁 3 种。
②分析框架梁 KL1~KL6,非框架梁 L1~L11,悬挑梁 XL1,主要信息见表 6.5。

表 6.5 梁

序号	类型	名称	混凝土标号	截面尺寸(mm)	顶标高	备注
1	框架梁	KL1	C30	250×500 250×650	层顶标高	与首层相同
		KL2	C30	250×500 250×650	层顶标高	与首层相同
		KL3	C30	250×500	层顶标高	属性相同 位置不同
		KL4	C30	250×500	层顶标高	属性相同 位置不同
		KL5	C30	250×500	层顶标高	属性相同 位置不同
		KL6	C30	250×650	层顶标高	
2	非框架梁	L1	C30	250×500	层顶标高	属性相同 位置不同
		L2	C30	250×500	层顶标高	属性相同 位置不同
		L3	C30	250×500	层顶标高	属性相同 位置不同
		L4	C30	200×400	层顶标高	
		L5	C30	250×600	层顶标高	与首层相同
		L6	C30	250×400	层顶标高	与首层相同
		L7	C30	250×600	层顶标高	与首层相同
		L8	C30	200×400	层顶标高	与首层相同
		L9	C30	250×600	层顶标高	与首层相同
		L10	C30	200×400	层顶标高	与首层相同
		L11	C30	250×400 200×400	层顶标高	
3	悬挑梁	XL1	C30	250×500	层顶标高	与首层相同

③分析结施-11,可以从板平面图得到板的截面信息,主要见表6.6。

表 6.6 板

序号	类型	名称	混凝土标号	板厚 h(mm)	板顶标高	备注
1	楼板	LB1	C30	180	层顶标高	
2	其他板	FB1	C30	300	层顶标高	
		YXB1	C30	180	层顶标高	

④分析建施-0、建施-2、建施-9,见表6.7。

表 6.7　填充墙

序号	类型	砌筑砂浆	材质	墙厚(mm)	标高	备注
1	框架间墙	M5 的混合砂浆	陶粒空心砖	200	-4.3～-0.1	梁下墙
2	砌块内墙	M5 的混合砂浆	陶粒空心砖	200	-4.3～-0.1	

四、任务结果

汇总计算,统计本层梁、板、填充墙的清单、定额工程量,见表6.8。

表 6.8　本层梁、板、填充墙的清单、定额工程量

序号	编码	项目名称	单位	工程量明细	
				绘图输入	表格输入
实体项目					
1	010402001002	砌块墙 地下室 200 mm 厚直形墙: (1)200 mm 厚陶粒空心砌块墙体:强度不小于 MU10 (2)M5 水泥砂浆	m³	62.9388	
	4-55	轻集料(陶粒)混凝土小型空心砌块墙厚 190 mm 干混砌筑砂浆 DM M5.0	m³	62.9222	
2	010503002002	矩形梁 (1)混凝土强度等级:C30 P6 (2)混凝土拌合料要求:泵送商品混凝土 (3)HEA 型防水外加剂,掺量为水泥用量的 8%	m³	43.923	
	5-9	矩形梁、异形梁、弧形梁 泵送商品混凝土 C30	10 m³	4.3923	
3	010505003001	平板 (1)混凝土强度等级:C30 (2)混凝土拌合料要求:泵送商品混凝土	m³	146.7684	
	5-16	平板 泵送商品混凝土 C30	10 m³	14.7738	
措施项目					
1	011702006002	矩形梁 现浇混凝土 矩形梁 复合木模 支模高度 4.6 m	m²	330.6466	
	5-131	矩形梁复合木模	100 m²	3.306466	
2	011702016003	平板 现浇混凝土 板 复合木模 支模高度 4.6 m	m²	834.8619	

6.4 地下一层门洞口、圈梁、构造柱工程量计算

通过本节的学习,你将能够:
统计地下一层的门洞口、圈梁、构造柱的工程量。

一、任务说明

①完成地下一层门洞口、圈梁、构造柱的属性定义、做法套用及绘制。
②汇总计算,统计地下一层门洞口、圈梁、构造柱的工程量。

二、任务分析

地下一层门洞口、圈梁、构造柱与首层有什么不同?

三、任务实施

1)分析图纸

分析建施-2、结施-4,见表6.9。

表 6.9　门洞口

序号	名称	数量(个)	宽(mm)	高(mm)	离地高度(mm)	备注
1	M1	2	1000	2100	800	
2	M2	2	1500	2100	800	
3	JFM1	1	1000	2100	800	
4	JFM2	1	1800	2100	800	
5	YFM1	1	1200	2100	800	
6	JXM1	1	1200	2000	800	
7	JXM2	1	1200	2000	800	
8	电梯门洞	2	1200	1900	700	
9	走廊洞口	2	1800	2000	700	
10	⑦轴墙洞	1	2000	2000	700	
11	消火栓箱	1	750	1650	950	

2）门洞口的属性定义与做法套用

①本层 M1，M2，YFM1，JXM1，JXM2 与首层属性相同，只是离地高度不一样，可将构件复制过来，根据分析图纸内容修改离地高度即可。复制构件的方法同填充墙构件的复制方法，这里不再赘述。

②本层 JFM1，JFM2 是甲级防火门，与首层 YFM1 乙级防火门的属性定义相同，套用做法也一样。

四、任务结果

汇总计算，统计本层门洞口、圈梁、过梁、构造柱的清单、定额工程量，见表 6.10。

表 6.10　门洞口、圈梁、过梁、构造柱的清单、定额工程量

序号	编码	项目名称	单位	工程量明细	
				绘图输入	表格输入
		实体项目			
1	010801001001	木质门 木质夹板门 M1：尺寸 1000 mm×2100 mm	樘	2	
	8-6	无亮胶合板门-M1：尺寸 1000 mm×2100 mm	100 m²	0.042	
2	010801001002	木质门 木质夹板门 M2：尺寸 1500 mm×2100 mm	樘	2	
	8-6	无亮胶合板门-M2：尺寸 1500 mm×2100 mm	100 m²	0.063	
3	010502002001	构造柱 （1）混凝土强度等级：C25 （2）混凝土拌合料要求：非泵送商品混凝土	m³	3.0877	
	5-7	构造柱 非泵送商品混凝土 C25	10 m³	0.30877	
4	010503005001	过梁 （1）混凝土强度等级：C25 （2）混凝土拌合料要求：非泵送商品混凝土	m³	0.6331	
	5-10	圈梁、过梁、拱形梁 非泵送商品混凝土 C25	10 m³	0.06331	
5	010801004001	木质防火门 （1）木质丙级防火检修门（JXM2）：1200 mm×2000 mm （2）含闭门器、顺位器、门锁、防火烟条、合页等所有五金配件及油漆，综合考虑门尺寸	樘	2	
	8-186	闭门器明装	个	2	
	8-188	顺位器	个	2	
	8-37	木质防火门安装 木质丙级防火检修门	100 m²	0.0504	

续表

序号	编码	项目名称	单位	工程量明细	
				绘图输入	表格输入
6	010801004001	木质防火门 (1)木质丙级防火检修门(JXM1):550 mm×2000 mm (2)含闭门器、顺位器、门锁、防火烟条、合页等所有五金配件及油漆,综合考虑门尺寸	樘	1	
	8-186	闭门器明装	个	1	
	8-188	顺位器	个	1	
	8-37	木质防火门安装 木质丙级防火检修门	100 m²	0.01155	
7	010802003001	钢质防火门 (1)钢质乙级防火门(YFM1):1200 mm×2100 mm (2)含闭门器、顺位器、门锁、防火烟条、合页等所有五金配件及油漆,综合考虑门尺寸	樘	1	
	8-186	闭门器明装	个	1	
	8-188	顺位器	个	1	
	8-48	钢质防火门安装 钢质乙级防火门	100 m²	0.0252	
8	010802003001	钢质防火门 (1)钢质甲级防火门(JFM2):1800 mm×2100 mm (2)含闭门器、顺位器、门锁、防火烟条、合页等所有五金配件及油漆,综合考虑门尺寸	樘	1	
	8-186	闭门器明装	个	1	
	8-188	顺位器	个	1	
	8-48	钢质防火门安装 钢质甲级防火门	100 m²	0.0378	
9	010802003001	钢质防火门 (1)钢质甲级防火门(JFM1):1000 mm×2000 mm (2)含闭门器、顺位器、门锁、防火烟条、合页等所有五金配件及油漆,综合考虑门尺寸	樘	1	
	8-186	闭门器明装	个	1	
	8-188	顺位器	个	1	
	8-48	钢质防火门安装 钢质甲级防火门	100 m²	0.021	
措施项目					
1	011702003001	构造柱 现浇混凝土 构造柱	m²	34.9443	
	5-123	构造柱模板	100 m²	0.349443	
2	011702009001	过梁 现浇混凝土 直形过梁 复合木模	m²	9.3202	
	5-140	直形圈过梁复合木模	100 m²	0.093202	

6.5 地下室后浇带、坡道、地沟的工程量计算

通过本节的学习,你将能够:
(1)定义后浇带、坡道、地沟;
(2)依据定额、清单分析坡道、地沟需要计算的工程量。

一、任务说明

①完成地下一层工程后浇带、坡道、地沟的属性定义、做法套用及绘制。
②汇总计算,统计地下一层后浇带、坡道、地沟的工程量。

二、任务分析

①地下一层坡道、地沟的所在位置及构件尺寸。
②坡道、地沟的定义、做法套用有什么特殊性?

三、任务实施

1)分析图纸

①分析结施-7,可从板平面图得到后浇带的截面信息,本层只有一条后浇带,后浇带宽度为800 mm,分布在⑤轴与⑥轴之间,距离⑤轴的距离为1000 mm,可从首层复制。

②在坡道的底部和顶部均有一个截面为450 mm×700 mm的截水沟。

③坡道的坡度为$i=5$,板厚200 mm,垫层厚度为100 mm。

2)构件定义

(1)坡道的定义

①定义一块筏板基础,标高暂定为-4.4 m,如图6.6所示。

属性名称	属性值	附加
名称	坡道	
材质	预拌混凝	
砼类型	(抗渗砼)	
砼标号	(C25)	
厚度(mm)	200	
顶标高(m)	层底标高+	
底标高(m)	层底标高	
模板类型	复合模板	
砖胎膜厚度	0	
备注		

图 6.6

属性名称	属性值	附加
名称	DC-1	
材质	预拌混凝	
砼类型	预拌砼	
砼标号	(C15)	
形状	面型	
厚度(mm)	100	
顶标高(m)	基础底标	
备注		

图 6.7

②定义一个面式垫层,如图 6.7 所示。

(2)截水沟的定义

用软件建立地沟时,默认地沟为 4 个部分组成,要建立一个完整的地沟,需要建立 4 个地沟单元,分别为地沟底板、顶板和两个侧板。

①单击定义矩形地沟单元,此时定义为截水沟的底板,其属性根据结施-3 进行定义,如图 6.8 所示。

属性名称	属性值	附加
名称	DG-1-1	
类别	底板	☑
材质	预拌混凝	
砼类型	预拌砼	
砼标号	(C25)	
截面宽度(	600	
截面高度(	100	
截面面积(m	0.06	
相对底标高	0	
相对偏心距	0	
备注		

图 6.8

属性名称	属性值	附加
名称	DG-1-2	
类别	盖板	☑
材质	预拌混凝	
砼类型	预拌砼	
砼标号	(C25)	
截面宽度(	500	
截面高度(	50	
截面面积(m	0.025	
相对底标高	0.65	
相对偏心距	0	
备注		

图 6.9

②单击定义矩形地沟单元,此时定义为截水沟的顶板,其属性根据结施-3 进行定义,如图 6.9 所示。

③单击定义矩形地沟单元,此时定义为截水沟的左侧板,其属性根据结施-3 进行定义,如图 6.10 所示。

属性名称	属性值	附加
名称	DG-1-3	
类别	侧壁	☑
材质	预拌混凝	
砼类型	预拌砼	
砼标号	(C25)	
截面宽度(	100	
截面高度(	700	
截面面积(m	0.07	
相对底标高	0	
相对偏心距	250	
备注		

图 6.10

属性名称	属性值	附加
名称	DG-1-4	
类别	侧壁	☑
材质	预拌混凝	
砼类型	预拌砼	
砼标号	(C25)	
截面宽度(	100	
截面高度(	700	
截面面积(m	0.07	
相对底标高	0	
相对偏心距	-250	
备注		

图 6.11

④单击定义矩形地沟单元,此时定义为截水沟的右侧板,其属性根据结施-3 进行定义,如图 6.11 所示。

3)做法套用

①坡道做法套用,如图 6.12 所示。

图 6.12

②地沟做法套用,如图 6.13 所示。

图 6.13

4)画法讲解

①后浇带画法参照前面后浇带画法。

②地沟使用直线绘制即可。

③坡道。

a.按图纸尺寸绘制上述定义的筏板和垫层;

b."三点定义斜筏板"绘制⑨~⑪轴坡道处的筏板。

四、任务结果

汇总计算,统计本层后浇带、坡道、地沟的清单、定额工程量,见表 6.11。

表 6.11 本层后浇带、坡道、地沟的清单、定额工程量

序号	编码	项目名称	单位	工程量明细	
				绘图输入	表格输入
实体项目					
1	010507001002	散水、坡道 坡道 部位:自行车库坡道	m²	65.5454	
	17-179	墙脚护坡混凝土面	100 m²	0.655454	
2	010507003001	电缆沟、地沟 混凝土种类:C25	m	6.9492	
	17-182	明沟混凝土	10 m	0.69492	
3	010501001001	垫层 (1)混凝土强度等级:C15 (2)混凝土拌合料要求:非泵送商品混凝土	m³	6.3916	
	5-1	垫层 非泵送商品混凝土 C15	10 m³	0.63916	

续表

序号	编码	项目名称	单位	工程量明细	
				绘图输入	表格输入
4	010508001002	后浇带 梁板后浇带 20 cm 以内： （1）混凝土强度等级：C30 P6 （2）混凝土拌合料要求：泵送商品混凝土 （3）HEA 型防水外加剂，掺量为水泥用量的 12%	m³	3.5268	
	5-31 换	后浇带梁、板 板厚 20 cm 以内 泵送防水商品混凝土 C35/P6 坍落度（12±3）cm	m³	3.5268	
5	010508001003	后浇带 混凝土墙后浇带 20 cm 以内： （1）混凝土强度等级：C30 P6 （2）混凝土拌合料要求：泵送商品混凝土 （3）HEA 型防水外加剂，掺量为水泥用量的 12%	m³	1.72	
	5-33 换	后浇带墙 泵送防水商品混凝土 C35/P6 坍落度（12±3）cm	m³	1.72	
6	011702030002	后浇带 梁板 20 cm 以内后浇带模板增加费	m²	22.188	

7 基础层工程量计算

通过本节的学习,你将能够:

(1)分析基础层需要计算的内容;

(2)定义筏板、集水坑、基础梁、土方等构件属性,进行正确的做法套用;

(3)统计基础层工程量。

筏板、垫层工程量计算

通过本节的学习,你将能够:

(1)依据定额、清单分析筏板、垫层的计算规则,确定计算内容;

(2)定义基础筏板、垫层、集水坑,并进行正确的做法套用;

(3)绘制基础筏板、垫层、集水坑;

(4)统计基础筏板(含集水坑)、垫层、集水坑工程量。

一、任务说明

①完成基础层工程筏板、垫层的属性定义、做法套用及绘制。

②汇总计算,统计基础层基础筏板、垫层的工程量。

二、任务分析

①基础层都有哪些需要计算的构件工程量? 筏板、垫层、集水坑、防水工程等。

②筏板、垫层、集水坑、防水如何定义和绘制?

③防水如何套用做法?

三、任务实施

1)分析图纸

①分析结施-3,本工程筏板厚度为 500 mm,混凝土标号为 C30,由建施-0 中第四条防水设计可知,地下防水为防水卷材与钢筋混凝土自防水两道设防,可知筏板的混凝土为预拌抗渗混凝土 C30,由结施-1 第八条可知抗渗等级为 P8,由结施-3 可知筏板底标高为基础层底标高(-4.9 m)。

②本工程基础垫层厚度为 100 mm,混凝土标号为 C10,顶标高为基础底标高,出边距离为 100 mm。

③本层有两个 JSK1,一个 JSK2。

JSK1 截面为 2250 mm×2200 mm,坑板顶标高为-5.5 m,底板厚度为 800 mm,底板出边宽度为 400 mm,混凝土标号为 C30,放坡角度为 45°。

JSK1 截面为 1000 mm×1000 mm,坑板顶标高为-5.4 m,底板厚度为 500 mm,底板出边宽度为 400 mm,混凝土标号为 C30,放坡角度为 45°。

集水坑垫层厚度为 100 mm。

2)清单、定额计算规则学习

(1)清单计算规则

筏板、垫层清单计算规则,见表 7.1。

表 7.1　筏板、垫层清单计算规则

编号	项目名称	单位	计算规则
010501004	满堂基础	m³	按设计图示尺寸以体积计算。不扣除伸入承台基础的桩头所占体积
011702001	基础	m²	按模板与现浇混凝土构件的接触面积计算
010904001	基础底板卷材防水	m²	按设计图示尺寸以面积计算。 (1)楼(地)面防水:按主墙间净空面积计算,扣除凸出地面的构筑物、设备基础等所占面积,不扣除间壁墙及单个面积≤0.3 m² 柱、垛、烟囱和孔洞所占面积 (2)楼(地)面防水反边高度≤300 mm 算作地面防水,反边高度>300 mm 按墙面防水计算
010501001	垫层	m³	按设计图示尺寸以体积计算

(2)定额计算规则

筏板、垫层定额计算规则,见表 7.2。

表 7.2　筏板、垫层定额计算规则

编号	项目名称	单位	计算规则
5-4	现浇混凝土满堂基础	m³	按设计图示尺寸以体积计算,局部加深部分并入满堂基础体积内
5-107	满堂基础复合模板	m²	按设计图示尺寸以面积计算
9-47	基础及楼(地)面防水、防潮 SBS 改性沥青卷材满堂红基础筏板	m²	按设计图示尺寸以面积计算
9-49	基础及楼(地)面防水、防潮 SBS 改性沥青卷材满堂红基础每增一层	m²	按设计图示尺寸以面积计算
11-5	楼地面整体面层细石混凝土楼地面厚度 35 mm	m²	按设计图示尺寸以面积计算
11-8	楼地面找平层 DS 砂浆平面厚度 20 mm 硬基层上	m²	按设计图示尺寸以面积计算

续表

编号	项目名称	单位	计算规则
5-1	混凝土垫层	m^3	按设计图示尺寸以体积计算,局部加深部分并入垫层体积内
5-97	垫层	m^2	按模板与现浇混凝土构件的接触面积计算

3)属性定义

(1)筏板属性定义

筏板属性定义,如图 7.1 所示。

属性名称	属性值	附加
名称	FB-1	
材质	预拌混凝	
砼类型	(抗渗砼)	
砼标号	(C30)	
厚度(mm)	500	
顶标高(m)	层底标高	
底标高(m)	层底标高	
模板类型	复合模扳	
砖胎膜厚度	0	
备注		

图 7.1

属性名称	属性值	附加
名称	筏板垫层	
材质	预拌混凝	
砼类型	(抗渗砼)	
砼标号	(C15)	
形状	面型	
厚度(mm)	100	
顶标高(m)	基础底标	
备注		

图 7.2

(2)垫层属性定义

垫层属性定义,如图 7.2 所示。

(3)集水坑属性定义

JSK1 属性定义,如图 7.3 所示。

属性名称	属性值	附加
名称	JSK-1	
材质	预拌混凝	
砼类型	(抗渗砼)	
砼标号	(C30)	
模板类型	复合模扳	
截面宽度(	2225	
截面长度(	2250	
坑底出边距	600	
坑底板厚度	800	
坑板顶标高	-5.5	
放坡输入方	放坡角度	
放坡角度	45	
砖胎膜厚度	0	
备注		

图 7.3

4)做法套用

(1)集水坑

JSK-2 的做法套用如图 7.4 所示。有筏板基础时,基础梁集水坑都并入筏板基础计算。

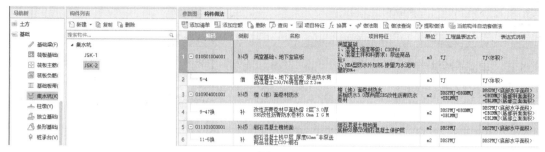

图 7.4

（2）筏板基础

筏板基础的做法套用如图 7.5 所示。

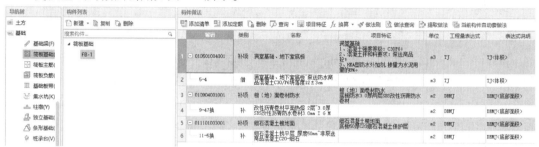

图 7.5

（3）垫层

垫层的做法套用如图 7.6 所示。

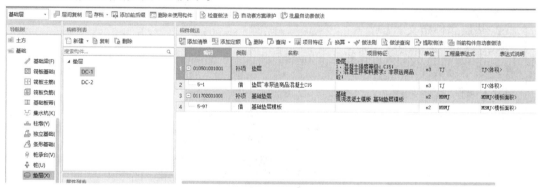

图 7.6

5)画法讲解

①筏板属于面式构件,和楼层现浇板一样,可以使用直线绘制也可以使用矩形绘制。在这里使用直线绘制,绘制方法同首层现浇板。

②垫层属于面式构件,可以使用直线绘制,也可以使用矩形绘制。在这里使用智能布置。单击"智能布置"→"筏板",在弹出的对话框中输入出边距离"100",单击"确定"按钮即可布置好垫层。

③集水坑采用点画绘制即可。

四、任务结果

汇总计算,统计本层筏板、垫层的清单、定额工程量,见表 7.3。

表 7.3　本层筏板、垫层的清单、定额工程量

序号	编码	项目名称	单位	工程量明细	
				绘图输入	表格输入
实体项目					
1	010401001001	砖基础 240 mm 厚砖胎膜： （1）MU25 混凝土实心砖 （2）Mb5 水泥砂浆砌筑 （3）15 mm 厚 1:3 水泥砂浆抹灰	m³	99.8322	
	12-16 换	墙面打底找平厚 15 mm 干混抹灰砂浆 DP M15.0 随砌随抹	m²	392.4226	
	4-1 换	混凝土实心砖基础墙厚 1 mm 砖 干混砌筑砂浆 DM M5.0	m³	99.8322	
2	010501001001	垫层 （1）混凝土强度等级：C15 （2）混凝土拌合料要求：非泵送商品混凝土	m³	105.9537	
	5-1	垫层 非泵送商品混凝土 C15	10 m³	10.59537	

五、总结拓展

（1）建模定义集水坑

①软件提供了直接在绘图区绘制不规则形状的集水坑的操作模式。如图 7.7 所示，选择"新建自定义集水坑"后，用直线画法在绘图区绘制图元。

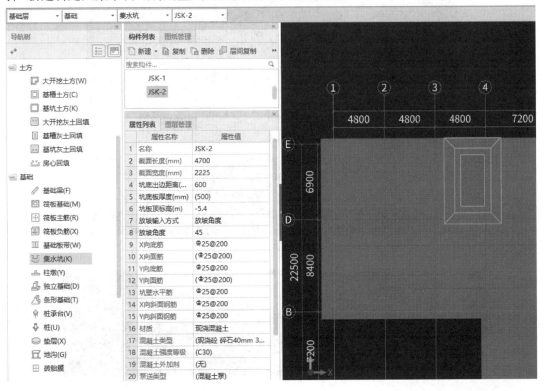

图 7.7

②绘制成封闭图形后,软件就会自动生成一个自定义的集水坑了,如图 7.8 所示。

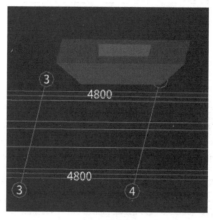

图 7.8

(2)多集水坑自动扣减

①用手工计算多个集水坑之间的扣减是很烦琐的,若集水坑再有边坡就更难算,因此,多个集水坑如果发生相交,用软件完全可以精确计算。如下两个相交的集水坑空间形状是非常复杂的,如图 7.9、图 7.10 所示。

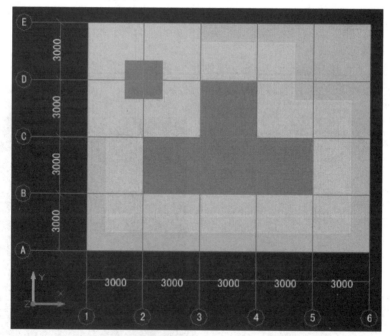

图 7.9

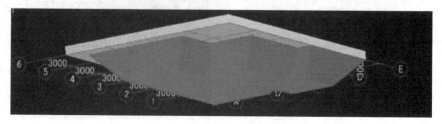

图 7.10

②集水坑之间的扣减可以通过查看三维扣减图很清楚地看到,如图 7.11 所示。

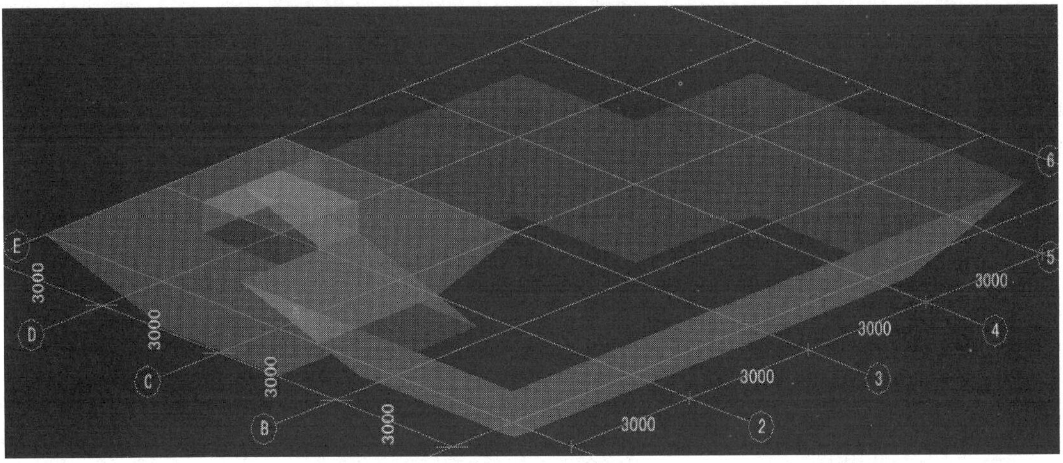

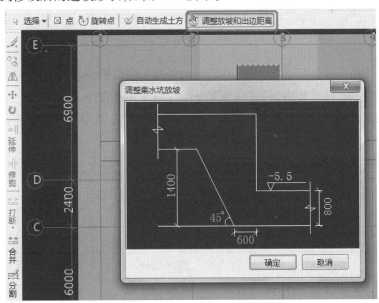

图 7.11

(3)设置集水坑放坡

在实际工程中,集水坑各边边坡可能不一致,可通过设置集水坑边坡来进行调整。我们选择"调整放坡和出边距离"的功能后,点选集水坑构件和要修改边坡的坑边,右键确定后就会出现"设置集水坑放坡"对话框。其中绿色的字体都是可以修改的。修改后单击"确定"按钮,即可看到修改后的边坡形状,如图 7.12 所示。

图 7.12

问 **题思考**

(1)若筏板已经布置上垫层了,集水坑布置上后,为什么还要布置集水坑垫层?

(2)多个集水坑相交,软件在计算时扣减的原则是什么?谁扣谁?

7.2 基础梁、后浇带的工程量计算

通过本节的学习,你将能够:
(1)依据清单、定额分析基础梁的计算规则;
(2)定义基础梁、后浇带;
(3)统计基础梁、后浇带的工程量。

一、任务说明

①完成基础层工程基础梁的属性定义、做法套用及绘制。
②汇总计算,统计基础梁、后浇带的工程量。

二、任务分析

基础梁、后浇带如何套用做法?

三、任务实施

1)分析图纸

由结施-2中第十一条后浇带可知,在底板和地梁后浇带的位置设有-3×300止水钢板两道。后浇带的绘制不再重复讲解,可从地下一层复制图元及构件。

分析结施-3可知,有基础主梁和基础次梁两种。基础主梁 JZL1 ~ JZL4,基础次梁 JCL1,主要信息见表7.4。

表 7.4　基础梁

序号	类型	名称	混凝土标号	截面尺寸(mm)	梁底标高	备注
1	基础主梁	JZL1	C30	500×1200	基础底标高	
		JZL2	C30	500×1200	基础底标高	
		JZL3	C30	500×1200	基础底标高	
		JZL4	C30	500×1200	基础底标高	
2	基础次梁	JCL1	C30	500×1200	基础底标高	

2)清单、定额计算规则学习

(1)清单计算规则

基础梁、后浇带清单计算规则,见表7.5。

表 7.5　基础梁、后浇带清单计算规则

编号	项目名称	单位	计算规则
010503001	基础梁	m³	按设计图示尺寸以体积计算。伸入墙内的梁头、梁垫并入梁体积内。梁长： (1)梁与柱连接时,梁长算至柱侧面 (2)主梁与次梁连接时,次梁长算至主梁侧面
011702005	基础梁	m²	按模板与现浇混凝土构件的接触面积计算
010508001	后浇带	m³	按设计图示尺寸以体积计算
011702030	后浇带	m²	按模板与现浇混凝土构件的接触面积计算

（2）定额计算规则

基础梁、后浇带定额计算规则,见表 7.6。

表 7.6　基础梁、后浇带定额计算规则

编号	项目名称	单位	计算规则
5-8	现浇混凝土基础梁	m³	按设计图示尺寸以体积计算。伸入墙内的梁头、梁垫并入梁体积内。梁长： (1)梁与柱连接时,梁长算至柱侧面 (2)主梁与次梁连接时,次梁长算至主梁侧面
5-127	基础梁复合模板	m²	按模板与现浇混凝土构件的接触面积计算
5-30	现浇混凝土后浇带基础底板	m³	按设计图示尺寸以体积计算
5-31	现浇混凝土后浇带梁	m³	按设计图示尺寸以体积计算
5-184	基础后浇带	m²	按模板与现浇混凝土构件的接触面积计算
5-185	梁后浇带	m²	按模板与现浇混凝土构件的接触面积计算

3）基础梁属性定义

基础梁属性定义与框架梁属性定义类似,点开模块导航树中的基础的“+”号,单击“基础梁”,新建矩形基础梁,在“属性编辑框”中输入基础梁基本信息即可,如图 7.13 所示。

属性名称	属性值	附加
名称	JZL-1	
类别	基础主梁	
材质	预拌混凝土	
砼类型	(抗渗砼)	
砼标号	(C30)	
模板类型	复合模板	
截面宽度(	500	☑
截面高度(	1200	☑
截面面积(m	0.6	
截面周长(m	3.4	
起点顶标高	层底标高加梁高	
终点顶标高	层底标高加梁高	
轴线距梁左	(250)	
砖胎膜厚度	0	
备注		

图 7.13

4)做法套用

(1)基础梁

基础梁的做法套用,如图 7.14 所示。

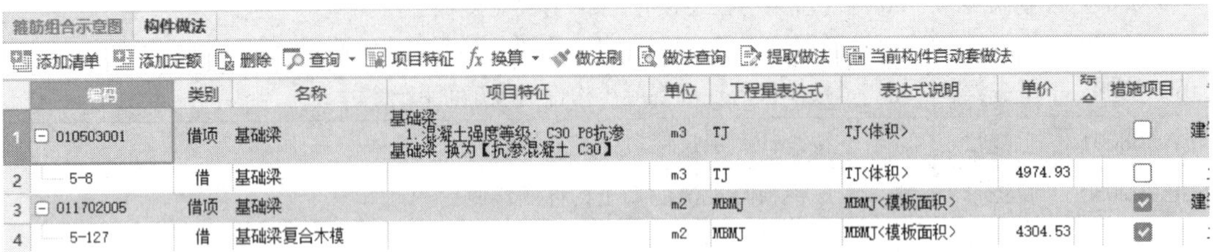

箍筋组合示意图 构件做法

添加清单 添加定额 删除 查询 项目特征 换算 做法刷 做法查询 提取做法 当前构件自动套做法

	编码	类别	名称	项目特征	单位	工程量表达式	表达式说明	单价	综合	措施项目	
1	010503001	借项	基础梁	基础梁 1.混凝土强度等级: C30 P8抗渗 基础梁 换为【抗渗混凝土 C30】	m3	TJ	TJ<体积>			☐	建
2	5-8	借	基础梁		m3	TJ	TJ<体积>	4974.93		☐	
3	011702005	借项	基础梁		m2	MBMJ	MBMJ<模板面积>			☑	建
4	5-127	借	基础梁复合木模		m2	MBMJ	MBMJ<模板面积>	4304.53		☑	

图 7.14

(2)后浇带

后浇带的做法套用,如图 7.15 所示。

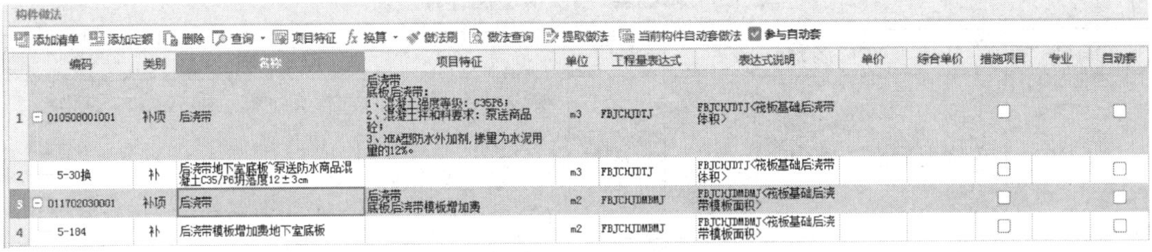

构件做法

添加清单 添加定额 删除 查询 项目特征 换算 做法刷 做法查询 提取做法 当前构件自动套做法 参与自动套

	编码	类别	名称	项目特征	单位	工程量表达式	表达式说明	单价	综合单价	措施项目	专业	自动套
1	010508001001	补项	后浇带	后浇带 底板后浇带: 1、混凝土强度等级: C35P6; 2、混凝土拌和料要求: 泵送商品砼; 3、HEA型防水外加剂,掺量为水泥用量的12%。	m3	FBJCHJDTJ	FBJCHJDTJ<筏板基础后浇带体积>			☐		☐
2	5-30换	补	后浇带地下室底板~泵送防水商品混凝土C35/P6坍落度12±3cm		m3	FBJCHJDTJ	FBJCHJDTJ<筏板基础后浇带体积>			☐		☐
3	011702030001	补项	后浇带	后浇带 底板后浇带模板增加费	m2	FBJCHJDMBMJ	FBJCHJDMBMJ<筏板基础后浇带模板面积>			☐		☐
4	5-184	补	后浇带模板增加费地下室底板		m2	FBJCHJDMBMJ	FBJCHJDMBMJ<筏板基础后浇带模板面积>			☐		☐

图 7.15

四、任务结果

汇总计算,统计本层基础梁、后浇带的清单、定额工程量,见表 7.7。

表 7.7 本层基础梁、后浇带的清单、定额工程量

序号	编码	项目名称	单位	工程量明细	
				绘图输入	表格输入
实体项目					
1	010501004001	满堂基础、地下室底板 满堂基础 (1)混凝土强度等级:C30 P6 (2)混凝土拌合料要求:泵送商品混凝土 (3)HEA 型防水外加剂,掺量为水泥用量的 8%	m^3	93.0848	
	5-4	满堂基础、地下室底板 泵送防水商品混凝土 C30/P6 坍落度(12±3)cm	10 m^3	9.30848	
2	010508001001	后浇带 底板后浇带: (1)混凝土强度等级:C30 P6 (2)混凝土拌合料要求:泵送商品混凝土 (3)HEA 型防水外加剂,掺量为水泥用量的 12%	m^3	9.4401	
	5-30 换	后浇带地下室底板 泵送防水商品混凝土 C35/P6 坍落度(12±3)cm	m^3	9.4401	

7.3 土方工程量计算

通过本节的学习,你将能够:
(1)依据定额分析挖土方的计算规则;
(2)定义大开挖土方;
(3)统计挖土方的工程量。

一、任务说明

①完成土方工程的属性定义、做法套用及绘制。
②汇总计算土方工程的工程量。

二、任务分析

①哪些地方需要挖土方?
②基础回填土方应如何计算?

三、任务实施

1)分析图纸

根据结施-3,本工程土方属于大开挖土方,依据定额知道挖土方有工作面300 mm,根据挖土深度需要放坡,放坡土方增量按照清单规定计算。

2)清单、定额计算规则学习

(1)清单计算规则

土方清单计算规则,见表7.8。

表7.8 土方清单计算规则

编号	项目名称	单位	计算规则
010101002	挖一般土方	m³	按设计图示尺寸以体积计算
010103001	回填方	m³	按设计图示尺寸以体积计算 (1)场地回填:回填面积乘以平均回填厚度 (2)室内回填:主墙间面积乘以回填厚度,不扣除间隔墙 (3)基础回填:按挖方清单项目工程量减去自然地坪以下埋设的基础体积(包括基础垫层及其他构筑物)

(2)定额计算规则

土方定额计算规则,见表7.9。

表 7.9 土方定额计算规则

编号	项目名称	单位	计算规则
1-24	挖掘机挖槽坑土方装车三类土	m^3	按挖土底面积乘以挖土深度以体积计算。挖土深度超过放坡起点 1.5 m 时,另计算放坡土方增量
1-36	挖掘机装车土方	m^3	
1-80	场地回填素土	m^3	回填土按挖土体积减去室外设计地坪以下埋设的基础体积、建筑物、构筑物、垫层所占的体积,以体积计算

3)绘制土方

在垫层绘图界面,单击“智能布置”→“筏板基础”,选中土方右键“偏移”,整体偏移向外 100 mm。

4)土方做法套用

单击土方,切换到属性定义界面。根据大开挖土方,做法套用如图 7.16 所示。

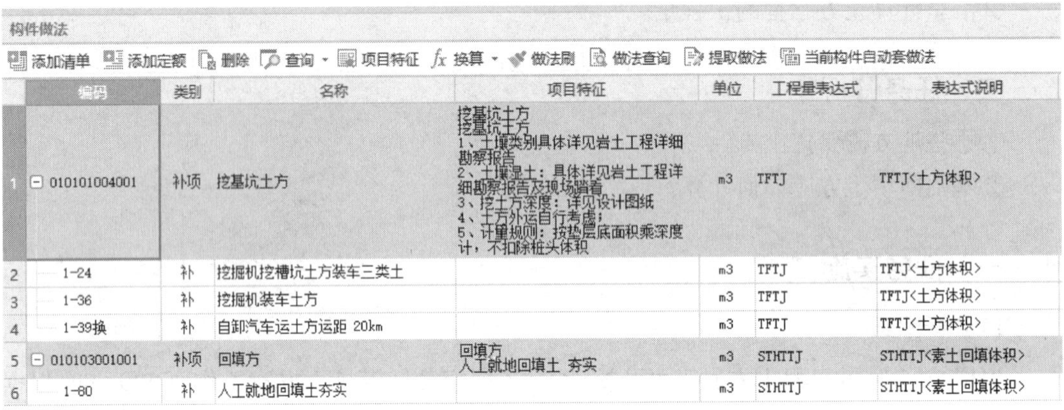
构件做法
添加清单 添加定额 删除 查询 项目特征 换算 做法刷 做法查询 提取做法 当前构件自动套做法

	编码	类别	名称	项目特征	单位	工程量表达式	表达式说明
1	010101004001	补项	挖基坑土方	挖基坑土方 挖基坑土方 1、土壤类别具体详见岩土工程详细勘察报告 2、土壤湿土:具体详见岩土工程详细勘察报告及现场踏看 3、挖土方深度:详见设计图纸 4、土方外运自行考虑; 5、计量规则:按垫层底面积乘深度计,不扣除桩头体积	m3	TFTJ	TFTJ<土方体积>
2	1-24	补	挖掘机挖槽坑土方装车三类土		m3	TFTJ	TFTJ<土方体积>
3	1-36	补	挖掘机装车土方		m3	TFTJ	TFTJ<土方体积>
4	1-39换	补	自卸汽车运土方运距 20km		m3	TFTJ	TFTJ<土方体积>
5	010103001001	补项	回填方	回填方 人工就地回填土 夯实	m3	STHTTJ	STHTTJ<素土回填体积>
6	1-80	补	人工就地回填土夯实		m3	STHTTJ	STHTTJ<素土回填体积>

图 7.16

四、任务结果

汇总计算,统计本层土方的清单、定额工程量,见表 7.10。

表 7.10 土方的清单、定额工程量

序号	编码	项目名称	单位	工程量
1	010101004001	挖基坑土方 (1)土壤类别具体详见岩土工程详细勘察报告 (2)土壤湿土:具体详见岩土工程详细勘察报告及现场踏勘 (3)挖土方深度:详见设计图纸 (4)土方外运自行考虑 (5)计量规则:按垫层底面积乘以深度计,不扣除桩头体积	m^3	6172.2903
	1-24	挖掘机挖槽坑土方装车三类土	m^3	6172.2903
	1-36	挖掘机装车土方	m^3	6172.2903
	1-39 换	自卸汽车运土方运距 20 km	m^3	6172.2903

续表

序号	编码	项目名称	单位	工程量
2	010103001001	回填方 人工就地回填土夯实	m³	1531.242
	1-80	人工就地回填土夯实	m³	1531.242

五、总结拓展

大开挖土方设置边坡系数

①对于大开挖、基坑土方还可在生成土方图元后对其进行二次编辑,达到修改土方边坡系数的目的。如图7.17所示为筏板基础下面的大开挖土方。

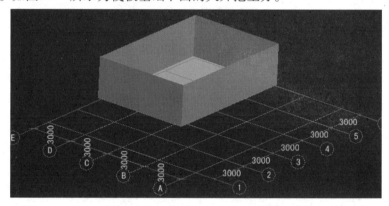

图7.17

②选择功能按钮中"设置放坡系数"→"所有边"的命令,之后再点选该大开挖土方构件,右键确认后会出现"输入放坡系数"对话框。输入实际要求的系数数值后,单击"确定"按钮,即可完成放坡设置,如图7.18、图7.19所示。

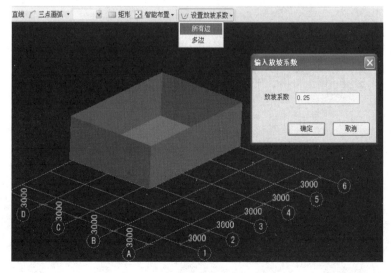

图7.18

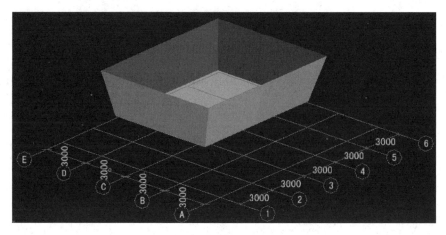

图 7.19

问 题思考

(1)本工程灰土回填是和大开挖一起自动生成的,如果灰土回填不一起自动生成,可单独布置吗?

(2)斜大开挖土方如何定义与绘制?

8 装修工程量计算

通过本章的学习,你将能够:

(1)定义楼地面、天棚、墙面、踢脚、吊顶;

(2)在房间中添加依附构件;

(3)统计各层的装修工程量。

8.1 首层装修工程量计算

通过本节的学习,你将能够:

(1)定义房间;

(2)分类统计首层装修工程量。

一、任务说明

①完成全楼装修工程的楼地面、天棚、墙面、踢脚、吊顶的属性定义及做法套用。

②建立首层房间单元,添加依附构件并绘制。

③汇总计算,统计首层装修工程的工程量。

二、任务分析

①楼地面、天棚、墙面、踢脚、吊顶的构件做法在图中什么位置可以找到?

②各装修做法套用清单和定额时,如何正确编辑工程量表达式?

③装修工程中如何用虚墙分割空间?

④外墙保温如何定义、套用做法? 地下与地上一样吗?

三、任务实施

1)分析图纸

分析建施-0 的室内装修做法表,首层有 5 种装修类型的房间:电梯厅、门厅;楼梯间;接待室、会议室、办公室;卫生间、清洁间;走廊;装修做法有楼面 1、楼面 2、楼面 3、踢脚 2、踢脚 3、内墙 1、内墙 2、天棚 1、吊顶 1、吊顶 2。

2)清单、定额规则学习

(1)清单计算规则学习

装饰装修清单计算规则,见表8.1。

表8.1　装饰装修清单计算规则

编号	项目名称	单位	计算规则
011102003	块料楼地面	m²	按设计图示尺寸以面积计算。门洞、空圈、暖气包槽、壁龛的开口部分并入相应的工程量内
011102001	石材楼地面	m²	
011105003	块料踢脚线	m²	(1)以 m² 计量,按设计图示长度乘以高度以面积计算
011105002	石材踢脚线	m²	(2)以 m 计量,按延长米计算
011407001	墙面喷刷涂料	m²	按设计图示尺寸以面积计算
011201001	墙面一般抹灰	m²	按设计图示尺寸以面积计算,扣除墙裙门窗洞口及单个以外的孔洞所占面积,不扣除踢脚线、装饰线以及墙与构件交接处的面积。且门窗洞口和孔洞的侧壁面积亦不增加,附墙柱、梁、垛的侧面并入相应的墙面面积内
011204003	块料墙面	m²	按镶贴表面积计算
011301001	天棚抹灰	m²	按设计图示尺寸以水平投影面积计算。天棚面中的灯槽及跌级、锯齿形、吊挂式、藻井式天棚面积不展开计算。不扣除间壁墙、检查口、附墙烟囱、柱垛和管道所占面积,扣除单个>0.3 m² 的孔洞、独立柱及与天棚相连的窗帘盒所占的面积
011302001	吊顶天棚	m²	

(2)定额计算规则学习

①楼地面装修定额计算规则(以楼面 2 为例),见表8.2。

表8.2　楼地面装修定额计算规则

编号	项目名称	单位	计算规则
11-1	干混砂浆找平层混凝土或硬基层上20 mm 厚	m²	按设计图示尺寸以面积计算。门洞、空圈、暖气包槽、壁龛的开口部分并入相应的工程量内
11-4	素水泥浆一道	m²	
11-49	地砖楼地面(黏结剂铺贴)周长 2000 mm 以内密缝	m²	
11-45	地砖楼地面(干混砂浆铺贴)周长 2000 mm 以内密缝	m²	
11-31	石材楼地面干混砂浆铺贴	m²	
10-40	炉(矿)渣混凝土	m³	按设计图示尺寸以面积乘以厚度以体积计算

②踢脚定额计算规则,见表 8.3。

表 8.3　踢脚定额计算规则

编号	项目名称	单位	计算规则
11-97	踢脚线陶瓷地面砖干混砂浆铺贴	m²	以 m² 计量,按设计图示长度乘以高度以面积计算
11-96	踢脚线石材干混砂浆铺贴	m²	
12-20	墙面干粉型界面剂	m²	

③内墙面、独立柱装修定额计算规则(以内墙 1 为例),见表 8.4。

表 8.4　内墙面、独立柱装修定额计算规则

编号	项目名称	单位	计算规则
14-130	涂料墙、柱、天棚面两遍	m²	按设计图示尺寸以面积计算
12-1	内墙一般抹灰	m²	按设计图示尺寸以面积计算,扣除墙裙门窗洞口及单个以外的孔洞所占面积,不扣除踢脚线、装饰线以及墙与构件交接处的面积,且门窗洞口和孔洞的侧壁面积亦不增加,附墙柱、梁、垛的侧面并入相应的墙面面积内
12-18	刷素水泥浆有 107 胶	m²	按设计图示尺寸以面积计算
12-7	贴玻纤网格布	m²	
12-16	打底找平厚 15 mm	m²	
12-17	刷素水泥浆无 107 胶	m²	
12-48	瓷砖(干混砂浆)周长 1200 mm 以内	m²	

④天棚、吊顶定额计算规则(以天棚 1、吊顶 1 为例),见表 8.5。

表 8.5　天棚、吊顶定额计算规则

编号	项目名称	单位	计算规则
14-130	涂料墙、柱、天棚面两遍	m²	按设计图示尺寸以面积计算
13-8	轻钢龙骨(U38 型)平面	m²	按设计图示尺寸以水平投影面积计算。天棚面中的灯槽及跌级、锯齿形、吊挂式、藻井式天棚面积不展开计算。不扣除间壁墙、检查口、附墙烟囱、柱垛和管道所占面积,扣除单个>0.3 m² 的孔洞、独立柱及与天棚相连的窗帘盒所占的面积
13-43	铝合金方板面层浮搁式	m²	
13-39	矿棉板搁放在龙骨上	m²	
12-18	墙面刷素水泥浆有 107 胶	m²	
13-1	混凝土面天棚一般抹灰	m²	
14-128	乳胶漆墙、柱、天棚面两遍	m²	
14-129	乳胶漆墙、柱、天棚面每增减一遍	m²	

3)装修构件的属性定义及做法套用

(1)楼地面的属性定义

单击导航树中的"装修"→"楼地面",在"构件列表"中选择"新建"→"新建楼地面",在"属性编辑框"中输入相应的属性值,如有房间需要计算防水,需在"是否计算防水"中选择"是",如图 8.1—图 8.3 所示。

图 8.1

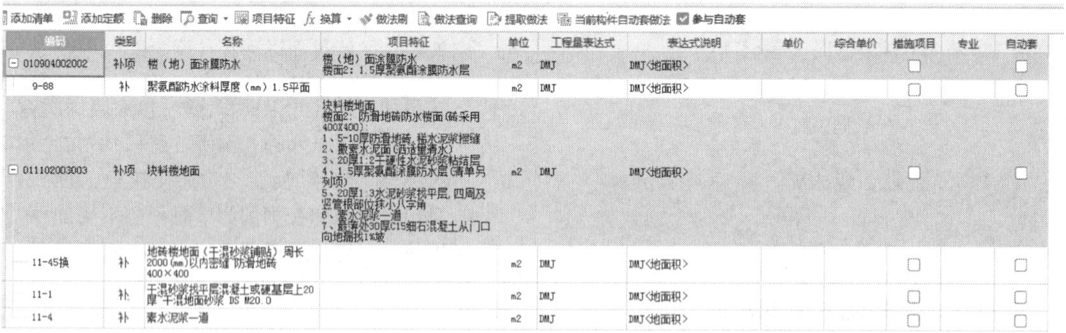

图 8.2

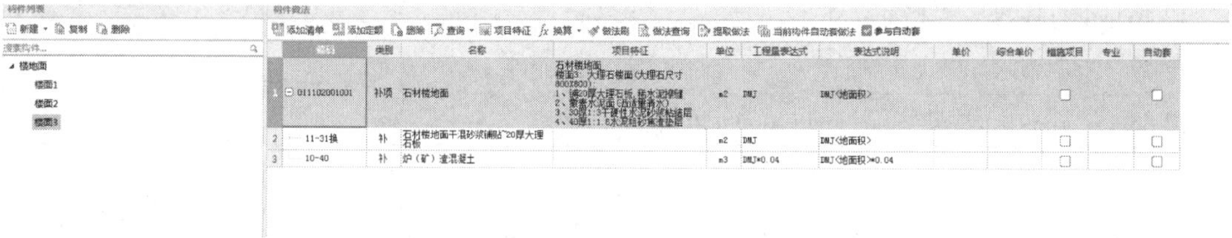

图 8.3

(2)踢脚的属性定义

新建踢脚的属性定义,如图 8.4 和图 8.5 所示。

图 8.4

(3)内墙面的属性定义

新建内墙面的属性定义,如图 8.6、图 8.7 所示。

图 8.5

构件做法

添加清单 添加定额 删除 查询▼ 项目特征 *fx* 换算▼ 做法刷 做法查询 提取做法 当前构件自动套做法

	编码	类别	名称	项目特征	单位	工程量表达式	表达式说明
1	⊟ 011201001001	补项	墙面一般抹灰	墙面一般抹灰 内墙面1：水泥砂浆墙面： 1、喷水性耐擦洗涂料（清单另列项） 2、5厚1:2.5水泥砂浆找平 3、9厚1:3水泥砂浆打底扫毛 4、素水泥浆一道甩毛（内掺建筑胶）	m2	QMMHMJ	QMMHMJ〈墙面抹灰面积〉
2	12-1	补	内墙抹灰 增减厚度-6mm		m2	QMMHMJ	QMMHMJ〈墙面抹灰面积〉
3	12-18	补	墙面刷素水泥浆有107胶		m2	QMMHMJ	QMMHMJ〈墙面抹灰面积〉
4	⊟ 011407001001	补项	墙面喷刷涂料	墙面喷刷涂料 内墙面1：水泥砂浆墙面： 1、喷水性耐擦洗涂料	m2	QMMHMJ	QMMHMJ〈墙面抹灰面积〉
5	14-130	补	涂料墙、柱、天棚面二遍		m2	QMMHMJ	QMMHMJ〈墙面抹灰面积〉

图 8.6

构件做法

添加清单 添加定额 删除 查询▼ 项目特征 *fx* 换算▼ 做法刷 做法查询 提取做法 当前构件自动套做法

	编码	类别	名称	项目特征	单位	工程量表达式	表达式说明
1	⊟ 011204003001	补项	块料墙面	块料墙面 内墙面2：瓷砖墙面(面层用200X300高级面面砖)： 1、白水泥擦缝 2、5厚釉面砖面层(粘前先将釉面砖浸水两小时以上) 3、5厚1:2建筑水泥砂浆粘结层 4、素水泥浆一道 5、6厚1:2.5水泥砂浆打底压实抹平 6、涂塑中碱玻璃纤维网格布一层	m2	QMMHMJ	QMMHMJ〈墙面抹灰面积〉
2	12-48换	补	瓷砖墙面(干混砂浆)周长（mm）1200以内 高级面砖200*300		m2	QMMHMJ	QMMHMJ〈墙面抹灰面积〉
3	12-17	补	墙面刷素水泥浆无107胶		m2	QMMHMJ	QMMHMJ〈墙面抹灰面积〉
4	12-16*0.4换	补	墙面打底找平厚15˝干混抹灰砂浆 DP M15.0		m2	QMMHMJ	QMMHMJ〈墙面抹灰面积〉
5	12-7	补	墙面贴玻纤网格布		m2	QMMHMJ	QMMHMJ〈墙面抹灰面积〉

图 8.7

（4）天棚的属性定义

天棚的属性定义，如图 8.8 所示。

构件做法

添加清单 添加定额 删除 查询▼ 项目特征 *fx* 换算▼ 做法刷 做法查询 提取做法 当前构件自动套做法

	编码	类别	名称	项目特征	单位	工程量表达式	表达式说明
1	⊟ 011301001001	补项	天棚抹灰	天棚抹灰 顶棚1：抹灰顶棚： 1、喷水性耐擦洗涂料（清单另列项） 2、2厚纸筋灰罩面 3、5厚1:0.5:3水泥石膏砂浆扫毛 4、素水泥浆一道甩毛（内掺建筑胶）	m2	TPMHMJ	TPMHMJ〈天棚抹灰面积〉
2	13-1	补	混凝土面天棚一般抹灰˝干混抹灰砂浆 DP M15.0		m2	TPMHMJ	TPMHMJ〈天棚抹灰面积〉
3	12-18	补	墙面刷素水泥浆有107胶		m2	TPMHMJ	TPMHMJ〈天棚抹灰面积〉
4	⊟ 011407002001	补项	天棚喷刷涂料	天棚喷刷涂料 顶棚1：水泥砂浆墙面： 1、喷水性耐擦洗涂料	m2	TPMHMJ	TPMHMJ〈天棚抹灰面积〉
5	14-130	补	涂料墙、柱、天棚面二遍		m2	TPMHMJ	TPMHMJ〈天棚抹灰面积〉

图 8.8

（5）吊顶的属性定义

分析建施-0 可知,吊顶 1 距地的高度,吊顶 1 的属性定义,如图 8.9 和图 8.10 所示。

图 8.9

图 8.10

（6）房间的属性定义

通过"添加依附构件",建立房间中的装修构件。构件名称下"楼面 1"可以切换成"楼面 2"或是"楼面 3",其他的依附构件也是同理进行操作的,如图 8.11 所示。

图 8.11

4）房间的绘制

采用点绘制。按照建施-3 中房间的名称,选择软件中建立好的房间,在需要布置装修的房间处单击一下,房间中的装修即自动布置上去。绘制好的房间,用三维查看效果。为保证大厅、电梯厅、走廊的"点"功能绘制,可在④~⑤/Ⓓ、④~⑦/Ⓒ、④/Ⓓ~Ⓔ轴上补画一道虚墙,如图 8.12 所示。

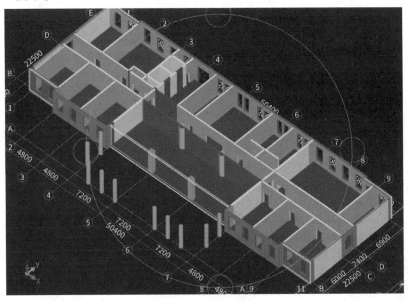

图 8.12

四、任务结果

按照以上保温层的绘制方式,完成其他层外墙保温层的绘制,并汇总计算,统计各层保温层的工程量,首层装饰装修清单、定额工程量,见表 8.6。

表 8.6　首层装饰装修清单、定额工程量

序号	编码	项目名称	单位	工程量明细	
				绘图输入	表格输入
实体项目					
1	010904002002	楼(地)面涂膜防水 楼面 2:1.5 mm 厚聚氨酯涂膜防水层	m²	49.3444	
	9-88	聚氨酯防水涂料厚度 1.5 mm 平面	m²	49.3444	
2	011102001001	石材楼地面 楼面 3:大理石楼面(大理石尺寸 800 mm×800 mm) (1)铺 20 mm 厚大理石板,稀水泥擦缝 (2)撒素水泥面(洒适量清水) (3)30 mm 厚 1:3干硬性水泥砂浆黏结层 (4)40 mm 厚 1:1.6 水泥粗砂焦渣垫层	m²	457.4467	
	10-40	炉(矿)渣混凝土	m³	18.2979	
	11-31 换	石材楼地面干混砂浆铺贴 20 mm 厚大理石板	m²	457.4467	

续表

序号	编码	项目名称	单位	工程量明细	
				绘图输入	表格输入
3	011102003002	块料楼地面 楼面 1:防滑地砖楼面(砖采用 400 mm×400 mm) (1)5~10 mm 厚防滑地砖,稀水泥浆擦缝 (2)6 mm 厚建筑胶水泥砂浆黏结层 (3)素水泥浆一道(内掺建筑胶) (4)20 mm 厚 1:3 水泥砂浆找平层 (5)素水泥浆一道(内掺建筑胶)	m²	243.6813	
	11-1	干混砂浆找平层混凝土或硬基层上 20 mm 厚 干混地面砂浆 DS M20.0	m²	243.6813	
	11-49 换	地砖楼地面(黏结剂铺贴)周长 2000 mm 以内密缝 防滑地砖 400 mm×400 mm	m²	243.6813	
	11-4 换	素水泥浆一道 107 胶纯水泥浆	m²	243.6813	
4	011102003003	块料楼地面 楼面 2:防滑地砖防水楼面(砖采用 400 mm×400 mm) (1)5~10 mm 厚防滑地砖,稀水泥浆擦缝 (2)撒素水泥面(洒适量清水) (3)20 mm 厚 1:2 干硬性水泥砂浆黏结层 (4)1.5 mm 厚聚氨酯涂膜防水层(清单另列项) (5)20 mm 厚 1:3 水泥砂浆找平层,四周及竖管根部抹小八字角 (6)素水泥浆一道 (7)最薄处 30 mm 厚 C15 细石混凝土从门口向地漏找 1%坡	m²	49.3444	
	11-1	干混砂浆找平层混凝土或硬基层上 20 mm 厚 干混地面砂浆 DS M20.0	m²	49.3444	
	11-4	素水泥浆一道	m²	49.3444	
	11-45 换	地砖楼地面(干混砂浆铺贴)周长 2000 mm 以内密缝 防滑地砖 400 mm×400 mm	m²	49.3444	
5	011105002001	石材踢脚线 踢脚 3:大理石踢脚(用 800 mm×100 mm 深色大理石,高度为 100 mm) (1)10~15 mm 厚大理石踢脚板,稀水泥浆擦缝 (2)10 mm 厚 1:2 水泥砂浆(内掺建筑胶)黏结层 (3)界面剂一道甩毛(甩前先将墙面用水湿润)	m²	47.6025	
	11-96 换	踢脚线石材干混砂浆铺贴 10~15 mm 厚大理石	m²	47.6025	
	12-20	墙面干粉型界面剂	m²	47.6025	

序号	编码	项目名称	单位	工程量明细	
				绘图输入	表格输入
6	011105003001	块料踢脚线 踢脚2:地砖踢脚(用400 mm×100 mm深色地砖,高度为100 mm) (1)5~10 mm厚防滑地砖踢脚,稀水泥浆擦缝 (2)8 mm厚1:2水泥砂浆(内掺建筑胶)黏结层 (3)5 mm厚1:3水泥砂浆打底扫毛或划出纹道	m²	19.8578	
	11-97	踢脚线陶瓷地面砖干混砂浆铺贴 防滑地砖综合	m²	19.8578	
7	011201001001	墙面一般抹灰 内墙面1:水泥砂浆墙面 (1)喷水性耐擦洗涂料(清单另列项) (2)5 mm厚1:2.5水泥砂浆找平 (3)9 mm厚1:3水泥砂浆打底扫毛 (4)素水泥浆一道甩毛(内掺建筑胶)	m²	922.8475	
	12-1	内墙抹灰 增减厚度-6 mm	m²	922.8475	
	12-18	墙面刷素水泥浆有107胶	m²	922.8475	
8	011201001001	柱、梁面一般抹灰 墙面一般抹灰 内墙面1:水泥砂浆墙面 (1)喷水性耐擦洗涂料(清单另列项) (2)5 mm厚1:2.5水泥砂浆找平 (3)9 mm厚1:3水泥砂浆打底扫毛 (4)素水泥浆一道甩毛(内掺建筑胶)	m²	121.1891	
	12-1	内墙抹灰 增减厚度-6 mm	m²	121.1891	
	12-18	墙面刷素水泥浆有107胶	m²	121.1891	
9	011204003001	块料墙面 内墙面2:瓷砖墙面(面层用200 mm×300 mm高级面砖) (1)白水泥擦缝 (2)5 mm厚釉面砖面层(粘前先将釉面砖浸水两小时以上) (3)5 mm厚1:2建筑水泥砂浆黏结层 (4)素水泥浆一道 (5)6 mm厚1:2.5水泥砂浆打底压实抹平 (6)涂塑中碱玻璃纤维网格布一层	m²	271.1434	
	12-16×0.4 换	墙面打底找平厚15 mm 干混抹灰砂浆 DP M15.0	m²	271.1434	
	12-17	墙面刷素水泥浆无107胶	m²	271.1434	
	12-48 换	瓷砖墙面(干混砂浆)周长1200 mm以内 高级面砖200 mm×300 mm	m²	271.1434	
	12-7	墙面贴玻纤网格布	m²	271.1434	

续表

序号	编码	项目名称	单位	工程量明细	
				绘图输入	表格输入
10	011301001001	天棚抹灰 顶棚1:抹灰顶棚 （1）喷水性耐擦洗涂料（清单另列项） （2）2 mm 厚纸筋灰罩面 （3）5 mm 厚 1:0.5:3水泥石膏砂浆扫毛 （4）素水泥浆一道甩毛（内掺建筑胶）	m²	29.7896	
	12-18	墙面刷素水泥浆有 107 胶	m²	29.7896	
	13-1	混凝土面天棚一般抹灰 干混抹灰砂浆 DP M15.0	m²	29.7896	
11	011301001002	天棚抹灰 顶棚2:涂料顶棚 （1）喷合成树脂乳胶涂料面层两道（每道隔两小时）（清单另列项） （2）封底漆一道（干燥后在做面涂）（清单另列项） （3）3 mm 厚 1:0.5:2.5 水泥石灰膏砂浆找平 （4）5 mm 厚 1:0.5:3水泥石灰膏砂浆打底扫毛 （5）素水泥浆一道甩毛（内掺建筑胶）	m²	4.5124	
	12-18	墙面刷素水泥浆有 107 胶	m²	4.543	
	13-1	混凝土面天棚一般抹灰 干混抹灰砂浆 DP M15.0	m²	4.543	
12	011302001001	吊顶天棚 吊顶1:铝合金条板吊顶（燃烧性能为 A 级） （1）0.8~1.0 mm 厚铝合金条板,离缝安装带插缝板 （2）U 形轻钢次龙骨 LB45×48,中距≤1500 mm （3）U 形轻钢主龙骨 LB38×12,中距≤1500 mm 与钢筋吊杆固定 （4）φ6 钢筋吊杆,中距横向≤1500 mm,纵向≤1200 mm （5）现浇混凝土板底预留 φ10 钢筋吊环,双向中距≤1500 mm	m²	616.4309	
	13-43	铝合金方板面层浮搁式	m²	616.4309	
	13-8	轻钢龙骨（U38 型）平面	m²	616.4309	
13	011302001002	吊顶天棚 吊顶2:岩棉吸音板吊顶（燃烧性能为 A 级） （1）12 mm 厚岩棉吸音板面层,规格 592 mm×592 mm （2）T 形轻钢次龙骨 TB24×28,中距 600 mm （3）T 形轻钢次龙骨 TB24×38,中距 600 mm,找平后与钢筋吊杆固定 （4）φ8 钢筋吊杆,双向中距≤1200 mm （5）现浇混凝土板底预留 φ10 钢筋吊环,双向中距≤1200 mm	m²	113.3027	
	13-39	矿棉板搁放在龙骨上 12 mm 厚岩棉吸音板	m²	113.3027	
	13-6	轻钢龙骨（U38 型）平面	m²	113.3027	

序号	编码	项目名称	单位	工程量明细	
				绘图输入	表格输入
14	011407001001	墙面喷刷涂料 内墙面1:水泥砂浆墙面 喷水性耐擦洗涂料	m²	1044.0366	
	14-130	涂料墙、柱、天棚面两遍	m²	1044.0366	
15	011407002001	天棚喷刷涂料 顶棚1:水泥砂浆墙面 喷水性耐擦洗涂料	m²	29.7896	
	14-130	涂料墙、柱、天棚面两遍	m²	29.7896	
16	011407002002	天棚喷刷涂料 顶棚2:涂料顶棚 (1)喷合成树脂乳胶涂料面层两道(每道隔两小时) (2)封底漆一道(干燥后再做面涂)	m²	4.5124	
	14-128 换	刷乳胶漆 遍数3遍	m²	4.543	

五、总结拓展

装修的房间必是封闭的

在绘制房间图元时,要保证房间必须是封闭的,如不封闭,可使用虚墙将房间封闭。

问题思考

(1)虚墙是否计算内墙面工程量?

(2)虚墙是否影响楼面的面积?

8.2 其他层装修工程量计算

通过本节的学习,你将能够:

(1)分析软件在计算装修工程量时的计算思路;

(2)计算其他层装修的工程量。

其他楼层装修方法同首层,也可考虑从首层复制图元。

一、任务说明

完成其他楼层的装修工程量。

二、任务分析

①其他楼层与首层做法有何不同?

②装修工程量的计算与主体构件的工程量计算有何不同?

三、任务实施

1)分析图纸

由建施-0中室内装修做法表可知,地下一层所用的装修做法和首层装修做法基本相同,地面做法为地面1、地面2、地面3、踢脚1。二层至四层及机房层装修做法基本和首层装修做法相同,二层、机房层、机房顶屋面做法为屋面1、屋面2、屋面3,可将首层构件复制到其他楼层,然后重新组合房间即可。

2)清单、定额规则学习

(1)清单计算规则

其他层装修清单计算规则,见表8.7。

表8.7 其他层装修清单计算规则

编号	项目名称	单位	计算规则
011101003	细石混凝土楼地面	m²	按设计图示尺寸以面积计算。门洞、空圈、暖气包槽、壁龛的开口部分并入相应的工程量内
011101001	水泥砂浆楼地面	m²	按设计图示尺寸以面积计算。扣除凸出地面构筑物、设备基础、室内铁道、地沟等所占面积,不扣除间壁墙及<0.3 m² 柱、垛、附墙烟囱及孔洞所占面积。门洞、空圈、暖气包槽、壁龛的开口部分不增加面积
011102003	块料楼地面	m²	按设计图示尺寸以面积计算。门洞、空圈、暖气包槽、壁龛的开口部分并入相应的工程量内
010103001	回填方	m³	按设计图示尺寸以体积计算: (1)场地回填:回填面积乘以平均回填厚度 (2)室内回填:主墙间面积乘以回填厚度,不扣除间隔墙 (3)基础回填:按挖方清单项目工程量减去自然地坪以下埋设的基础体积(包括基础垫层及其他构筑物)

(2)定额计算规则

其他层装修定额计算规则,以地面1、地面2、地面3为例,见表8.8。

表 8.8　其他层装修定额计算规则

编号	项目名称	单位	计算规则
11-7	混凝土面上干混砂浆随捣随抹	m²	按设计图示尺寸以面积计算
11-5	细石混凝土找平层 30 mm 厚	m²	按设计图示尺寸以体积计算
11-4	素水泥浆一道	m²	按设计图示尺寸以面积计算
11-8	干混砂浆楼地面混凝土或硬基层上 20 mm 厚	m²	按设计图示尺寸以体积计算
11-1	干混砂浆找平层混凝土或硬基层上 20 mm 厚	m²	按设计图示尺寸以面积计算
11-50	地砖楼地面(黏结剂铺贴)周长 2400 mm 以内密缝	m²	按设计图示尺寸以面积计算
1-80	人工就地回填土夯实	m³	按设计图示尺寸以体积计算

四、任务结果

汇总计算,统计-1 层的装修清单、定额工程量,见表 8.9。

表 8.9　地下-1 层的装修清单、定额工程量

序号	编码	项目名称	单位	工程量明细 绘图输入	表格输入
		实体项目			
1	010903001001	墙面卷材防水 外墙防水 3.0 mm 厚两层　SBS 改性沥青防水卷材	m²	660.1631	
	9-48 换	改性沥青卷材立面热熔 2 层 3.0 mm 厚　SBS 改性沥青防水卷材 3.0 IGM	m²	660.1631	
2	010904002001	楼(地)面涂膜防水 地面 2:3 mm 厚高聚物改性沥青涂膜防水层	m²	344.0039	
	9-76 换	改性沥青防水涂料平面 3 mm	m²	344.0039	
3	011001003001	保温隔热墙面 地下室外墙:60 mm 厚泡沫聚苯板	m²	660.1631	
	10-8 换	聚苯乙烯泡沫保温板厚度 30~60 mm　泡沫聚苯板 δ30	m²	660.1631	
4	011101001001	水泥砂浆楼地面 地面 2:水泥地面 (1)20 mm 厚 1:2.5 水泥砂浆磨面压实赶光 (2)素水泥浆一道(内掺建筑胶) (3)30 mm 厚 C15 细石混凝土随打随抹 (4)3 mm 厚高聚物改性沥青涂膜防水层(清单另列项) (5)最薄处 30 mm 厚 C15 细石混凝土	m²	344.0039	
	11-8	干混砂浆楼地面混凝土或硬基层上 20 mm 厚 干混地面砂浆 DS M20.0	m²	344.0039	
	11-4	素水泥浆一道 107 胶纯水泥浆	100 m²	3.440039	
	11-5	细石混凝土找平层 30 mm 厚 非泵送商品混凝土 C15	100 m²	3.440039	

续表

序号	编码	项目名称	单位	工程量明细 绘图输入	表格输入
5	011101003002	细石混凝土楼地面 地面 1:细石混凝土地面 40 mm 厚 C20 细石混凝土随打随抹撒 1:1 水泥砂子压实赶光	m²	468.7585	
	11-7	混凝土面上干混砂浆随捣随抹 干混地面砂浆 DS M20.0	m²	70.3138	
	11-5	细石混凝土找平层 厚 40 mm 非泵送商品混凝土 C20 细石	100 m²	4.687585	
6	011102003001	块料楼地面 地面 3:防滑地砖地面 (1)2.5 mm 厚石塑防滑地砖,建筑胶黏剂粘铺,稀水泥浆碱擦缝 (2)20 mm 厚 1:3 水泥砂浆压实抹平 (3)素水泥结合层一道 (4)50 mm 厚 C10 混凝土	m²	38.3998	
	11-1	干混砂浆找平层混凝土或硬基层上 20 mm 厚 干混地面砂浆 DS M20.0	m²	38.3569	
	11-4	素水泥浆一道 107 胶纯水泥浆	m²	38.3569	
	11-5	细石混凝土找平层 厚 50 mm	m²	38.3569	
	11-50	地砖楼地面(黏结剂铺贴)周长 2400 mm 以内密缝 2.5 mm 厚石塑防滑地砖 600 mm×600 mm	m²	38.7975	
7	011105001001	水泥砂浆踢脚线 踢脚 1:水泥砂浆踢脚(高度为 100 mm) (1)6 mm 厚 1:2.5 水泥砂浆罩面压实赶光 (2)素水泥浆一道 (3)8 mm 厚 1:3 水泥砂浆打底扫毛或划出纹道 (4)素水泥浆一道甩毛(内掺建筑胶)	m²	53.1352	
	11-4	素水泥浆一道 107 胶纯水泥浆	m²	53.1352	
	11-4	素水泥浆一道	100 m²	0.531352	
	11-95	6 mm 厚 1:2.5 水泥砂浆罩面压实赶光	100 m²	0.531352	
8	011105003001	块料踢脚线 踢脚 2:地砖踢脚(用 400 mm×100 mm 深色地砖,高度为 100 mm) (1)5~10 mm 厚防滑地砖踢脚,稀水泥浆擦缝 (2)8 mm 厚 1:2 水泥砂浆(内掺建筑胶)黏结层 (3)5 mm 厚 1:3 水泥砂浆打底扫毛或划出纹道	m²	10.3129	
	11-97	踢脚线陶瓷地面砖干混砂浆铺贴 防滑地砖综合	m²	10.3129	

序号	编码	项目名称	单位	工程量明细	
				绘图输入	表格输入
9	011201001001	墙面一般抹灰 内墙面1:水泥砂浆墙面 (1)喷水性耐擦洗涂料(清单另列项) (2)5 mm厚1:2.5水泥砂浆找平 (3)9 mm厚1:3水泥砂浆打底扫毛 (4)素水泥浆一道甩毛(内掺建筑胶)	m²	1620.2267	
	12-1	内墙抹灰 增减厚度-6 mm	m²	1620.2267	
	12-18	墙面刷素水泥浆有107胶	m²	1620.2267	
10	011204003001	块料墙面 内墙面2:瓷砖墙面(面层用200 mm×300 mm高级面砖) (1)白水泥擦缝 (2)5 mm厚釉面砖面层(粘前先将釉面砖浸水两小时以上) (3)5 mm厚1:2建筑水泥砂浆黏结层 (4)素水泥浆一道 (5)6 mm厚1:2.5水泥砂浆打底压实抹平 (6)涂塑中碱玻璃纤维网格布一层	m²	76.4765	
	12-16×0.4 换	墙面打底找平厚15 mm 干混抹灰砂浆 DP M15.0	m²	76.4765	
	12-17	墙面刷素水泥浆无107胶	m²	76.4765	
	12-48 换	瓷砖墙面(干混砂浆)周长1200 mm以内 高级面砖200 mm×300 mm	m²	76.4765	
	12-7	墙面贴玻纤网格布	m²	76.4765	
11	011301001001	天棚抹灰 顶棚1:抹灰顶棚 (1)喷水性耐擦洗涂料(清单另列项) (2)2 mm厚纸筋灰罩面 (3)5 mm厚1:0.5:3水泥石膏砂浆扫毛 (4)素水泥浆一道甩毛(内掺建筑胶)	m²	953.9934	
	12-18	墙面刷素水泥浆有107胶	m²	954.9496	
	13-1	混凝土面天棚一般抹灰 干混抹灰砂浆 DP M15.0	m²	954.9496	
12	011302001002	吊顶天棚 吊顶2:岩棉吸音板吊顶(燃烧性能为A级) (1)12 mm厚岩棉吸音板面层,规格592 mm×592 mm (2)T形轻钢次龙骨TB24×28,中距600 mm (3)T形轻钢次龙骨TB24×38,中距600 mm,找平后与钢筋吊杆固定 (4)ϕ8钢筋吊杆,双向中距≤1200 mm (5)现浇混凝土板底预留ϕ10钢筋吊环,双向中距≤1200 mm	m²	33.6669	
	13-39	矿棉板搁放在龙骨上 12 mm厚岩棉吸音板	m²	33.6669	
	13-6	轻钢龙骨(U38型)平面	m²	33.6669	

续表

序号	编码	项目名称	单位	工程量明细	
				绘图输入	表格输入
13	011407001001	墙面喷刷涂料 内墙面 1:水泥砂浆墙面 喷水性耐擦洗涂料	m²	1620.2267	
	14-130	涂料墙、柱、天棚面两遍	m²	1620.2267	
14	011407002001	天棚喷刷涂料 顶棚 1:水泥砂浆墙面 喷水性耐擦洗涂料	m²	953.9934	
	14-130	涂料墙、柱、天棚面两遍	m²	954.9496	

8.3 外墙保温层工程量计算

通过本节的学习,你将能够:

(1)定义外墙保温层;

(2)统计外墙保温层的工程量。

一、任务说明

完成各楼层外墙保温层的工程量。

二、任务分析

①地上外墙与地下部分保温层的做法有何不同?

②保温层增加后是否会影响外墙装修的工程量计算?

三、任务实施

1)分析图纸

由分析建施-0"建筑设计说明"中的"三、节能设计"可知,外墙外侧做 35 mm 厚的保温。由"四、防水设计"可知,地下室外墙有 60 mm 厚的保护层。

2)清单、定额计算规则学习

(1)清单计算规则学习

外墙保温层清单计算规则,见表8.10。

表 8.10　外墙保温层清单计算规则

编号	项目名称	单位	计算规则
011001003	保温隔热墙面	m²	按设计图示尺寸以面积计算。扣除门窗洞口以及面积 >0.3 m²梁、孔洞所占面积;门窗洞口侧壁以及与墙相连的柱,并入保温墙体工程量内

（2）定额计算规则学习

外墙保温层定额计算规则,见表 8.11。

表 8.11　外墙保温层定额计算规则

编号	项目名称	单位	计算规则
10-1	聚苯颗粒保温砂浆厚 25 mm	100 m²	按设计图示尺寸以面积计算,扣除门窗洞口以及单个面积 >0.3 m²梁、孔洞等所占的面积,门窗洞口侧壁以及与墙相连的柱,并入墙体保温工程量内。其中,外墙外保温长度按隔热层中心线长度计算;外墙内保温长度按隔热层净长度计算
10-2	聚苯颗粒保温砂浆厚每增减 5 mm	100 m²	

3）保温层属性定义

新建外墙面保温层的属性定义,如图 8.13 所示。

属性名称	属性值	附加
名称	外墙保温	
材质	水泥聚苯	□
厚度(mm)	35	□
空气层厚度(mm)	0	□
备注		□

图 8.13

4）保温层套做法

外墙面保温层套做法,如图 8.14 所示。

图 8.14

5）保温层画法讲解

单击"其他"→"保温层",选择"智能布置"→"外墙外边线",把外墙局部放大,如图 8.15 所示,在混凝土外墙的外侧有保温层。

图 8.15

四、任务结果

①按照以上保温层的绘制方式,完成其他层外墙保温层的绘制。

②汇总计算,统计各层保温层的清单、定额工程量,见表 8.12。

表 8.12　各层保温层的清单、定额工程量

序号	编码	项目名称	单位	工程量明细	
				绘图输入	表格输入
实体项目					
1	011001003001	保温隔热墙面 (1)保温隔热部位:外墙面 (2)保温隔热材料品种、规格及厚度:35 mm 厚聚苯颗粒	m²	1808.895	
	10-1+10-2×2	保温隔热墙面胶粉聚苯颗粒厚度:35 mm	m²	1808.895	
2	010402001005	砌块墙 上部 200 mm 厚弧形外墙: (1)200 mm 厚陶粒空心砖及 35 mm 厚聚苯颗粒保温复合墙体 (2)M5 混合砂浆	m³	133.6925	
	4-55	轻集料(陶粒)混凝土小型空心砌块 墙厚 190 mm	m³	132.8044	

问 题思考

(1)自行车坡道墙是否需要保温?

(2)外墙保温层增加后是否影响建筑面积的计算?

9 楼梯及其他工程量计算

9.1 楼梯工程量计算

通过本节的学习,你将能够:

运用软件正确计算楼梯的土建及钢筋工程量。

一、任务说明

①使用参数化楼梯来完成楼梯的属性定义及做法套用。

②汇总计算,统计楼梯的工程量。

二、任务分析

①楼梯都由哪些构件组成? 每一构件都对应哪些工作内容? 应该如何套用做法?

②如何正确编辑楼梯各构件的工程量表达式?

三、任务实施

1)分析图纸

分析建施-13、建施-14、结施-15、结施-16 及各层平面图可知,本工程有 2 部楼梯,即位于④~⑤轴间与Ⓓ~Ⓔ轴间的为 1 号楼梯。楼梯从地下室负一层开始到机房层,2 号楼梯从首层开始到四层。根据定额计算规则可知,楼梯按照水平投影面积计算混凝土和模板面积。通过分析图纸可知,TZ1 和 TZ2 的工程量不包含在整体楼梯中,需单独计算。楼梯底面抹灰要按照天棚抹灰计算。

从建施-13 中的剖面图可以看出,楼梯栏杆高度为 1000 mm,楼梯的休息平台处有不锈钢护窗栏杆,高 1000 mm,其长度为休息平台的宽度(即楼梯的宽度)。

2) 清单、定额计算规则学习

(1)清单计算规则

楼梯清单计算规则,见表 9.1。

表 9.1　楼梯清单计算规则

编号	项目名称	单位	计算规则
010506001	直形楼梯	m²	按实际图示尺寸以水平投影面积计算。不扣除宽度小于 500 mm 的楼梯井,伸入墙内部分不计算
011702024	楼梯	m²	按楼梯(包括休息平台、平台梁、斜梁和楼层板的连接梁)的水平投影面积计算,不扣除宽度小于等于 500 mm 的楼梯井所占面积,楼梯踏步、踏步板、平台梁等侧面模板不另计算,伸入墙内部分亦不增加

(2)定额计算规则

楼梯定额计算规则,见表 9.2。

表 9.2　楼梯定额计算规则

编号	项目名称	单位	计算规则
5-24	直形楼梯	m²	整体楼梯(包括休息平台、平台梁、斜梁及楼梯的连接梁)按水平投影面积计算,不扣除宽度小于 500 mm 的楼梯井,伸入墙内部分亦不增加
5-170	楼梯直形复合木模	m²(水平投影面积)	现浇混凝土楼梯(包括休息平台、平台梁、斜梁及楼梯的连接梁)按水平投影面积计算,不扣除宽度小于 500 mm 的楼梯井,楼梯踏步、踏步板、平台梁等侧面模板不另计算,伸入墙内部分亦不增加

3) 楼梯定义

楼梯可按照水平投影面积布置,也可绘制参数化楼梯,本工程按照参数化布置是为了方便计算楼梯底面抹灰等装修工程的工程量。

(1)新建楼梯

本工程中楼梯都为直形双跑楼梯,以 1 号楼梯为例进行讲解。在导航树中选择"楼梯"→"楼梯"→"参数化楼梯",如图 9.1 所示,选择"标准双跑楼梯",单击"确定"按钮,进入"选择参数化图形"对话框,按照结施-15 中的数据更改右侧绿色的字体,编辑完参数后单击"确定"按钮即可,如图 9.2 所示。

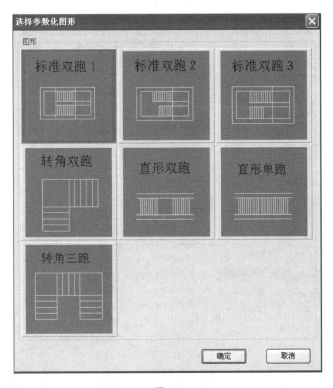

图 9.1

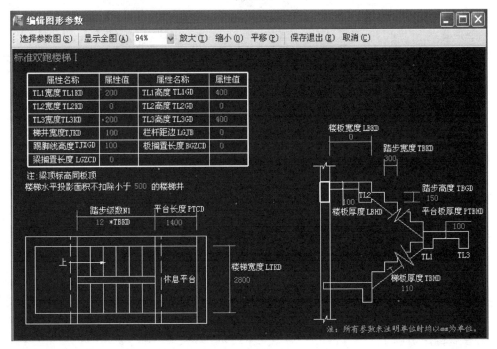

图 9.2

(2)定义楼梯属性

结合结施-15,对 1 号楼梯进行属性定义,如图 9.3 所示。

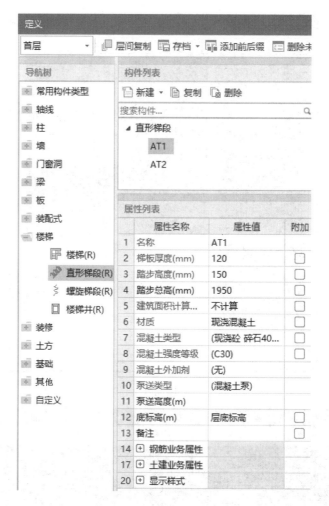

图 9.3

4)做法套用

1号楼梯的做法套用,如图 9.4 所示。

	编码	类别	名称	项目特征	单位	工程量表达式	表达式说明	单价	综合单价
1	⊟ 010506001	借项	直形楼梯	预制混凝土 C30 120	m2	TYMJ	TYMJ<投影面积>		
2	5-24	借	楼梯直形		m2	TYMJ	TYMJ<投影面积>	1303.45	
3	⊟ 011702024	借项	楼梯	直形楼梯复合木模	m2	TYMJ	TYMJ<投影面积>		
4	5-170	借	楼梯直形复合木模		m2(水平投影面积)	TYMJ	TYMJ<投影面积>	1271.34	

图 9.4

5)楼梯画法讲解

①首层楼梯绘制。楼梯可以用点画绘制,点画绘制时需要注意楼梯的位置。绘制的楼梯图元如图 9.5 所示。

②利用层间复制功能复制 1 号楼梯到其他层,完成各层楼梯的绘制。

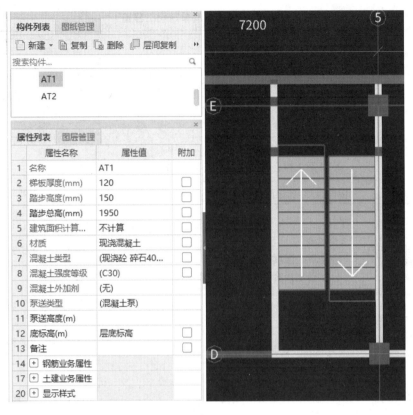

图 9.5

四、任务结果

统计首层 AT1 楼梯、AT2 楼梯的工程量,见表 9.3。所有楼层汇总计算总的楼梯清单、定额工程量,见表 9.4。

表 9.3 首层楼梯清单定额工程量

编码	项目名称	单位	工程量明细	
			绘图输入	表格输入
010506001001	直形楼梯 (1)混凝土种类:商品混凝土 (2)混凝土强度等级:C30	m²	19.8641	
5-24	直形楼梯商品混凝土	10 m²	1.98641	
011702024001	楼梯	m²	19.8641	
5-170	现浇混凝土模板楼梯直形	10 m²	1.98641	

表 9.4　楼梯的总清单定额工程量

序号	编码	项目名称	单位	工程量明细	
				绘图输入	表格输入
实体项目					
1	010506001001	楼梯 直形楼梯 (1)混凝土强度等级:C30 (2)混凝土拌合料要求:泵送商品混凝土	m²	29.8724	
	5-24	楼梯直形 泵送商品混凝土 C30	10 m²	2.98724	
2	010506001002	楼梯 直形楼梯 (1)混凝土强度等级:C25 (2)混凝土拌合料要求:泵送商品混凝土	m²	49.7379	
	5-24	楼梯直形 泵送商品混凝土 C25	10 m²	4.97379	
3	011702024001	楼梯 现浇混凝土直形楼梯复合木模	m²	79.6103	
	5-170	楼梯直形复合木模	10 m² (水平投影面积)	7.96103	
4	011503001001	金属扶手、栏杆、栏板 (1)部位:楼梯 (2)栏杆材料种类、规格:不锈钢扶手	m	65.3944	
	15-171	楼梯栏杆(板)不锈钢栏杆直形	m	65.3944	
	15-198	楼梯扶手不锈钢直形	m	65.3944	

五、知识拓展

组合楼梯的绘制

组合楼梯就是使用单个构件绘制后的楼梯,拆分为梯段、平台板、梯梁、栏杆扶手等,每个单构件都要单独定义、单独绘制,绘制方法如下:

(1)组合楼梯构件的属性定义

①直形梯段的属性定义,单击"楼梯"→"直形梯段",再单击"新建直形梯段",按照结施-15 输入相应数据,如图 9.6 所示。

②休息平台的属性定义,按照新建板的方法,选择"新建现浇板",按照图纸信息输入相应数据,将上述图纸信息输入,如图 9.7 所示。

③梯梁的属性定义,先按照新建梁的方法,单击"新建矩形梁",再按照图纸信息输入相应数据,如图 9.8 所示。

图 9.6

图 9.7

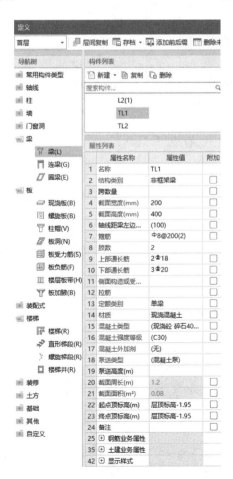

图 9.8

（2）做法套用

做法套用与上述楼梯做法套用相同。

（3）直形梯段画法

直形梯段可以直线绘制也可以矩形绘制，绘制后单击"设置踏步起始边"即可。休息平台也一样，绘制方法同现浇板。完成绘制后，如图9.9所示。

图9.9

（4）梯梁的绘制

梯梁的绘制参考梁的部分内容。

（5）休息平台的绘制

休息平台的绘制参考板部分，休息平台上的钢筋参考板钢筋部分。

问 题思考

整体楼梯的工程量中是否包含TZ？

9.2 参数输入法计算楼梯梯板钢筋工程量

通过本节的学习，你将能够：

正确运用表格输入法计算楼梯板钢筋的工程量。

一、任务说明

在表格输入中运用参数输入法完成所有层楼梯的钢筋工程量计算。

二、任务分析

以首层1号楼梯为例，参考结施-13、结施-15及建施-13，读取梯板的相关信息，如梯板厚度、钢筋信息及楼梯具体位置。

三、任务实施

①如图 9.10 所示,切换到"工程量"选项卡,单击"表格输入"。

图 9.10

②在"表格输入"界面单击"构件",添加构件"AT1",根据图纸信息,输入 AT1 的相关属性信息,如图 9.11 所示。

图 9.11

③新建构件后,单击"参数输入",在弹出的"图集列表"中,选择相应的楼梯类型,如图 9.12 所示。这里以 AT 型楼梯为例。

图 9.12

④在楼梯的参数图中,以首层 1 号楼梯为例,参考结施-15 及建施-13,按照图纸标注输入各个位置的钢筋信息和截面信息,如图 9.13 所示。输入完毕后,选择"计算保存"。

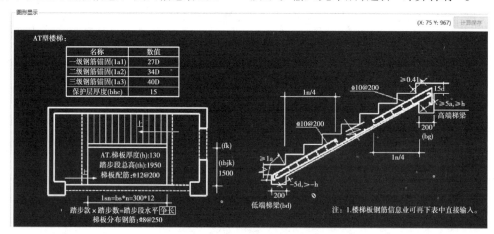

图 9.13

四、任务结果

查看报表预览中的构件汇总信息明细表。同学们可通过钢筋对量软件对比钢筋量,并查找差异原因。任务结果参考第 10 章表 10.1 输入。

问题思考

参数化楼梯中的钢筋是否包括梯梁中的钢筋?

9.3 直接输入法计算楼梯梯板钢筋工程量

通过本节的学习,你将能够:
掌握直接输入法计算楼梯梯板钢筋工程量。

一、任务说明

根据"顶板配筋结构图",电梯井右下角所在楼板处有阳角放射筋,本工程以该处的阳角放射筋为例,介绍表格直接输入法。

二、任务分析

表格输入中的直接输入法与参数输入法的新建构件操作方法一致。

三、任务实施

①如图 9.14 所示,切换到"工程量"选项卡,单击"表格输入"。

图 9.14

②在表格输入中,单击"构件"新建构件,修改名称为"阳角放射筋",输入构件数量,单击"确定"按钮,如图 9.15 所示。

属性名称	属性值
1 构件名称	阳角放射筋
2 构件类型	现浇板
3 构件数量	1
4 预制类型	现浇
5 汇总信息	现浇板
6 备注	
7 构件总质量(kg)	0

图 9.15

③在直接输入的界面"筋号"中输入"放射筋 1",在"直径"中选择相应的直径(如 16),选择"钢筋级别"。

④如图 9.16 所示,选择图号,根据放射筋的形式选择相应的钢筋形式,如选择"两个弯折",弯钩选择"90°弯折,不带弯钩",选择图号完毕后单击"确定"按钮。

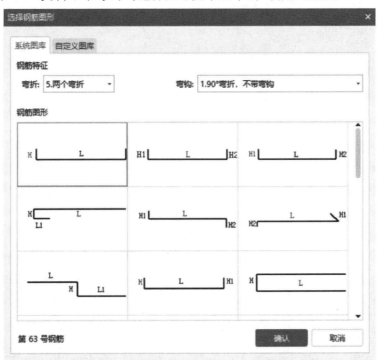

图 9.16

⑤在直接输入的界面中输入"图形"钢筋尺寸,如图 9.17 所示。软件会自动给出计算公式和长度,用户可以在"根数"中输入这种钢筋的根数。

筋号	直径(mm)	级别	图号	图形	计算公式	公式描述	长度	根数	搭接	损耗(%)	单重(kg)	总重(kg)
10	20	Φ	63	130 ⌐ 1300 ⌐	1300+2*130		1560	7	0	0	3.853	26.971

图 9.17

采用同样的方法可以进行其他形状的钢筋输入，并计算钢筋工程量。

题思考

表格输入中的直接输入法适用于哪些构件？

10 汇总计算工程量

通过本章的学习,你将能够:

(1)掌握查看三维的方法;

(2)掌握汇总计算的方法;

(3)掌握查看构件钢筋计算结果的方法;

(4)掌握云检查及云指标查看的方法;

(5)掌握报表结果查看的方法。

10.1 查看三维

通过本节的学习,你将能够:

正确查看工程的三维模型。

一、任务说明

①完成整体构件的绘制并使用三维查看构件。

②检查缺漏的构件。

二、任务分析

三维动态观察可在"显示设置"面板中选择楼层,若要检查整个楼层的构件,选择全部楼层即可。

三、任务实施

①对照图纸完成所有构件的输入之后,可查看整个建筑结构的三维视图。

②在"视图"菜单下选择"显示设置",如图 10.1 所示。

③在"显示设置"的"楼层显示"中选择"全部楼层",如图 10.2 所示。在"图元显示"中设置"显示图元",如图 10.3 所示,可使用"动态观察"旋转角度。

图 10.1

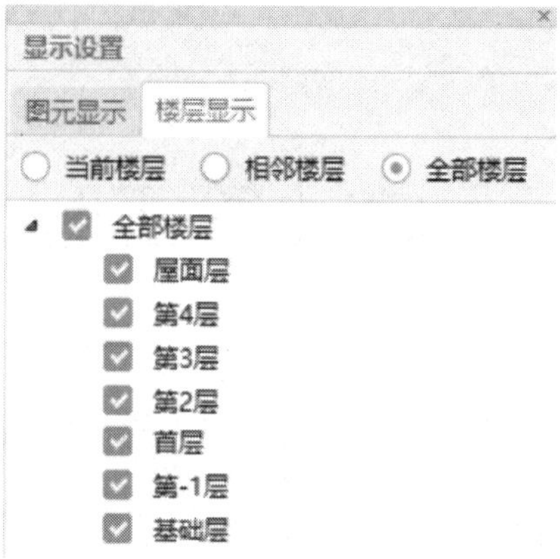

图 10.2

图 10.3

四、任务结果

查看整个结构,如图 10.4 所示。

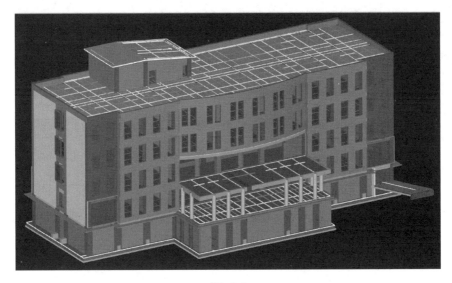

图 10.4

10.2 汇总计算

通过本节的学习,你将能够:
正确进行汇总计算。

一、任务说明
本节的任务是汇总土建及钢筋工程量。

二、任务分析
钢筋计算结果查看的原则:对水平构件(如梁),在某一层绘制完毕后,只要支座和钢筋信息输入完成,就可以汇总计算,查看计算结果。但是对于竖向构件(如柱),因为和上下层的柱存在搭接关系,和上下层的梁与板也存在节点之间的关系,所以需要在上下层相关联的构件都绘制完毕后,才能按照构件关系准确计算。对于土建结果查看的原则:构件与构件之间有相互影响的,需要将有影响的构件都绘制完毕,才能按照构件关系准确计算,构件相对独立,不受其他构件的影响,只要把该构件绘制完毕,就可以汇总计算。

三、任务实施
①需要计算工程量时,单击"工程量"选项卡上的"汇总计算",将弹出如图 10.5 所示的"汇总计算"对话框。

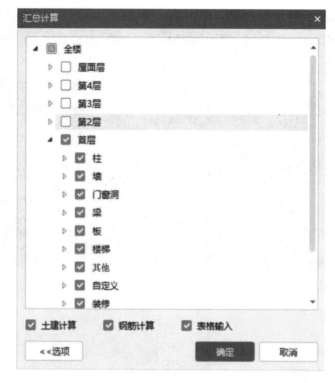

图 10.5

全楼:可选中当前工程中的所有楼层,在全选状态下再次单击,即可将所选的楼层全部取消选择。

土建计算:计算所选楼层及构件的土建工程量。

钢筋计算:计算所选楼层及构件的钢筋工程量。

表格输入:在表格输入前打钩,表示只汇总表格输入方式下的构件的工程量。

若在土建计算、钢筋计算和表格输入前都打钩,则工程中所有的构件都将进行汇总计算。

②选择需要汇总计算的楼层,单击"确定"按钮,软件开始计算并汇总选中楼层构件的相应工程量,计算完毕,弹出如图 10.6 所示的对话框,根据所选范围的大小和构件数量的多少,需要不同的计算时间。

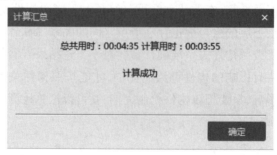

图 10.6

10.3　查看构件钢筋计算结果

通过本节的学习,你将能够:

正确查看构件钢筋计算结果。

一、任务说明

本节任务是查看构件钢筋量。

二、任务分析

对于同类钢筋工程量的查看,可使用"查看钢筋量"功能,查看单个构件图元钢筋的计算公式,也可使用"编辑钢筋"的功能。在"查看报表"中还可查看所有楼层的钢筋量。

三、任务实施

汇总计算完毕后,可采用以下几种方式查看计算结果和汇总结果。

1)查看钢筋量

①使用"查看钢筋量"的功能,在"工程量"选项卡中选择"查看钢筋量",然后选择需要查看钢筋量的图元,可单击选择一个或多个图元,也可拉框选择多个图元,此时将弹出如图10.7 所示的对话框,显示所选图元的钢筋计算结果。

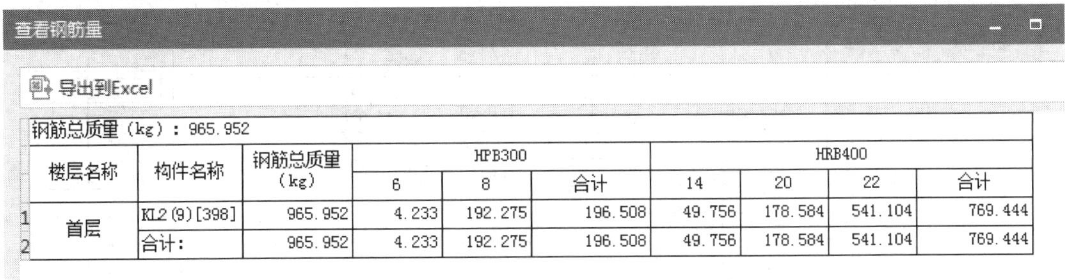

查看钢筋量

📷 导出到Excel

钢筋总质量(kg):965.952

楼层名称	构件名称	钢筋总质量 (kg)	HPB300			HRB400			
			6	8	合计	14	20	22	合计
首层	KL2(9)[398]	965.952	4.233	192.275	196.508	49.756	178.584	541.104	769.444
	合计:	965.952	4.233	192.275	196.508	49.756	178.584	541.104	769.444

图 10.7

②要查看不同类型构件的钢筋量时,可以使用"批量选择"功能。按"F3"键,或者在"工具"选项卡中选择"批量选择",选择相应的构件(如选择柱和剪力墙),如图10.8 所示。

选择"查看钢筋量",弹出"查看钢筋量"表,表中将列出所有柱和剪力墙的钢筋计算结果(按照级别和钢筋直径列出),同时列出合计钢筋量,如图10.9 所示。

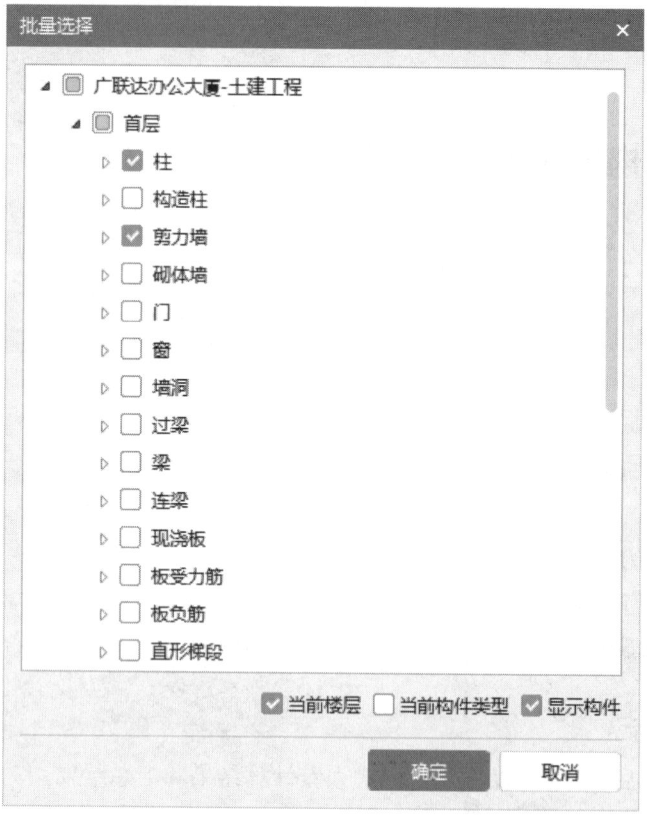

图 10.8

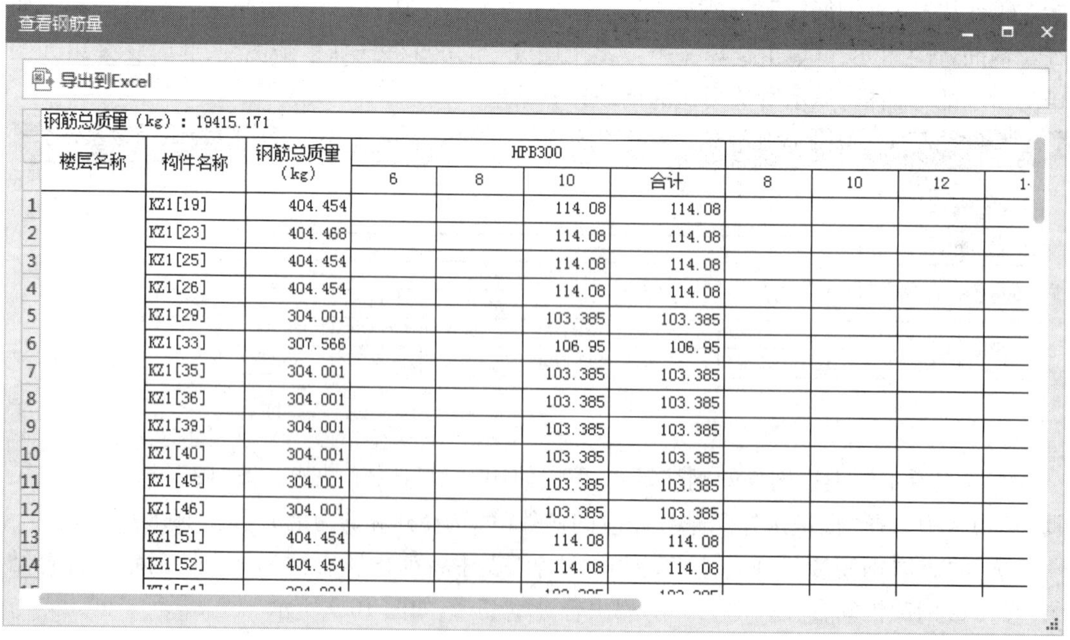

	楼层名称	构件名称	钢筋总质量（kg）	HPB300							
				6	8	10	合计	8	10	12	1·
1		KZ1[19]	404.454			114.08	114.08				
2		KZ1[23]	404.468			114.08	114.08				
3		KZ1[25]	404.454			114.08	114.08				
4		KZ1[26]	404.454			114.08	114.08				
5		KZ1[29]	304.001			103.385	103.385				
6		KZ1[33]	307.566			106.95	106.95				
7		KZ1[35]	304.001			103.385	103.385				
8		KZ1[36]	304.001			103.385	103.385				
9		KZ1[39]	304.001			103.385	103.385				
10		KZ1[40]	304.001			103.385	103.385				
11		KZ1[45]	304.001			103.385	103.385				
12		KZ1[46]	304.001			103.385	103.385				
13		KZ1[51]	404.454			114.08	114.08				
14		KZ1[52]	404.454			114.08	114.08				

图 10.9

2）编辑钢筋

要查看单个图元钢筋计算的具体结果，可使用“编辑钢筋”功能。下面以首层②轴与Ⓓ

轴交点处的柱 KZ1 为例,介绍“编辑钢筋”查看的计算结果。

①在“工程量”选项卡中选择“编辑钢筋”,然后选择 KZ1 图元。绘图区下方将显示编辑钢筋列表,如图 10.10 所示。

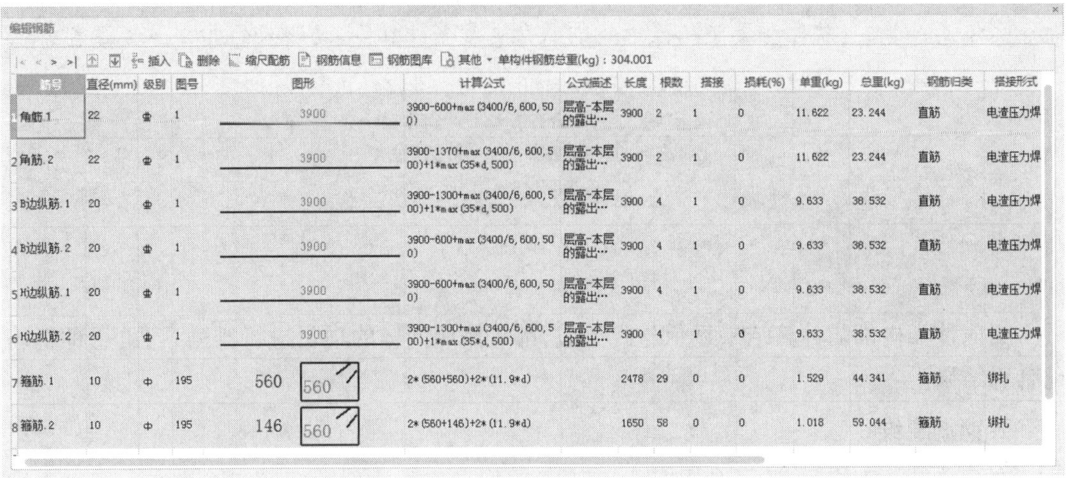

编辑钢筋

|< < > >| 插入 删除 缩尺配筋 钢筋信息 钢筋图库 其他 · 单构件钢筋总重(kg):304.001

	筋号	直径(mm)	级别	图号	图形	计算公式	公式描述	长度	根数	搭接	损耗(%)	单重(kg)	总重(kg)	钢筋归类	搭接形式
1	角筋.1	22	Φ	1	3900	3900-600+max(3400/6,600,500)	层高-本层的露出…	3900	2	1	0	11.622	23.244	直筋	电渣压力焊
2	角筋.2	22	Φ	1	3900	3900-1370+max(3400/6,600,500)+1*max(35*d,500)	层高-本层的露出…	3900	2	1	0	11.622	23.244	直筋	电渣压力焊
3	B边纵筋.1	20	Φ	1	3900	3900-1300+max(3400/6,600,500)+1*max(35*d,500)	层高-本层的露出…	3900	4	1	0	9.633	38.532	直筋	电渣压力焊
4	B边纵筋.2	20	Φ	1	3900	3900-600+max(3400/6,600,500)	层高-本层的露出…	3900	4	1	0	9.633	38.532	直筋	电渣压力焊
5	H边纵筋.1	20	Φ	1	3900	3900-600+max(3400/6,600,500)	层高-本层的露出…	3900	4	1	0	9.633	38.532	直筋	电渣压力焊
6	H边纵筋.2	20	Φ	1	3900	3900-1300+max(3400/6,600,500)+1*max(35*d,500)	层高-本层的露出…	3900	4	1	0	9.633	38.532	直筋	电渣压力焊
7	箍筋.1	10	φ	195	560 560	2*(560+560)+2*(11.9*d)		2478	29	0	0	1.529	44.341	箍筋	绑扎
8	箍筋.2	10	φ	195	146 560	2*(560+146)+2*(11.9*d)		1650	58	0	0	1.018	59.044	箍筋	绑扎

图 10.10

②“编辑钢筋”列表从上到下依次列出 KZ1 各类钢筋的计算结果,包括钢筋信息(直径、级别、根数等),以及每根钢筋的图形和计算公式,并对计算公式进行描述,用户可以清楚地看到计算过程。例如,第一行列出的是 KZ1 的角筋,从中可以看到角筋的所有信息。

使用“编辑钢筋”的功能,可以清楚显示构件中每根钢筋的形状、长度、计算过程以及其他信息,使用户明确掌握计算的过程。另外,还可以对“编辑钢筋”的列表进行编辑和输入,列表中的每个单元格都可以手动修改,用户可根据自己的需要进行编辑。

还可以在空白行进行钢筋的添加:输入“筋号”为“其他”。选择钢筋直径和型号,选择图号来确定钢筋的形状,然后在图形中输入长度、输入需要的根数和其他信息。软件计算的钢筋结果显示为淡绿色底色,手动输入的行显示为白色底色,便于区分。这样,不仅能够清楚地看到钢筋计算的结果,还可对结果进行修改以满足不同的需求,如图 10.11 所示。

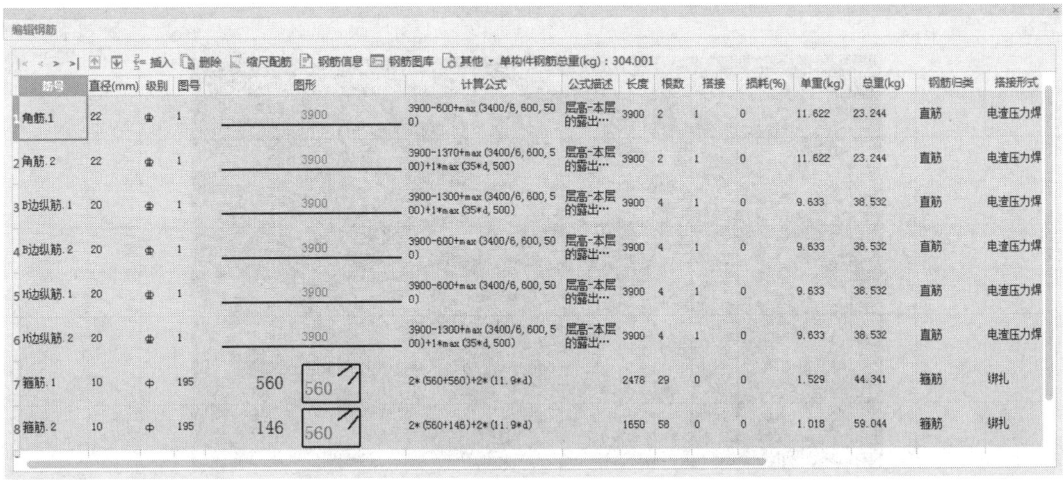

编辑钢筋

|< < > >| 插入 删除 缩尺配筋 钢筋信息 钢筋图库 其他 · 单构件钢筋总重(kg):304.001

	筋号	直径(mm)	级别	图号	图形	计算公式	公式描述	长度	根数	搭接	损耗(%)	单重(kg)	总重(kg)	钢筋归类	搭接形式
1	角筋.1	22	Φ	1	3900	3900-600+max(3400/6,600,500)	层高-本层的露出…	3900	2	1	0	11.622	23.244	直筋	电渣压力焊
2	角筋.2	22	Φ	1	3900	3900-1370+max(3400/6,600,500)+1*max(35*d,500)	层高-本层的露出…	3900	2	1	0	11.622	23.244	直筋	电渣压力焊
3	B边纵筋.1	20	Φ	1	3900	3900-1300+max(3400/6,600,500)+1*max(35*d,500)	层高-本层的露出…	3900	4	1	0	9.633	38.532	直筋	电渣压力焊
4	B边纵筋.2	20	Φ	1	3900	3900-600+max(3400/6,600,500)	层高-本层的露出…	3900	4	1	0	9.633	38.532	直筋	电渣压力焊
5	H边纵筋.1	20	Φ	1	3900	3900-600+max(3400/6,600,500)	层高-本层的露出…	3900	4	1	0	9.633	38.532	直筋	电渣压力焊
6	H边纵筋.2	20	Φ	1	3900	3900-1300+max(3400/6,600,500)+1*max(35*d,500)	层高-本层的露出…	3900	4	1	0	9.633	38.532	直筋	电渣压力焊
7	箍筋.1	10	φ	195	560 560	2*(560+560)+2*(11.9*d)		2478	29	0	0	1.529	44.341	箍筋	绑扎
8	箍筋.2	10	φ	195	146 560	2*(560+146)+2*(11.9*d)		1650	58	0	0	1.018	59.044	箍筋	绑扎

图 10.11

【注意】

　　用户需要对修改后的结果进行锁定,可使用"建模"选项卡下"通用操作"中的"锁定"和"解锁"功能(图10.12),对构件进行锁定和解锁。如果修改后不进行锁定,那么重新汇总计算时,软件会按照属性中的钢筋信息重新计算,手动输入的部分会被覆盖。

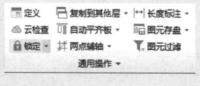

图 10.12

　　其他种类构件的计算结果显示与此类似,都是按照同样的项目进行排列,列出每种钢筋的计算结果。

3) 钢筋三维

　　在汇总计算完成后,还可利用"钢筋三维"功能来查看构件的钢筋三维排布。钢筋三维可显示构件钢筋的计算结果,按照钢筋的实际长度和形状在构件中排列和显示,并标注各段的计算长度,供直观查看计算结果和钢筋对量。钢筋三维能够直观真实地反映当前所选择图元的内部钢筋骨架,清楚显示钢筋骨架中每根钢筋与编辑钢筋中每根钢筋的对应关系,且"钢筋三维"中的数值可修改。钢筋三维和钢筋计算结果还保持对应,相互保持联动,数值修改后,可以实时看到自己修改后的钢筋三维效果。

　　当前 GTJ 软件中已实现钢筋三维显示的构件包括柱、暗柱、端柱、剪力墙、梁、板受力筋、板负筋、螺旋板、柱帽、楼层板带、集水坑、柱墩、筏板主筋、筏板负筋、独基、条基、桩承台、基础板带共 18 种 21 类构件。

　　钢筋三维显示状态应注意以下几点:

　　①查看当前构件的三维效果:直接用鼠标单击当前构件即可看到钢筋三维显示效果。同时配合绘图区右侧的动态观察等功能,全方位查看当前构件的三维显示效果,如图 10.13 所示。

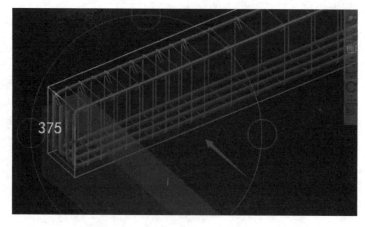

图 10.13

②钢筋三维和编辑钢筋对应显示。

a.选中三维的某根钢筋线时,在该钢筋线上显示各段的尺寸,同时在"编辑钢筋"的表格中对应的行亮显。如果数字为白色字体,则表示此数字可供修改;否则,将不能修改。

b.在"编辑钢筋"的表格中选中某行时,则钢筋三维中所对应的钢筋线对应亮显,如图10.14所示。

③可以同时查看多个图元的钢筋三维。选择多个图元,然后选择"钢筋三维"命令,即可同时显示多个图元的钢筋三维。

④在执行"钢筋三维"时,软件会根据不同类型的图元,显示一个浮动的"钢筋显示控制面板",如图10.14所示梁的钢筋三维,左上角的白框即为"钢筋显示控制面板"。此面板用于设置当前类型的图元中隐藏、显示的哪些钢筋类型。勾选不同项时,绘图区域会及时更新显示,其中"显示其他图元"可以设置是否显示本层其他类型构件的图元。

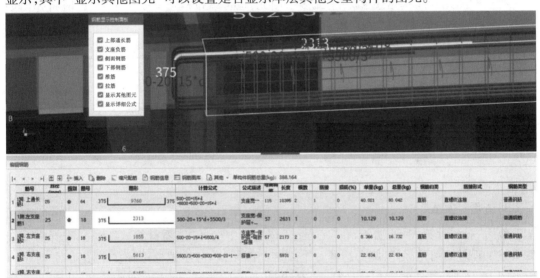

图 10.14

10.4 查看土建计算结果

通过本节的学习,你将能够:
正确查看土建计算结果。

一、任务说明

本节任务是查看构件土建工程量。

二、任务分析

查看构件土建工程量,可使用"工程量"选项卡中的"查看工程量"功能,查看构件土建工程量的计算式,可使用"查看计算式"的功能。在"查看报表"中还可查看所有构件的土建工程量。

三、任务实施

汇总计算完毕后,用户可采用以下几种方式查看计算结果和汇总结果。

1) 查看工程量

使用"查看工程量"的功能,在"工程量"选项卡中选择"查看钢筋量",然后选择需要查看工程量的图元,可以单击选择一个或多个图元,也可以拉框选择多个图元,此时将弹出如图 10.15 所示"查看钢筋量"对话框,显示所选图元的工程量结果。

查看钢筋量

导出到Excel

钢筋总质量（kg）：1319.155

楼层名称	构件名称	钢筋总质量（kg）	HPB300			HRB400				
			6	8	合计	14	20	22	25	合计
1 首层	KL1 (9) [397]	1319.155	4.482	186.124	190.606	50.964	282.852	700.793	93.94	1128.549
2	合计:	1319.155	4.482	186.124	190.606	50.964	282.852	700.793	93.94	1128.549

图 10.15

2) 查看计算式

使用"查看计算式"的功能,在"工程量"选项卡中选择"查看计算式",然后选择需要查看土建工程量的图元,可以单击选择一个或多个图元,也可以拉框选择多个图元,此时将弹出如图 10.16 所示"查看工程量计算式"对话框,显示所选图元的钢筋计算结果。

图 10.16

10.5　云检查

通过本节的学习,你将能够:
灵活运用云检查功能。

一、任务说明

当完成了 CAD 识别或模型定义与绘制工作后,即可进行工程量汇总工作。为了保证算量结果的正确性,可以对所做的工程进行云检查。

二、任务分析

本节任务是对所做的工程进行检查,从而发现工程中存在的问题,方便进行修正。

三、任务实施

当模型定义及绘制完毕后,用户可采用"云检查"功能进行整楼检查、当前楼层检查、自定义检查,得到检查结果后,可以对检查进行查看处理。

1)云模型检查

(1)整楼检查

整楼检查是保证整楼算量结果的正确性,对整个楼层进行的检查。

单击"建模"选项卡中的"云检查"功能,在弹出的"云模型检查"界面单击"整楼检查",如图 10.17 所示。

图 10.17

进入检查后,软件自动根据内置的检查规则进行检查,也可自行设置检查规则,还可根据工程的具体情况进行检查具体数据的设置,以便更合理地检查工程错误。单击"规则设置",根据工程情况作相应的参数调整,如图 10.18 所示。设置后单击"确定"按钮,再次执行云检查时,软件将按照设置的规则参数进行检查。

图 10.18

（2）当前层检查

工程的单个楼层完成 CAD 识别或模型绘制工作后,为了保证算量结果的正确性,可对当前楼层进行检查,发现当前楼层中存在的错误并及时修正。在"云模型检查"界面,单击"当前层检查"即可。

（3）自定义检查

当工程 CAD 识别或模型绘制完成后,认为工程部分模型信息,如基础层、四层的建模模型可能存在问题,希望有针对性地进行检查,以便在最短的时间内关注最核心的问题,从而节省时间。在"云模型检查"界面,单击"自定义检查",选择检查的楼层及检查的范围。

2) 检查结果

"整楼检查/当前层检查/自定义检查"之后,在"云检查结果"界面,可以看到结果列表,如图 10.19 所示。在结果窗体中,软件根据当前检查问题的情况进行分类,包含确定错误、疑似错误、提醒等。用户可根据当前问题的重要等级分别关注。

（1）忽略

在"结果列表"中逐一排查工程问题,经排查,某些问题不算作错误,可以忽略,则执行"忽略"操作 ,当前忽略的问题,将在"忽略列表"中展示出来,如图 10.20 所示。假如没有,则忽略列表错误为空。

图 10.19 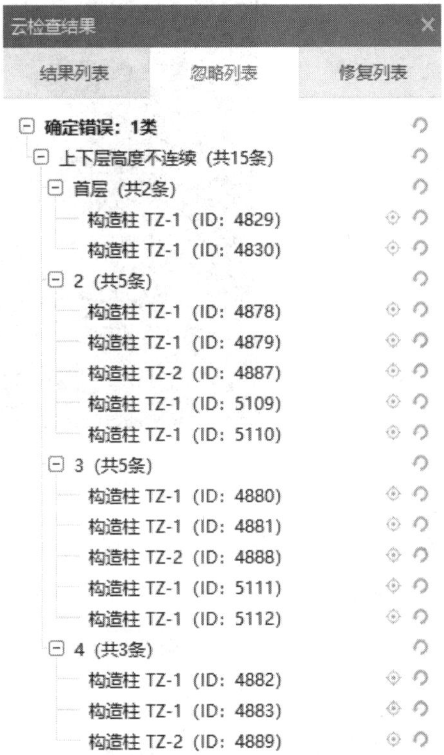　　　　　　　　　　　　　　　　图 10.20

（2）定位

对检查结果逐一进行排查时，希望能定位到当前存在问题的图元或详细的错误位置，此时可以使用"定位"功能。

在"云检查结果"界面中，错误问题支持双击定位，同时可以单击"定位"按钮进行定位，功能位置如图 10.21 所示。

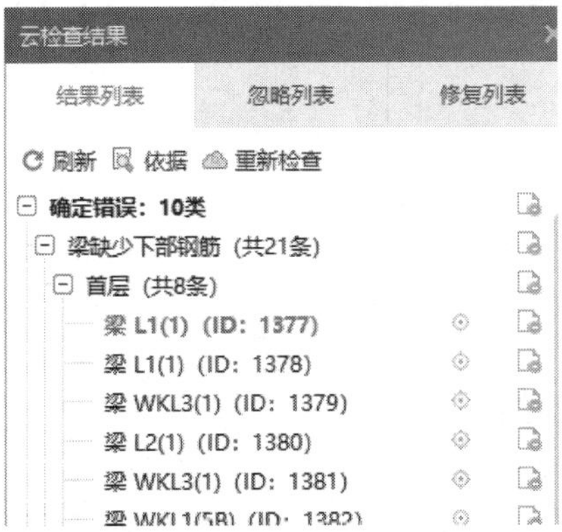

图 10.21

单击"定位"后，软件自动定位到图元的错误位置，且会给出气泡提示，如图 10.22 所示。接下来可以进一步进行定位，查找问题，对错误问题进行修复。

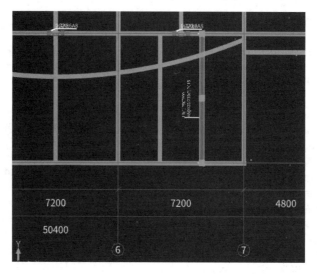

图 10.22

（3）修复

在"检查结果"中逐一排查问题时,需要对发现的工程错误问题进行修改,软件内置了一些修复规则,支持快速修复。此时可单击"修复"按钮进行问题修复,如图 10.23 所示。

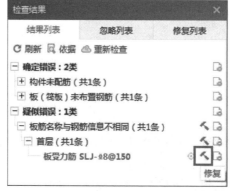

图 10.23

修复后的问题,在"修复列表"中显现,可在修复列表中再次关注已修复的问题。

10.6 云指标

通过本节的学习,你将能够:
正确运用云指标。

一、任务说明

当工程完成汇总计算后,为了确定工程量的合理性,可以查看"云指标",对比类似工程指标进行判断。

二、任务分析

本节任务是对所做工程进行云指标的查看对比，从而判断该工程的工程量计算结果是否合理。

三、任务实施

当工程汇总完毕后，用户可以采用“云指标”功能进行工程指标的查看及对比。包含汇总表及钢筋、混凝土、模板、装修等不同维度的 9 张指标表，分别是工程指标汇总表、钢筋-部位楼层指标表、钢筋-构件类型楼层指标表、混凝土-部位楼层指标表、混凝土-构件类型楼层指标表、模板-部位楼层指标表、模板-构件类型楼层指标表、装修-装修指标表、砌体-砌体指标表。

1) 云指标的查看

云指标可以通过“工程量”→“云指标”进行查看，也可以通过“云应用”→“云指标”进行查看，如图 10.24 所示。

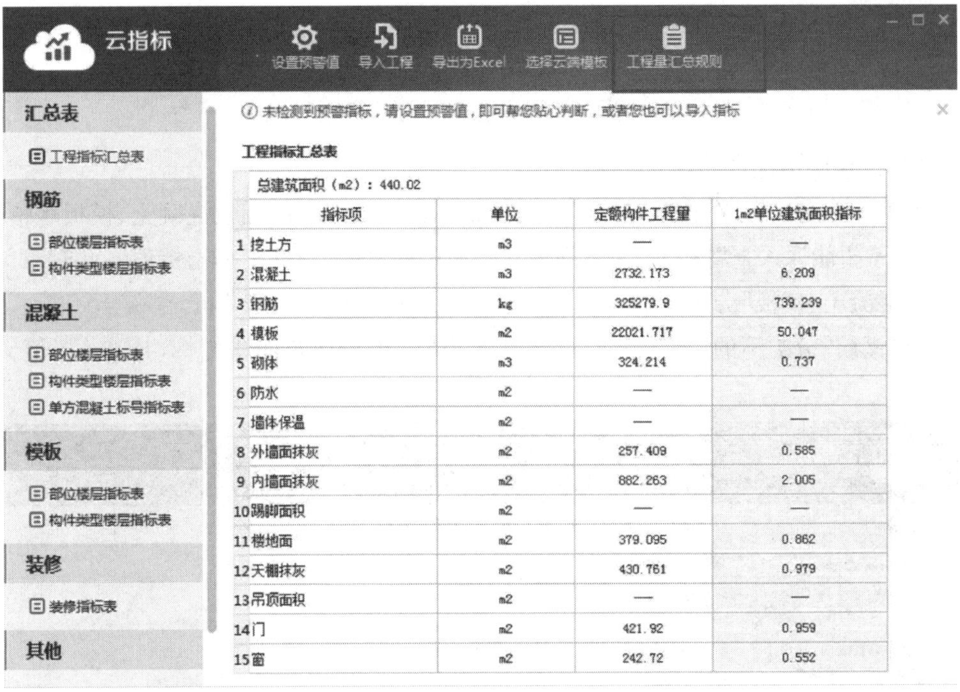

	指标项	单位	定额构件工程量	1m2单位建筑面积指标
1	挖土方	m3	—	—
2	混凝土	m3	2732.173	6.209
3	钢筋	kg	325279.9	739.239
4	模板	m2	22021.717	50.047
5	砌体	m3	324.214	0.737
6	防水	m2	—	—
7	墙体保温	m2	—	—
8	外墙面抹灰	m2	257.409	0.585
9	内墙面抹灰	m2	882.263	2.005
10	踢脚面积	m2	—	—
11	楼地面	m2	379.095	0.862
12	天棚抹灰	m2	430.761	0.979
13	吊顶面积	m2	—	—
14	门	m2	421.92	0.959
15	窗	m2	242.72	0.552

图 10.24

【注意】

在查看云指标之前，可以对“工程量汇总规则”进行设置，也可以从“工程量汇总规则”表中查看数据的汇总归属设置情况。

(1)工程指标汇总表

工程量计算完成后，希望查看整个建设工程的钢筋、混凝土、模板、装修等指标数据，从而判断该工程的工程量计算结果是否合理。

“工程指标汇总表”是计算以上各个维度的指标数据。单击“汇总表”分类下的“工程指标汇总表”，查看“1 m^2 单位建筑面积指标”数据，帮助判断工程量的合理性，如图 10.25 所示。

图 10.25

（2）部位楼层指标表

工程量计算完成后,在查看建筑工程总体指标数据时,发现钢筋、混凝土、模板等指标数据不合理,希望能深入查看地上、地下部分各个楼层的钢筋、混凝土等指标值。此时,可以查看"钢筋/混凝土/模板"分类下的"部位楼层指标表"进行指标数据分析。

单击"钢筋"分类下的"部位楼层指标表",查看"单位建筑面积指标（kg/m²）"值,如图10.26所示。

图 10.26

混凝土、模板的进一步查看方式类似，分别位于“混凝土”和“模板”分类下，表名称相同，均为“部位楼层指标表”。

(3)构件类型楼层指标表

工程量计算完成后，查看建设工程总体指标数据后，发现钢筋、混凝土、模板等指标数据中有些不合理，希望能进一步定位到具体不合理的构件类型，如具体确定柱、梁、墙等哪个构件的指标数据不合理，具体在哪个楼层出现了不合理。此时，可以查看“钢筋/混凝土/模板”下的“构件类型楼层指标表”，从该表数据中可依次查看“单方建筑面积指标(kg/m^2)”，从而进行详细分析。

单击“钢筋/混凝土/模板”分类下的“构件类型楼层指标表”，查看详细数据，如图 10.27 所示。

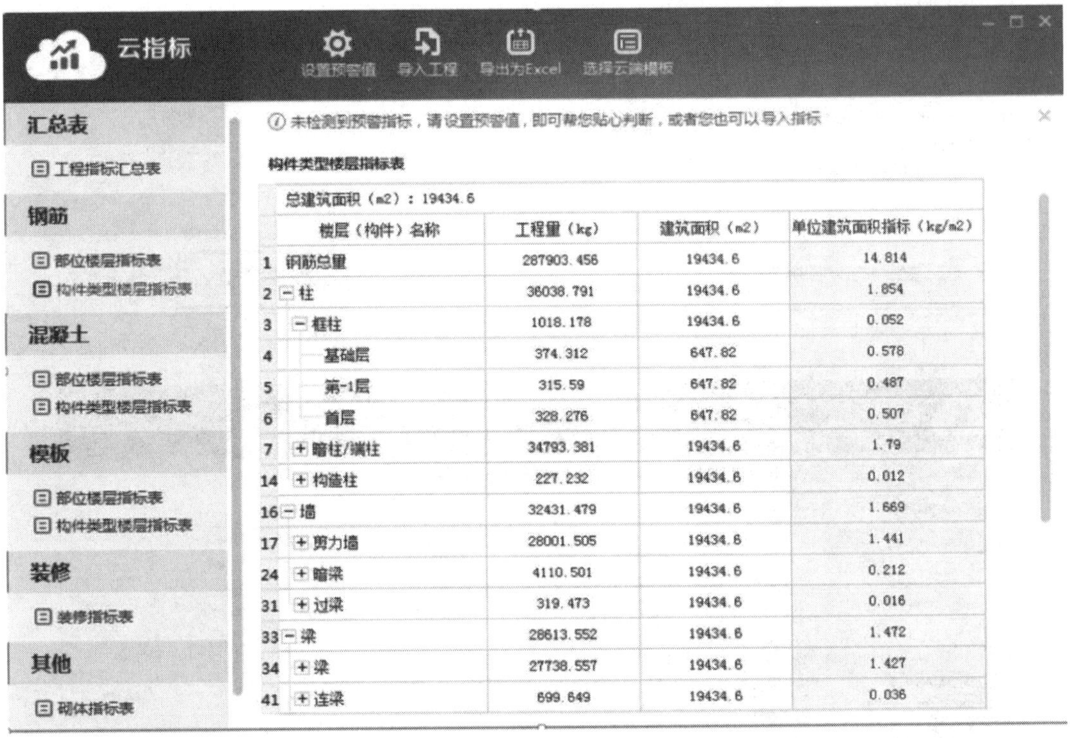

	楼层（构件）名称	工程量（kg）	建筑面积（m2）	单位建筑面积指标（kg/m2）
1	钢筋总量	287903.456	19434.6	14.814
2	− 柱	36038.791	19434.6	1.854
3	− 框柱	1018.178	19434.6	0.052
4	基础层	374.312	647.82	0.578
5	第-1层	315.59	647.82	0.487
6	首层	328.276	647.82	0.507
7	+ 暗柱/端柱	34793.381	19434.6	1.79
14	+ 构造柱	227.232	19434.6	0.012
16	− 墙	32431.479	19434.6	1.669
17	+ 剪力墙	28001.505	19434.6	1.441
24	+ 暗梁	4110.501	19434.6	0.212
31	+ 过梁	319.473	19434.6	0.016
33	− 梁	28613.552	19434.6	1.472
34	+ 梁	27738.557	19434.6	1.427
41	+ 连梁	699.649	19434.6	0.036

图 10.27

混凝土、模板查看不同构件指标详细的数据方式与钢筋相同，分别单击“混凝土”和“模板”分类下对应的“构件类型楼层指标表”即可。

(4)单方混凝土强度等级指标

在查看工程指标数据时，希望能区分不同的混凝土强度等级并进行对比，由于不同的混凝土标号价格不同，需要区分指标数据，分别进行关注。此时可查看“混凝土”分组的“单方混凝土标号指标表”数据。

单击“选择云端模板”，选中“混凝土”分类下的“单方混凝土标号指标表”，单击“确定并刷新数据”，如图 10.28 所示。

云指标页面的对应表数据，如图 10.29 所示。

图 10.28

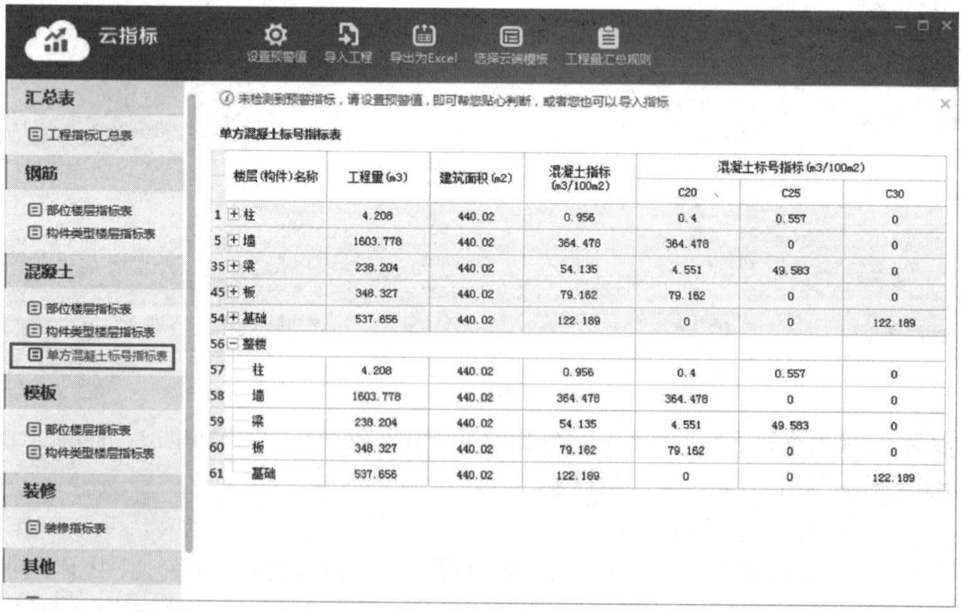

图 10.29

（5）装修指标表

在查看"工程指标汇总表"中的装修数据后,发现有些装修量有问题,希望能进一步分析装修指标数据,定位问题出现的具体构件及楼层。此时可查看"装修指标表"的"单位建筑面积指标（m^2/m^2）"数据。

单击"装修"分类下的"装修指标表",如图10.30所示。

图 10.30

(6)砌体指标表

工程量计算完成后,查看完工程总体指标数据后,发现砌体指标数据不合理,希望能深入查看内、外墙各个楼层的砌体指标值。

此时,可以查看"砌体指标表"中"单位建筑面积指标(m^3/m^2)"数据。

单击"砌体"分类下的"砌体指标表",如图10.31所示。

图 10.31

2) 导入指标进行对比

在查看工程的指标数据时, 不能直观地核对出指标数据是否合理, 为了更快捷地核对指标数据, 需要导入指标数据进行对比, 直接查看对比结果。

这里同学们可以将各自的指标数据相互交换进行对比。

在"云指标"对话框中, 单击"导入指标", 如图 10.32 所示。在弹出的"选择模板"对话框中, 选择要对比的模板, 如图 10.33 所示。

图 10.32

图 10.33

设置模板中的指标对比值,如图10.34所示。

图10.34

单击"确定"按钮后,可以看到当前工程指标的对比结果,其显示结果如图10.35所示。

图10.35

10.7 报表结果查看

通过本节的学习,你将能够:
正确查看报表结果。

一、任务说明
本节任务是查看工程报表。

二、任务分析
在"查看报表"中还可以查看所有楼层的钢筋工程量及所有楼层构件的土建工程量。

三、任务实施
汇总计算完毕后,用户可以采用"查看报表"的方式查看钢筋汇总结果和土建汇总结果。

1)查看钢筋报表

汇总计算整个工程楼层的计算结果之后,还需要查看构件钢筋的汇总量时,可通过"查看报表"的功能来实现。

①单击"工程量"选项卡中的"查看报表",切换到"报表"界面,如图 10.36 所示。

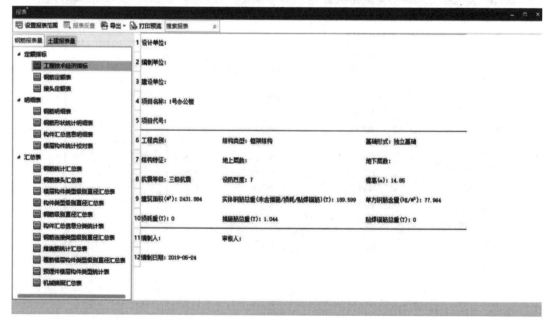

图 10.36

②单击"设置报表范围",进入如图 10.37 所示的对话框设置报表范围。

图 10.37

通过"设置报表范围",选择要查看、打印哪些层的哪些构件,把要输出的勾选即可;选择要输出直筋、箍筋、措施筋,还是将直筋、箍筋和措施筋一起输出,把要输出的勾选即可。

在查看报表部分,软件还提供了报表反查、报表分析等功能,具体介绍请参照软件内置的"文字帮助"。

2)查看报表

在汇总计算整个工程楼层的计算结果之后,还需要查看构件土建的汇总量时,可通过"查看报表"部分来实现。单击"工程量"选项卡中的"查看报表",选择"土建报表量"即可查看土建工程量。

四、总结拓展

在查看报表部分,软件还提供了报表反查、报表分析、土建报表项目特征添加位置、显示费用项、分部整理等特有功能,具体介绍请参照软件内置的"文字帮助"。

五、任务结果

所有层构件的钢筋工程量,见表 10.1。

表 10.1　所有层构件的钢筋工程量

楼层名称	构件类型	钢筋总质量(kg)	HPB300			HRB400									
			6	8	10	8	10	12	14	16	18	20	22	25	28
基础层	基础梁	41799.567		433.318				16559.701		1758.976					23047.572
	筏板基础	82163.397												82163.397	
	集水坑	5206.204												5206.204	
	后浇带	867.851						867.851							
	合计	130037.019		433.318				17427.552		1758.976				87369.601	23047.572
-1	柱	5491.384			1487.44							2778.944	843.24	381.76	
	暗柱/端柱	17048.454			7759.47					4083.046		5205.938			
	构造柱	329.144	48.32	7.04				240.336		33.448					
	剪力墙	22410.403		268.961				11762.946	10378.496						
	过梁	126.093	22.856				15.13	50.733	37.374						
	梁	9080.204	16.405	1512.142					133.244	21.722	653.604	3519.562	2125.425	1098.1	
	现浇板	18557.804	2.904			309.757	655.964	17589.179							
	后浇带	966.769		15.183				951.586							
	合计	74010.255	90.485	1803.326	9246.91	309.757	671.094	30594.78	10549.114	4138.216	653.604	11504.444	2968.665	1479.86	
首层	柱	9803.878	147.884	211.914	2605.982	1137.754		741.916	306.307	819.546		4718.216	2027.526		
	暗柱/端柱	5722.695						2462.12				1811.448			
	构造柱	982.624	13.869	15.84						76.984					
	剪力墙	3888.598		29.915			1382.694	2529.421							
	过梁	459.693	73.357				87.194	247.823	34.966	16.353					
	梁	9599.034	28.137	1922.443	4.13				452.296	21.69	1063.05	2740.832	3110.212	256.244	
	连梁	1382.235		167.308	195.581						259.856	527.672	204.312	27.506	
	现浇板	10469.698	5.216	645.563	273.331	1130.112	4535.83		1350.225					240.24	
	后浇带	547.744		23.646				524.098							
	栏板	33.613				33.613									
	合计	42889.812	268.463	3016.629	4726.664	2301.479	6005.718	6505.378	2143.794	934.573	1322.906	9798.168	5342.05	523.99	

2	柱	7259.568			2444.044							3544.944	1069.224	201.356
	暗柱/端柱	5702.952			1633.84	1116.796			290.15	928.226		1733.94		
	构造柱	876.664	126.996	15.84				656.844		76.984				
	剪力墙	3075.809	28.075				3047.734							
	过梁	519.88	68.123				31.55	165.559	254.648					
	梁	9454.787	20.501	1794.276	4.13				374.12	148.184	865.608	2902.493	2957.604	387.871
	连梁	1298.219		163.153	161.354						211.776	526.984	213.392	21.56
	现浇板	10014.609	2.664	763.315	209.777	2054.161	2837.532	2938.948	1208.212					
	后浇带	588.058		24.508				563.55						
	压顶	79.234				79.234								
	合计	38869.78	246.359	2761.092	4453.145	3250.191	5916.816	4324.901	2127.13	1153.394	1077.384	8708.361	4240.22	610.787
3	柱	7644.342		126.672					791.97	277.29		4015.552	1160.948	
	暗柱/端柱	5316.872			2341.17	1574.832						1733.94		
	构造柱	862.516	117	15.84				652.692		76.984				
	剪力墙	3049.975	28.075		938.84		3021.9							
	过梁	642.542	88.704				52.394	232.165	269.279					
	梁	9510.114	20.501		4.13				374.12	148.184	841.764	2909.888	3025.138	387.871
	连梁	1298.219		163.153	161.354						211.776	526.984	213.392	21.56
	现浇板	9949.375	2.664	757.823	178.715	2024.888	2837.951	2939.037	1208.297					
	后浇带	588.058		24.508				563.55						
	合计	38862.013	256.944	2886.514	3624.209	3599.72	5912.245	4387.444	2643.666	502.458	1053.54	9186.364	4399.478	409.431

楼层名称	构件类型	钢筋总质量(kg)	HPB300			HRB400									
			6	8	10	8	10	12	14	16	18	20	22	25	28
4	柱	6724.442		126.672	2341.17							3272.24	984.36		
	暗柱/端柱	4920.771			938.84	1574.832			698.117	238.55		1470.432			
	构造柱	857.079	120.515	9.504				680.996		46.064					
	剪力墙	2869.766	28.075				2841.691								
	过梁	657.511	91.41		4.13		46.858	229.813	289.43						
	梁	8694.904	20.75	1716.03					457.566	148.184	1511.372	2025.94	2349.313	461.619	
	连梁	1298.219		163.153	161.354						211.776	526.984	213.392	21.56	
	现浇板	13943.955		5.085		1710.572	6332.414	5895.884							
	后浇带	584.88		24.508				560.372							
	合计	40551.527	260.75	2044.952	3445.494	3285.404	9220.963	7367.065	1445.113	432.798	1723.148	7295.596	3547.065	483.179	
机房层	柱	1238.15			501.93							566.12	170.1		
	暗柱/端柱	734.569			160.679	310.44			136.512	27.2		99.738			
	构造柱	504.242	54.086			117.593	274.822	450.156							
	剪力墙	277.684	2.862												
	过梁	74.478	14.148				16.496	43.834							
	梁	1038.363		185.455					33.636		77.584	336.552	386.656	18.48	
	连梁	1298.219		163.153	161.354						211.776	526.984	213.392	21.56	
	现浇板	2420.604		655.966	470.574		494.46	1808.551							
	楼梯	1553.52						426.98							
	栏板	57.15	0.75			56.4									
	压顶	276.632				276.632									
	合计	9473.611	71.846	1004.574	1294.537	761.065	785.778	2729.521	170.148	27.2	289.36	1529.394	770.148	40.04	

	柱	暗柱/端柱	构造柱	剪力墙	过梁	梁	连梁	现浇板	楼梯	基础梁	筏板基础	集水坑	后浇带	栏板	压顶	合计
全部层汇总	38161.764	39446.313	4412.269	35572.235	2480.197	47377.406	6575.111	65356.045	1553.52	41799.567	82163.397	5206.204	4143.36	90.763	355.866	374694.017
		614.801	100.956	358.598	106.294		13.448							0.75		1194.847
	465.258		64.064	298.876		8928.864	819.92	2171.786	655.966	433.318			112.353			13950.405
	11721.736	13079.309				16.52	840.997	661.823	470.574					90.013	355.866	26790.959
		5714.654						7347.083								13507.616
				10568.841	249.622	106.294		17694.151								28512.614
		3422.94		14225.066	969.927	1824.982		3766.734	426.98	16559.701		4031.007				73336.641
		2223.056	310.464	10378.496	885.697			33701.02								19078.965
	18896.016	6373.858			16.353	487.964	2635.608			1758.976						48022.327
	6255.398	12055.436				14435.267	1057.88	5012.982	1106.96		82163.397	5206.204				8947.615
	823.356					13954.348	113.746									6119.942
						2610.185										21267.626
								23047.572								90916.888
																23047.572

所有层构件的土建工程量见计价部分。

下篇

建筑工程计价

11 招标控制价编制要求

通过本章的学习,你将能够:

(1)了解工程概况及招标范围;

(2)了解招标控制价编制依据;

(3)了解造价的编制要求;

(4)掌握工程量清单样表。

1)工程概况及招标范围

①工程概况:广联达办公大厦,总面积为 4461.287 m²,地下一层面积为 966.393 m²,地上四层建筑面积为 3494.8942 m²。本项目现场面积约为 3000 m²。本工程采用履带式挖掘机 1 m³ 以上。

②工程地点:浙江省温州市区。

③招标范围:广联达办公大厦建筑施工图内除卫生间内装饰外的全部内容。

④本工程计划工期为 180 天,经计算定额工期 210 天,合同约定开工日期为 2020 年 11月 1 日。

2)招标控制价编制依据

该工程的招标控制价依据《建设工程工程量清单计价规范 2013》(GB 50500—2013)、《浙江省建设工程预算定额》(2018)以及配套解释和相关规定,结合工程设计及相关资料、施工现场情况、工程特点及合理的施工方法,以及建设工程项目的相关标准、规范、技术资料编制。

3)造价编制要求

(1)价格约定

①除暂估材料及甲供材外,材料价格按"浙江省温州市 2020 年综合版工程造价信息第十期"及市场价计取。

②人工费一类按 141 元/工日,二类按 152 元/工日,三类按 174 元/工日。

③税金按 9% 计取。

④安全文明施工费、规费足额计取。

⑤暂列金额为 1020346.87 元(标化工地增加费 26824.74 元,优质工程增加费 19325.13元,预留金 80 万元)。

⑥二次装修工程为暂估专业工程 60 万元。

(2)其他要求

①土方考虑外运至 20 km 以外,不考虑买土。

②全部采用商品混凝土。

③不考虑总承包服务费及施工配合费。

4) 甲供材一览表(表 11.1)

表 11.1　甲供材一览表(无考虑甲供)

序号	名称	规格型号	单位	单价(元)
1	C15 商品非泵送混凝土	最大粒径 20 mm	m³	439
2	C20 商品非泵送混凝土	最大粒径 20 mm	m³	451
3	C25 商品非泵送混凝土	最大粒径 20 mm	m³	467
4	C20 商品非泵送混凝土(细石)	最大粒径 20 mm	m³	484
5	C10 商品非泵送混凝土(细石)	最大粒径 20 mm	m³	429
6	C25 商品泵送混凝土	最大粒径 20 mm	m³	491
7	C30 商品泵送混凝土	最大粒径 20 mm	m³	514
8	C30 商品泵送混凝土,P6 抗渗	最大粒径 20 mm	m³	517
9	C35 商品泵送混凝土,P6 抗渗	最大粒径 20 mm	m³	554
10	C35 商品混凝土	最大粒径 20 mm	m³	549

5) 材料暂估单价表(表 11.2)

表 11.2　材料暂估单价表

序号	名称	规格型号	单位	单价(元)
1	地面砖		m²	60
2	地砖踢脚		m²	60
3	大理石地面		m²	200
4	大理石踢脚		m²	200
5	石塑防滑地砖		m²	60
6	釉面砖(墙面)		m²	80
7	铝合金条板		m²	100
8	铝塑平开门		m²	400
9	铝塑上悬窗		m²	370
10	铝合金推拉门		m²	500

6)计日工表(表11.3)

表11.3 计日工表

序号	名称	工程量	单位	单价(元)	备注
1	人工				
	木工	10	工日	270	
	瓦工	10	工日	240	
	钢筋工	10	工日	270	
2	材料				
	砂子(中粗)	5	m³	106	
	水泥	5	t	565	
3	施工机械				
	载重汽车	1	台班	1000	

7)评分办法(表11.4)

表11.4 评分办法

序号	评标内容	分值范围(分)	说明
1	工程造价(商务标)	70	不可竞争费单列(样表参考见《报价单》)
2	工程工期	5	按招标文件要求工期进行评定
3	工程质量	5	按招标文件要求质量进行评定
4	施工组织设计(技术标)	20	按招标工程的施工要求、性质等进行评审

8)报价单(表11.5)

表11.5 报价单

工程名称:	第____标段_____(项目名称)	
工程控制价(万元)		
其中	安全文明施工措施费(万元)	
	税金(万元)	
	规费(万元)	
除不可竞争费外工程造价(万元)		
措施项目费用合计 (不含安全文明施工措施费)(万元)		

9) 工程量清单样表

工程量清单样表参照《建设工程工程量清单计价规范》(GB 50500—2013),主要包括以下内容:

①封面:封-2。

②总说明:表-01。

③单项工程招标控制价汇总表:表-03。

④单位工程招标控制价汇总表:表-04。

⑤分部分项工程量清单与计价表:表-08。

⑥工程量清单综合单价分析表:表-09。

⑦措施项目清单与计价表(一):表-10。

⑧措施项目清单与计价表(二):表-11。

⑨其他项目清单与计价汇总表:表-12。

⑩暂列金额明细表:表-12-1。

⑪材料暂估单价表:表-12-2。

⑫专业工程暂估价表:表-12-3。

⑬计日工表:表-12-4。

⑭总承包服务费计价表:表-12-5。

⑮规费、税金项目清单与计价表:表-13。

⑯主要材料价格表。

12　编制招标控制价

通过本章的学习,你将能够:

(1)了解算量软件导入计价软件的基本流程;

(2)掌握计价软件的常用功能;

(3)运用计价软件完成预算工作。

12.1　新建招标项目结构

通过本节的学习,你将能够:

(1)建立建设项目;

(2)建立单项工程;

(3)建立单位工程;

(4)按标段多级管理工程项目;

(5)修改工程属性。

一、任务说明

在计价软件中完成招标项目的建立。

二、任务分析

①招标项目的单项目工程和单位工程分别是什么?

②单位工程的造价构成是什么?各构成所包括的内容分别是什么?

三、任务实施

①新建项目。单击"新建招投标项目",如图12.1所示。

②进入新建标段工程。

本项的计价方式为清单计价。

项目名称为:"广联达办公大厦项目"。

项目编码:20200101。

修改项目信息如图12.2所示。

图 12.1

图 12.2

③新建单项工程。在"广联达办公大厦项目"中单击鼠标右键,选择"新建单项工程",如图 12.3 所示。

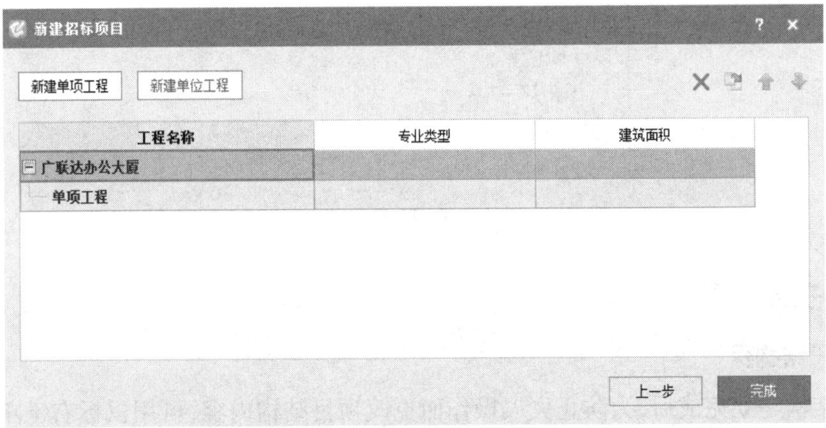

图 12.3

【注意】

在"建设项目"下可以新建单项工程;在"单项工程"下可以新建单位工程。

④新建单位工程。在"广联达办公大厦项目"中单击鼠标右键,选择"新建单位工程",如图 12.4 所示。

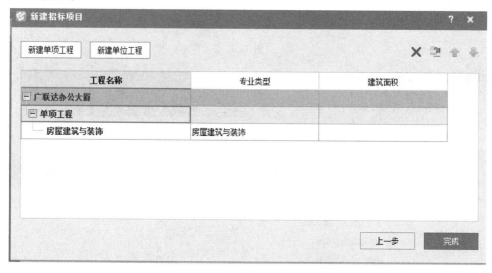

图 12.4

四、任务结果

任务结果参考如图 12.5 所示。

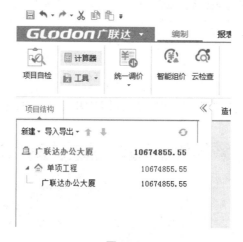

图 12.5

五、总结拓展

1)标段结构保护

项目结构建立完成后,为防止失误操作而更改项目结构内容,可用鼠标右键单击项目名称,选择"标段结构保护"对项目结构进行保护,如图 12.6 所示。

图 12.6

2)编辑

在项目结构中进入单位工程进行编辑时,可直接用鼠标左键双击项目结构中的单位工程名称或者选中需要编辑的单位工程,单击常用功能中的"编辑"即可;也可直接用鼠标左键双击"广联达办公大厦"及单位工程进入。

12.2 导入图形算量工程文件

通过本节的学习,你将能够:

(1)导入图形算量文件;

(2)整理清单项;

(3)描述项目特征;

(4)增加、补充清单项。

一、任务说明

①导入图形算量工程文件。

②添加钢筋工程清单和定额,以及相应的钢筋工程量。

③补充其他清单项和定额。

二、任务分析

①图形算量与计价软件的接口在哪里?

②分部分项工程中如何增加钢筋工程量?

三、任务实施

1) 导入图形算量文件

①进入单位工程界面,单击"导入导出",选择"导入算量文件",如图 12.7 所示,选择相应的图形算量文件。

图 12.7

②选择算量文件的所在位置,然后检查列是否对应,无误后单击导入,如图 12.8 所示。

	导入	编码	类别	名称	单位	工程量
1	☑	010101001001	项	平整场地	m2	1279.3559
2	☑	[2393]1-76	借用子目	平整场地机械	1000m2	1.2793559 * 1000
3	☑	010505008001	项	雨篷、悬挑板、阳台板	m3	0.462
4	☑	5-21	补充子目	现浇混凝土 檐沟、挑檐	m3	0.462
5	☑	010505008002	项	雨篷、悬挑板、阳台板	m3	0.9171
6	☑	[2393]5-16	借用子目	现浇混凝土 雨篷	10m3	0.09171 * 10
7	☑	010507001001	项	散水、坡道	m2	96.6057
8	☑	补	补充子目	散水、坡道	m2	96.6057
9	☑	010507001002	项	散水、坡道	m2	65.5454
10	☑	17-179	定	墙脚护坡混凝土面	100m2	0.655454 * 100
11	☑	010507003001	项	电缆沟、地沟	m	6.9492
12	☑	17-182	定	明沟混凝土	10m	0.69492 * 10
13	☑	010507004001	项	台阶	m2	27.3816
14	☑	[2393]17-186	借用子目	台阶砖砌	10m2	2.73816 * 10
15	☑	010801001001	项	木质门	樘	36
16	☑	[2393]8-6	借用子目	无亮胶合板门-M1: 尺寸1000*2100mm	100m2	0.756 * 100
17	☑	010801001002	项	木质门	樘	19
18	☑	[2393]8-6	借用子目	无亮胶合板门-M2: 尺寸1500*2100mm	100m2	0.5985 * 100
19	☑	010902001001	项	屋面卷材防水	m2	816.7135
20	☑	9-47	定	改性沥青卷材热熔法 一层 平面 一层 平面	100m2	8.167135 * 100
21	☑	011001003001	项	保温隔热墙面	m2	1808.895
22	☑	10-1+10-2*2	补充子目	保温隔热墙面胶粉聚苯颗粒厚度:35mm	m2	1808.895
23	☑	011201001001	项	墙面一般抹灰	m2	22.8892

图 12.8

2) 整理清单

在分部分项界面进行分部分项整理清单项。

①单击"整理清单",选择"分部整理",如图 12.9 所示。

图 12.9

②弹出如图 12.10 所示的"分部整理"对话框,选择按专业、章、节整理后,单击"确定"按钮。

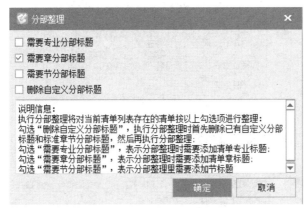

图 12.10

③清单项整理完成后,如图 12.11 所示。

整个项目	编码	标记	类别	名称
A 土石方工程	−			整个项目
D 砌筑工程	+		部	A 土石方工程
E 混凝土及钢筋…	+		部	D 砌筑工程
F 金属结构工程	+		部	E 混凝土及钢筋混凝土工程
H 门窗工程	+		部	F 金属结构工程
J 屋面及防水工程	+		部	H 门窗工程
K 保温、隔热、…	+		部	J 屋面及防水工程
L 楼地面装饰工程	+		部	K 保温、隔热、防腐工程
M 墙、柱面装饰…	+		部	L 楼地面装饰工程
N 天棚工程	+		部	M 墙、柱面装饰与隔断、幕墙工程
P 油漆、涂料、…	+		部	N 天棚工程
Q 其他装饰工程	+		部	P 油漆、涂料、裱糊工程
	+		部	Q 其他装饰工程

图 12.11

然后将导入的装饰工程部分删除。用同样的方法将广联达办公大厦装饰工程也导入图形算量文件,最后删除土建部分。

3)项目特征描述

项目特征描述主要有以下 3 种方法:

①图形算量中已包含项目特征描述的,可以在"特征及内容"界面下选择"应用规则到全部清单项",如图 12.12 所示。

图 12.12

②选择清单项,可以在"特征及内容"界面进行添加或修改来完善项目特征,如图 12.13 所示。

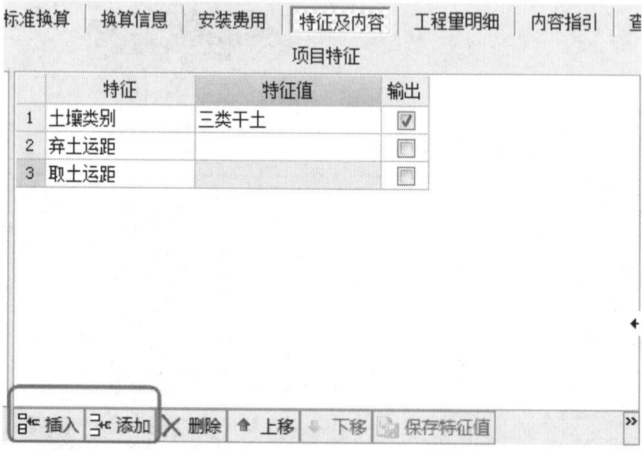

	特征	特征值	输出
1	土壤类别	三类干土	☑
2	弃土运距		☐
3	取土运距		☐

标准换算　换算信息　安装费用　特征及内容　工程量明细　内容指引　查

项目特征

插入　添加　删除　上移　下移　保存特征值

图 12.13

③直接单击"项目特征"对话框,进行修改或添加,如图 12.14 所示。

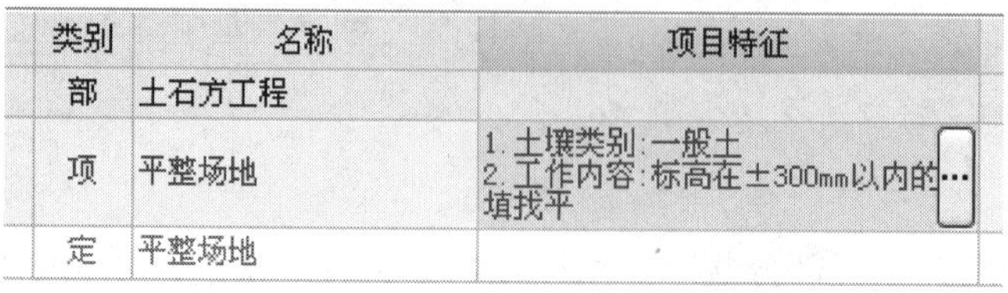

类别	名称	项目特征
部	土石方工程	
项	平整场地	1.土壤类别:一般土 2.工作内容:标高在±300mm以内的填找平
定	平整场地	

图 12.14

4) 补充清单项

完善分部分项清单,将项目特征补充完整,方法如下:

①单击"添加",选择"添加清单项"和"添加子目",如图 12.15 所示。

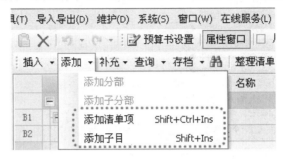

图 12.15

②单击鼠标右键选择"插入清单"和"插入子目",如图 12.16 所示。

图 12.16

该工程需补充的清单子目如下(仅供参考):

①增加钢筋清单项,如图 12.17 所示。

②补充雨水配件等清单项,如图 12.18 所示。

③补充二层栏杆以及相应的装修清单,如图 12.19 所示。

④补充油漆清单,如图 12.20 所示。

编码	类别	名称	项目特征	单位	工程量表达式	含量	工程量
⊟ 010515001001	项	现浇构件钢筋	1.钢筋种类、规格：Φ6	t	6.856		6.856
5-112	定	钢筋制作 φ10以内 Φ6		t	QDL	1	6.856
5-115	定	钢筋安装 φ10以内 Φ6		t	QDL	1	6.856
⊟ 010515001002	项	现浇构件钢筋	1.钢筋种类、规格：Φ8	t	26.265		26.265
5-112	定	钢筋制作 φ10以内 Φ8		t	QDL	1	26.265
5-115	定	钢筋安装 φ10以内 Φ8		t	QDL	1	26.265
⊟ 010515001003	项	现浇构件钢筋	1.钢筋种类、规格：Φ10	t	56.832		56.832
5-112	定	钢筋制作 φ10以内 Φ10		t	QDL	1	56.832
5-115	定	钢筋安装 φ10以内 Φ10		t	QDL	1	56.832
⊟ 010515001004	项	现浇构件钢筋	1.钢筋种类、规格：⊈12	t	81.767		81.767
5-112	定	钢筋制作 φ10以内 ⊈12		t	QDL	1	81.767
5-115	定	钢筋安装 φ10以内 ⊈12		t	QDL	1	81.767
⊟ 010515001005	项	现浇构件钢筋	1.钢筋种类、规格：⊈14	t	17.825		17.825
5-112	定	钢筋制作 φ10以内 ⊈14		t	QDL	1	17.825
5-115	定	钢筋安装 φ10以内 ⊈14		t	QDL	1	17.825
⊟ 010515001006	项	现浇构件钢筋	1.钢筋种类、规格：⊈16	t	8.887		8.887
5-112	定	钢筋制作 φ10以内 ⊈16		t	QDL	1	8.887
5-115	定	钢筋安装 φ10以内 ⊈16		t	QDL	1	8.887
⊟ 010515001007	项	现浇构件钢筋	1.钢筋种类、规格：⊈18	t	6.471		6.471
5-112	定	钢筋制作 φ10以内 ⊈18		t	QDL	1	6.471
5-115	定	钢筋安装 φ10以内 ⊈18		t	QDL	1	6.471
⊟ 010515001008	项	现浇构件钢筋	1.钢筋种类、规格：⊈20	t	48.968		48.968
5-112	定	钢筋制作 φ10以内 ⊈20		t	QDL	1	48.968
5-115	定	钢筋安装 φ10以内 ⊈20		t	QDL	1	48.968
⊟ 010515001009	项	现浇构件钢筋	1.钢筋种类、规格：⊈22	t	20.143		20.143
5-112	定	钢筋制作 φ10以内 ⊈22		t	QDL	1	20.143
5-115	定	钢筋安装 φ10以内 ⊈22		t	QDL	1	20.143

图 12.17

编码	类别	名称	项目特征	单位	工程量表达式	含量	工程量
⊟ 010902004001	项	屋面排水管	1.排水管品种、规格：直径100UPVC雨落管 2.雨水斗、山墙出水口品种、规格：塑料雨水斗、铸铁弯头出水口	m	130.7		130.7
9-106	定	屋面防水及其他 塑料（含方形管）排水管 直径（Φ100mm）		m	QDL	1	130.7
9-113	定	屋面防水及其他 铸铁弯头出水口		套	8	0.0612	8
9-114	定	屋面防水及其他 塑料雨水斗		套	8	0.0612	8

图 12.18

编码	类别	名称	项目特征	单位	工程量表达式	含量	工程量
⊟ 011503001002	项	金属扶手、栏杆、栏板	1.部位：二层大厅处 2.扶手材料种类、规格：不锈钢扶手 3.栏杆材料种类、规格：不锈钢栏杆	m	19.3		19.3
15-186	定	通廊栏杆（板）不锈钢栏杆		m2	21.23	1.1	21.23
15-204	定	通廊扶手 不锈钢		m	QDL	1	19.3
⊟ 011108001001	项	石材零星项目	1.工程部位：二层大厅栏杆处 2.面层材料品种、规格、颜色：花岗岩	m2	5.79		5.79
11-115	定	零星装饰项目 石材 不拼花		m2	QDL	1	5.79
5-152	定	楼地面垫层 细石混凝土		m3	0.579	0.1001	0.58

图 12.19

编码	类别	名称	项目特征	单位	工程量表达式	含量	工程量
⊟ 011401001001	项	木门油漆	1.门类型：木门 2.油漆品种、刷漆遍数：底油一遍、调和漆二遍	m2	168.85		168.85
14-3	定	门、窗油漆 单层木门窗 底油 一遍		m2	QDL	1	168.85
14-33	定	门、窗油漆 单层木门窗 醇酸调和漆 面漆 二遍		m2	QDL	1	168.85

图 12.20

四、检查与整理

1) 整体检查

①对分部分项的清单与定额的套用做法进行检查,确认是否有误。

②查看整个分部分项中是否有空格,如有,要进行删除。

③按清单项目特征描述校核套用定额的一致性,并进行修改。

④查看清单工程量与定额工程量数据的差别是否正确。

2) 整体进行分部整理

对于分部整理完成后出现的"补充分部"清单项,可以调整专业章节位置至应该归类的分部,操作如下:

①用鼠标右键单击清单项编辑界面,在"页面显示列设置"对话框中选择"指定专业章节位置",如图 12.21 所示。

图 12.21

②单击清单项的"指定专业章节位置",弹出"专业章节"对话框,选择相应的分部,调整完后再进行分部整理。

五、单价构成

在对清单项进行相应的补充、调整后,需要对清单的单价构成进行费率调整。具体操作如下:

①在工具栏中单击"单价构成",如图 12.22 所示。

②根据专业选择对应的"管理取费文件"下的对应费率,如图 12.23 所示。

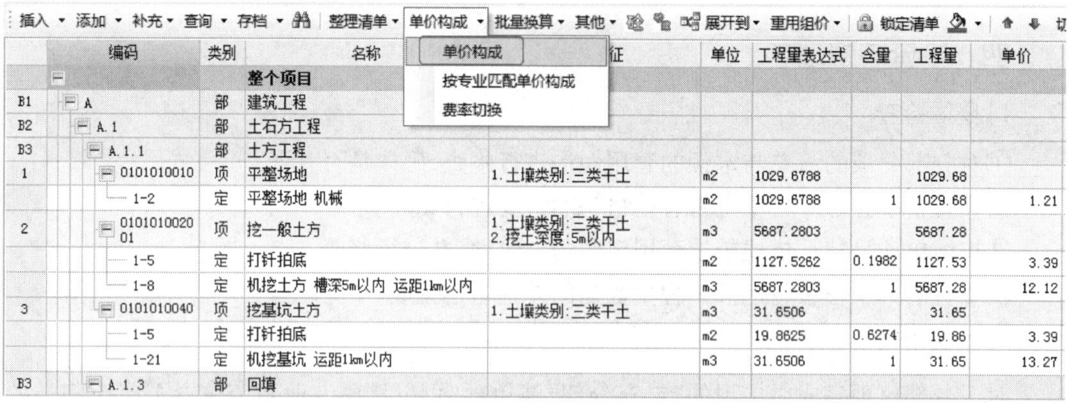

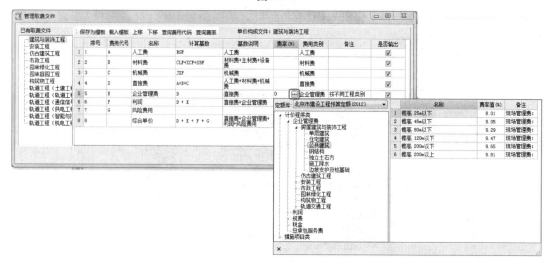

图 12.22

图 12.23

六、任务结果

详见报表实例。

12.3 计价中的换算

通过本节的学习，你将能够：

（1）了解清单与定额的套定一致性；

（2）调整人材机系数；

（3）换算混凝土、砂浆强度等级；

（4）补充或修改材料名称。

一、任务说明

根据招标文件所述换算内容,完成对应换算。

二、任务分析

①图形算量与计价软件的接口在哪里?

②分部分项工程中如何换算混凝土、砂浆?

③清单描述与定额子目材料名称不同时,应如何进行修改?

三、任务实施

1)替换子目

根据清单项目特征描述校核套用定额的一致性,如果套用子目不合适,可单击"查询",选择相应子目进行"替换",如图 12.24 所示。

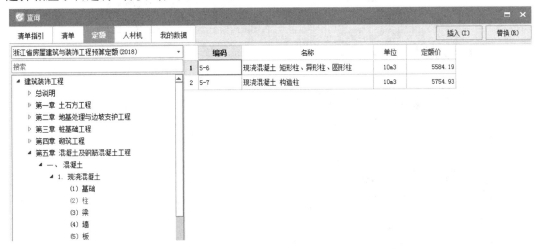

图 12.24

2)子目换算

按清单描述进行子目换算时,主要包括以下 3 个方面的换算:

①调整人材机系数。下面以土方含水率为例,介绍调整人材机系数的操作方法。若工程中含水率超过 25%,定额中说明土方含水率超过 25%,单价乘以系数 1.15,如图 12.25 所示。

②换算混凝土、砂浆强度等级时,方法如下:

a.标准换算。选择需要换算混凝土强度等级的定额子目,在"标准换算"界面下选择相应的混凝土强度等级,本项目选用的全部为商品混凝土,如图 12.26 所示。

b.批量系数换算。若清单中的材料进行换算的系数相同时,可选中所有换算内容相同的清单项,单击常用功能中的"批量换算",对材料进行换算,如图 12.27 所示。

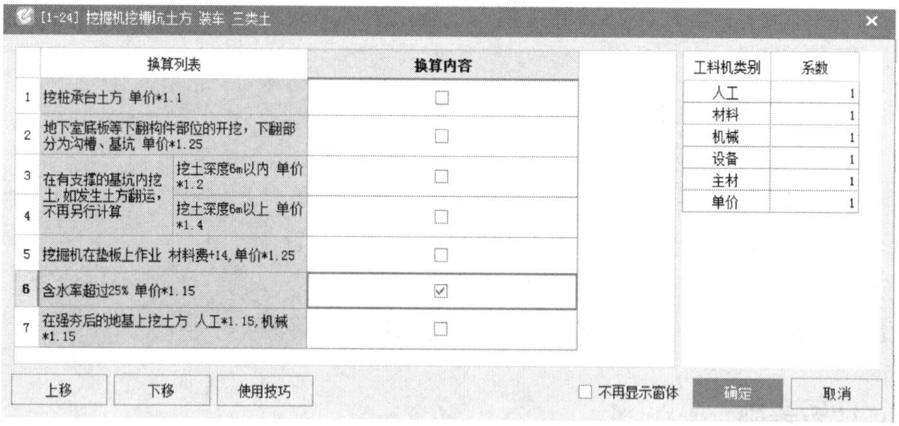

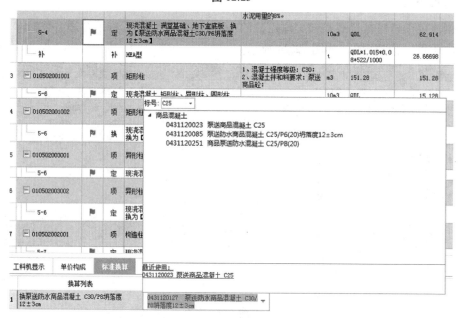

图 12.25

图 12.26

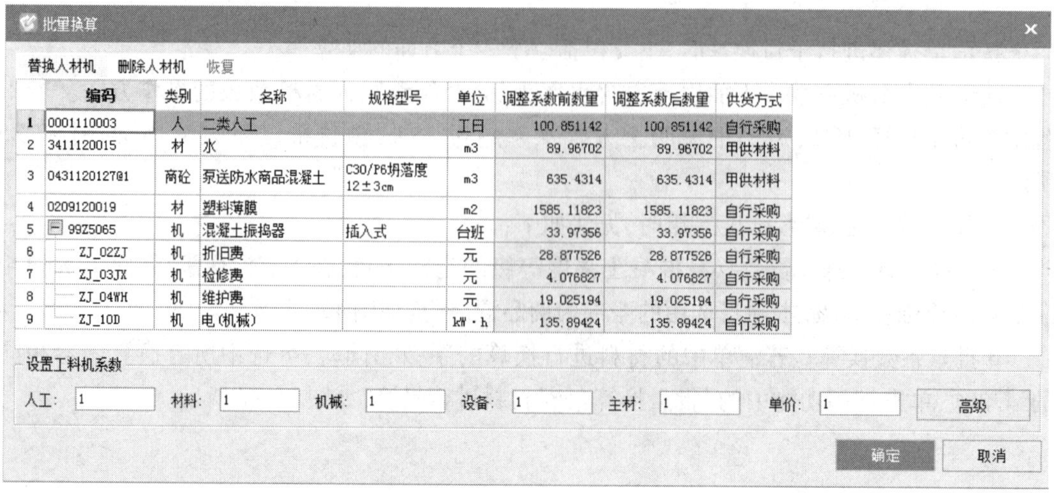

图 12.27

c.修改材料名称。当项目特征中要求材料与子目相对应人材机材料不相符时,需要对材料名称进行修改,下面以钢筋工程按直径划分为例,介绍人材机中材料名称的修改。

选择需要修改的定额子目,在"工料机显示"界面下,在"规格及型号"一栏备注上直径,如图 12.28 所示。

		5-36	定	现浇构件圆钢筋HPB300 直径10mm以内				t	QDL	
32	⊟	010515001002	项	现浇构件钢筋		现浇构件带肋钢筋 HRB400以内 10		t	7.683+30.159	
		5-38	定	现浇构件带肋钢筋HRB400以内 直径10mm以内				t	QDL	

	工料机显示		单价构成	标准换算	换算信息		特征及内容	工程量明细	反查图形工程量	说明信息	组

	编码	类别	名称	规格及型号	单位	损耗率	含量	数量	定额价	除税市场价	含税市场价
1	0001110003	人	二类人工		工日		4.107	155.417…	135	**152**	152
2	0101120067	材	热轧带肋钢筋	HRB400 φ10	t		1.02	38.59884	3938	**3885**	4390.05
3	0103120005	材	镀锌铁丝	φ0.7~1.0	kg		5.64	213.42888	6.74	**5.39**	6.091
4	⊞ 991314…	机	钢筋调直机	14mm	台班		0.27	10.21734	37.97	**38.31**	39.49
10	⊞ 991314…	机	钢筋切断机	40mm	台班		0.11	4.16262	43.28	**43**	46.18
16	⊞ 991314…	机	钢筋弯曲机	40mm	台班		0.31	11.73102	26.38	**26.46**	27.72

图 12.28

四、任务结果

详见报表实例。

五、总结拓展

锁定清单

在所有清单补充完整之后,可运用"锁定清单"对所有清单项进行锁定,锁定之后的清单项将不能再进行添加和删除等操作。若要进行修改,需先对清单项进行解锁,如图 12.29 所示。

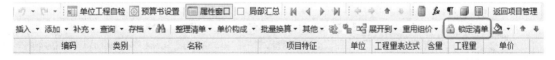

图 12.29

12.4 其他项目清单

通过本节的学习,你将能够:

(1)编制暂列金额;

(2)编制专业工程暂估价;

(3)编制计工日表。

一、任务说明

①根据招标文件所述编制其他项目清单。

②按本工程控制价编制要求,本工程暂列金额为 1020346.87 元列入建筑工程专业(标化工地增加费 26824.74 元,优质工程增加费 19325.13 元,预留金 80 万元)。

③本工程二次装修工程为暂估专业工程,暂列金额为 60 万元(列入装饰工程专业)。

二、任务分析

①其他项目清单中哪几项内容不能变动?

②暂估材料价如何调整? 计日工是不是综合单价? 应如何计算?

三、任务实施

1)添加暂列金额

按招标文件要求暂列金额为 800000 元,在名称中输入"暂估工程价",在金额中输入"800000",如图 12.30 所示。标化工地增加费和优质工程增加费在计价取费设置中计取。

	序号	名称	计量单位	计算公式	费率(%)	暂定金额	费用类别	备注
1	—	暂列金额	元			1018653.08		
2	1	标化工地增加费	元	FBFX_DERGF···	1.54	26824.74	标化工地增···	暂定费用
3	2	优质工程增加费	元	FBFXHJ+CSX···	2	192028.34	优质工程增···	暂定费用
4	3	其他暂列金额	元			800000	其他暂列金额	
5	3.1	预留金	元		100	800000		

图 12.30

2)添加专业工程暂估价

按招标文件内容,玻璃幕墙(含预埋件)为暂估工程价,在工程名称中输入"二次装修",在金额中输入"600000",如图 12.31 所示。

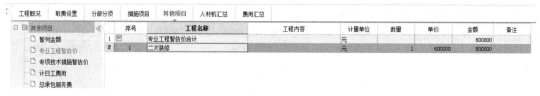

	序号	工程名称	工程内容	计量单位	数量	单价	金额	备注
1	—	专业工程暂估价合计		元			600000	
2	1	二次装修		元	1	600000	600000	

图 12.31

3)添加计日工

按招标文件要求,本项目有计日工费用,需要添加计日工,人工为 95 元/日,如图 12.32 所示。

序号		名称	计量单位	暂定数量	单价	合价	费用类别	备注
—		合计				12155		
—		人工				7800	人工费	
	1	木工	工日	10	270	2700		
	2	瓦工	工日	10	240	2400		
	3	钢筋工	工日	10	270	2700		
二		材料				3355	材料费	
	1	砂子(中粗砂)	m3	5	106	530		
	2	水泥	t	5	565	2825		
三		施工机械				1000	机械费	
	1	载重汽车	台班	1	1000	1000		

图 12.32

添加材料时,如需增加费用行可用鼠标右键单击操作界面,选择"插入费用行"进行添加,如图12.33所示。

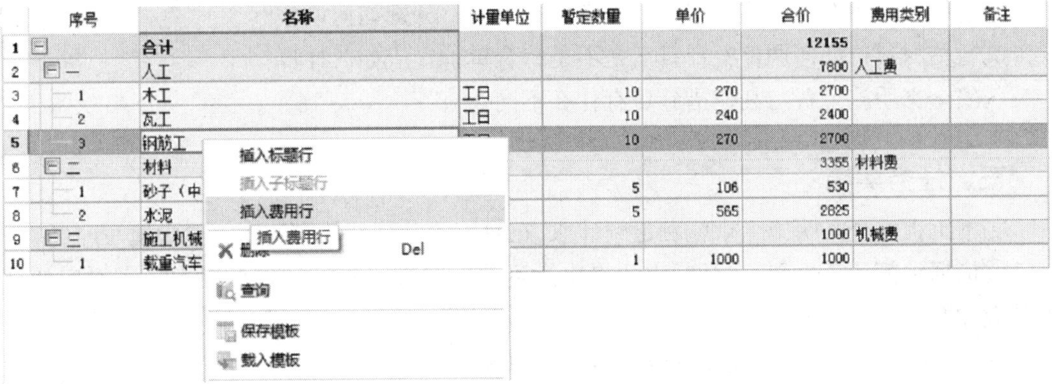

	序号	名称	计量单位	暂定数量	单价	合价	费用类别	备注
1		合计				12155		
2	一	人工				7800	人工费	
3	1	木工	工日	10	270	2700		
4	2	瓦工	工日	10	240	2400		
5	3	钢筋工		10	270	2700		
6	二	材料				3355	材料费	
7	1	砂子(中		5	106	530		
8	2	水泥		5	565	2825		
9	三	施工机械				1000	机械费	
10	1	载重汽车		1	1000	1000		

右键菜单:
插入标题行
插入子标题行
插入费用行
删除 Del
查询
保存模板
载入模板

图 12.33

四、任务结果

详见报表实例。

五、总结拓展

总承包服务费

在工程建设施工阶段实行施工总承包时,当招标人在法律、法规允许的范围内对工程进行分包和自行采购供应部分设备、材料时,要求总承包人提供相关服务(如分包人使用总包人脚手架、水电接剥等)和施工现场管理等所需的费用。

12.5 编制措施项目

通过本节的学习,你将能够:

(1)编制安全文明施工措施费;

(2)编制脚手架、模板、大型机械等技术措施项目。

一、任务说明

根据招标文件所述编制措施项目:

①参照定额及造价文件计取安全文明施工措施费。

②编制垂直运输、脚手架、大型机械进出场费用。

③提取分部分项模板子目,完成模板费用的编制。

二、任务分析

①措施项目中按项计算与按量计算有什么不同？分别如何调整？

②暂估材料价如何调整？计日工是不是综合单价？应如何计算？

③安全文明施工费与其他措施费有什么不同？

三、任务实施

①本工程安全文明施工措施费足额计取,在对应的计算基数和费率一栏中填写即可。

②依据定额计算规则,选择对应的二次搬运费率和夜间施工增加费费率。在对应的计算基数和费率一栏中填写即可。

③提取模板子目,正确选择对应模板子目以及需要计算超高的子目。在措施项目界面下选择"提取模板子目",如图 12.34 所示。如果是从图形软件导入结果,就可省略上面的操作。

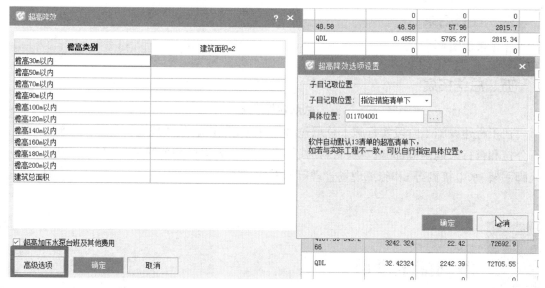

图 12.34

④完成垂直运输和脚手架的编制,如图 12.35 所示。

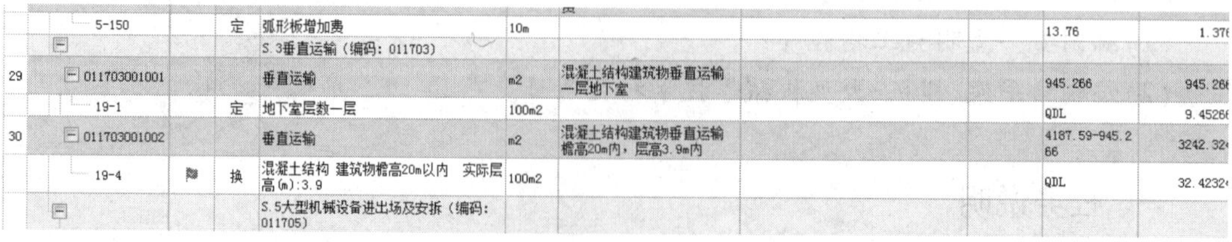

图 12.35

四、任务结果

详见报表实例。

12.6　调整人材机

通过本节的学习,你将能够:

(1)调整定额工日;

(2)调整材料价格;

(3)增加甲供材料;

(4)添加暂估材料。

一、任务说明

根据招标文件所述导入信息价,按招标要求修正人材机价格:

①按照招标文件规定,计取相应的人工费。

②材料价格按"北京市 2014 年工程造价信息第五期"及市场价调整。

③根据招标文件,编制甲供材料及暂估材料。

二、任务分析

①有效信息价是如何导入的? 哪些类型的价格需要调整?

②甲供材料价格如何调整?

③暂估材料价格如何调整?

三、任务实施

①在"人材机汇总"界面下,按照招标文件要求的"浙江省温州市 2020 年综合版工程造价信息第十期"对材料"市场价"进行调整,如图 12.36 所示。

编码	类别	名称	规格型号	单位	数量	定额价	除税市场价	含税市场价	税率(%)
0001110001	人	一类人工		工日	315.014982	125	141	141	0
0001110003	人	二类人工	...	工日	5927.443481	135	152	152	0
0001110005	人	三类人工		工日	3375.340104	155	174	174	0
0101120067	材	热轧带肋钢筋	HRB400 φ10	t	65.01684	3938	3885	4390.05	13
0101120067	材	热轧带肋钢筋	HRB400 φ6	t	1.22298	3938	4204	4750.52	13
0101120067	材	热轧带肋钢筋	HRB400 φ8	t	16.99728	3938	3885	4390.05	13
0101120077	材	热轧带肋钢筋	HRB400φ12	t	17.145175	3885	3664	4140.32	13
0101120091	材	热轧带肋钢筋	HRB400φ18	t	6.17255	3759	3549	4010.37	13
0101120091	材	热轧带肋钢筋	HRB400φ12	t	55.316175	3759	3664	4140.32	13
0101120091	材	热轧带肋钢筋	HRB400φ14	t	19.40735	3759	3628	4099.64	13
0101120091	材	热轧带肋钢筋	HRB400φ16	t	9.1922	3759	3549	4010.37	13
0101120113	材	热轧带肋钢筋	HRB400φ25	t	116.56505	3759	3854	4355.02	13
0101120113	材	热轧带肋钢筋	HRB400φ20	t	49.094425	3759	3549	4010.37	13
0101120113	材	热轧带肋钢筋	HRB400φ22	t	21.585475	3759	3549	4010.37	13

图 12.36

②按照招标文件要求,对于如甲供材料可以在"供货方式"处选择"完全甲供",如图 12.37所示。

编码	类别	名称	规格型号	单位	数量	预算价	市场价	市场价合计	价差	价差合计	供货方式
400006	商砼	C15预拌混凝土		m3	113.8627	360	345	39282.63	-15	-1707.94	自行采购
400007	商砼	C20预拌混凝土		m3	16.9302	375	360	6094.87	-15	-253.95	自行采购
400008	商砼	C25预拌混凝土		m3	628.3069	390	375	235609.09	-15	-9424.6	部分甲供
400009	商砼	C30预拌混凝土		m3	796.154	410	395	314480.83	-15	-11942.31	部分乙供
400010	商砼	C35预拌混凝土		m3	28.2374	425	410	11577.33	-15	-423.56	完全甲供

图 12.37

③按照招标文件要求，对于暂估材料表中要求的暂估材料，可以在"人材机汇总"中将暂估材料选中，如图 12.38 所示。

	编码	类别	名称	规格型号	单位	数量	定额价	除税市场价	含税市场价	税率(%)	浮动率(%)	实际价	实际价合计	甲供材料	主要材料	暂估材料
76	0705112002T	材	5厚釉面砖面层	200×300	m2	1413.1366	25.86		80	90.4	13		80	113051.09			✓
77	0705120009	材	5-10厚防滑地砖	500×500	m2	543.0881	50		60	67.8	13		60	32585.29			✓
78	0705120009	材	防滑地砖	500×500	m2	203.2911	50		60	67.8	13		60	12197.47			✓
79	0705120011	材	2.5厚石塑防滑地砖	600×600	m2	39.5417	53.45		60	67.8	13		60	2372.5			✓
80	0705120013	材	8-10厚彩色水泥釉面防滑地	800×800	m2	788.6424	75		60	67.6	13		60	47318.54			✓
81	0705120151	材	陶瓷地砖	综合	m2	115.187709	32.76		60	67.8	13		60	6911.26			✓
82	0705120151	材	防滑地砖（踢脚）	综合	m2	80.028	32.76		60	67.8	13		60	4801.68			✓
83	0800120021	材	20厚大理石板		m2	2349.4119	159		200	226	13		200	469882.38			✓
84	0800120021	材	10-15厚大理石		m2	220.27304	159		200	226	13		200	44054.61			✓
85	0905120041	材	铝合金方板（吊顶）		m2	1863.1258	65.2		100	113	13		100	186312.58			✓

图 12.38

四、任务结果

详见报表实例。

五、总结拓展

1) 市场价锁定

对于招标文件要求的内容，如甲供材料表、暂估材料表中涉及的材料价格是不能进行调整的，为了避免在调整其他材料价格时出现操作失误，可使用"市场价锁定"对修改后的材料价格进行锁定，如图 12.39 所示。

编码	类别	名称	规格型号	单位	市场价锁定
40006	商砼	C15预拌砼	C15	m3	✓
40007	商砼	C20预拌砼	C20	m3	
40008	商砼	C25预拌砼	C25	m3	
40009	商砼	C30预拌砼	C30	m3	

图 12.39

2) 显示对应子目

对于"人材机汇总"中出现材料名称异常或数量异常的情况，可直接用鼠标右键单击相应材料，选择"显示对应子目"，在分部分项中对材料进行修改，如图 12.40 所示。

编码	类别	名称	规格型号	单位	市场价锁定
40006	商砼	C15预拌砼	C15	m3	✓
40007	商砼	C20预拌砼	C20	m3	✓
40008	商砼	C25预拌砼	C25		显示对应子目
40009	商砼	C30预拌砼	C30		市场价存档
40010	商砼	C35预拌砼	C35		载入用户市场价
40018	商砼	C15预拌豆石砼	C15		人材机无价差
400180	商砼	C15预拌豆石砼	C15		
40031	材	抹灰砂浆DP-MR			部分甲供
40034	材	DS砂浆			批量修改
40034@1	材	DS砂浆			替换材料 Ctrl+B
40041	材	粘结砂浆DEA			页面显示列设置
40042	材	抹面砂浆DBI			其他 ▶
81004	浆	1:2水泥砂浆	1:2		

图 12.40

3)市场价存档

对于同一个项目的多个标段,发包方会要求所有标段的材料价保持一致,在调整好一个标段的材料价后,可利用"存价"将此材料价运用到其他标段,如图12.41所示。

图12.41

在其他标段的人材机汇总中使用该市场价文件时,可运用"载价",载入 Excel 市场价文件,如图12.42所示。

图12.42

在导入 Excel 市场价文件时,按如图12.43所示的顺序进行操作。

图12.43

导入 Excel 市场价文件之后,需要先识别材料号、名称、规格、单位、单价等信息,如图12.44所示。

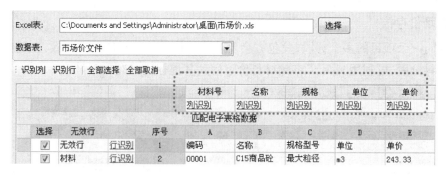

图 12.44

识别完所需要的信息后,需要选择匹配选项,然后单击"导入"按钮即可,如图 12.45 所示。

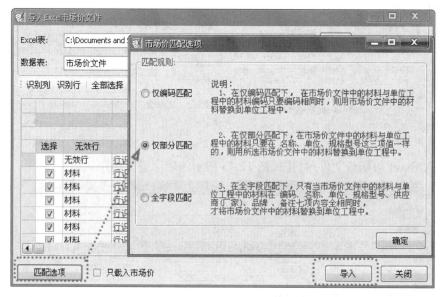

图 12.45

4)批量修改人材机属性

在修改材料供货方式、市场价锁定、主要材料类别等材料属性时,可同时选中多个内容,单击鼠标右键,选择"批量修改",如图 12.46 所示。

编码	类别	名称	规格型号	单位
17091	材	塑料雨水斗		个
40002	商砼	C30预拌抗渗砼	C30	m3
40006	商砼	C15预拌砼		
40007	商砼	C20预拌砼		
40008	商砼	C25预拌砼		
40009	商砼	C30预拌砼		
40010	商砼	C35预拌砼		
40018	商砼	C15预拌豆石砼		
40031	材	抹灰砂浆DP-MR		
40034	材	DS砂浆		
40041	材	粘结砂浆DEA		

右键菜单:
- 显示对应子目
- 市场价存档
- 载入用户市场价
- 人材机无价差
- 部分甲供
- 批量修改
- 替换材料　Ctrl+B

图 12.46

选择需要修改的人材机属性内容进行修改,如图 12.47 所示。

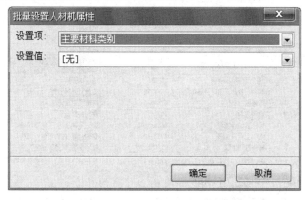

图 12.47

12.7 计取规费和税金

通过本节的学习,你将能够:
(1)载入模板;
(2)修改报表样式;
(3)调整规费。

一、任务说明

在预览报表状态下对报表格式及相关内容进行调整和修改,根据招标文件所述内容和定额规定计取规费和税金。

二、任务分析

①规费都包含哪些项目?
②税金是如何确定的?

三、任务实施

①在"费用汇总"界面,查看"工程费用构成",如图 12.48 所示。
②进入"报表"界面,选择"招标控制价",单击需要输出的报表,用鼠标右键选择"报表设计",或直接单击报表设计器,如图 12.49 所示。
③进入"报表设计器"后,调整列宽及行距,如图 12.50 所示。
④单击文件,选择"报表设计预览",如需修改,关闭预览,重新调整。

	序号	费用代号	名称	计算基数	基数说明	费率(%)
1	1	F1	分部分项工程费	FBFXHJ	分部分项合计	
2	1.1	F2	其中：人工费+机械费	FBFX_DERGF+FBFX_DEJXF	分部分项定额人工费+分部分项定额机械费	
3	2	F3	措施项目费	CSXMHJ	措施项目合计	
4	2.1	F4	施工技术措施项目	JSCSF	技术措施合计	
5	2.1.1	F5	其中：人工费+机械费	JSCS_DERGF+JSCS_DEJXF	技术措施定额人工费+技术措施定额机械费	
6	2.2	F6	施工组织措施项目	ZZCSF	组织措施合计	
7	2.2.1	F7	其中：安全文明施工基本费	AQWMSGF	安全文明施工费	
8	3	F8	其他项目费	QTXMHJ	其他项目合计	
9	3.1	F9	暂列金额	ZLJE	暂列金额	
10	3.1.1	F10	标化工地增加费	ZLJE_BHGD	暂列金额_标化工地增加费	
11	3.1.2	F11	优质工程增加费	ZLJE_YZGC	暂列金额_优质工程增加费	
12	3.1.3	F12	其他暂列金额	QTZLJE	暂列金额_其他暂列金额	
13	3.2	F13	暂估价	F15+F16	专业工程暂估价+专项技术措施暂估价	
14	3.2.1	F14	材料（工程设备）暂估价			
15	3.2.2	F15	专业工程暂估价	ZYGCZGJ	专业工程暂估价	
16	3.2.3	F16	专项技术措施暂估价	ZXJSCSZGJ	专项技术措施暂估价	
17	3.3	F17	计日工	JRG	计日工	
18	3.4	F18	施工总承包服务费	ZCBFWF	总承包服务费	
19	3.4.1	F19	专业发包工程管理费	ZCB_ZYFB	专业发包工程管理费	
20	3.4.2	F20	甲供材料设备管理费	ZCB_JG	甲供材料设备管理费	
21	4	F21	规费	FBFX_DERGF+FBFX_DEJXF+JSCS_DERGF+JSCS_DEJXF	分部分项定额人工费+分部分项定额机械费+技术措施定额人工费+技术措施定额机械费	25.78
22	5	F22	增值税	F1+F3+F8+F21	分部分项工程费+措施项目费+其他项目费+规费	9
23	6	F23	工程造价	F1+F3+F8+F21+F22	分部分项工程费+措施项目费+其他项目费+规费+增值税	

图 12.48

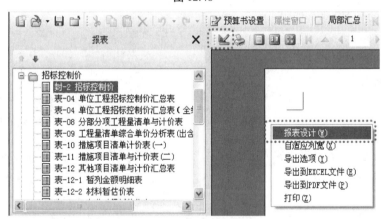

图 12.49

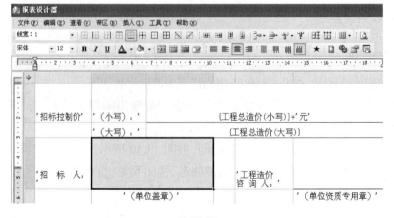

图 12.50

四、任务结果

详见报表实例。

五、总结拓展

调整规费

如果招标文件对规费有特别要求的,可在规费的费率一栏中进行调整,如图12.51所示。本项目没有特别要求的,按软件默认设置即可。

图 12.51

12.8

12.8 统一调整人材机及输出格式

通过本节的学习,你将能够:

(1)调整多个工程人材机;

(2)调整输出格式。

一、任务说明

①如该项目有第一标段为广联达办公大厦1#,第二标段为广联达办公大厦2#,将1#工程数据导入2#工程。

②统一调整1#和2#的人材机。

③统一调整1#和2#的规费。

根据招标文件所述内容统一调整人材机和输出格式。

二、任务分析

①统一调整人材机与调整人材机有哪些不同?

②输出格式一定符合招标文件要求吗? 各种模板如何载入?

③输出之前检查工作如何进行? 综合单价与项目编码如何检查?

三、任务实施

①在"项目管理"界面,在 2#项目导入 1#楼数据。假设在甲方要求下需调整混凝土及钢筋市场价格,可运用常用功能中的"统一调整人材机"进行调整,如图 12.52 所示。其中人材机的调整方法及功能可参照 12.5 节的操作方法,此处不再重复讲解。

图 12.52

②统一调整取费。根据招标文件要求,可同时调整两个标段的取费,在"项目管理"界面下运用常用功能中的"统一调整规费"进行调整,如图 12.53 所示。

图 12.53

四、任务结果

详见报表实例。

五、总结拓展

1)检查项目编码

所有标段的数据整理完毕后,可运用"查看检查结果"对项目编码进行校核,如图 12.54 所示。

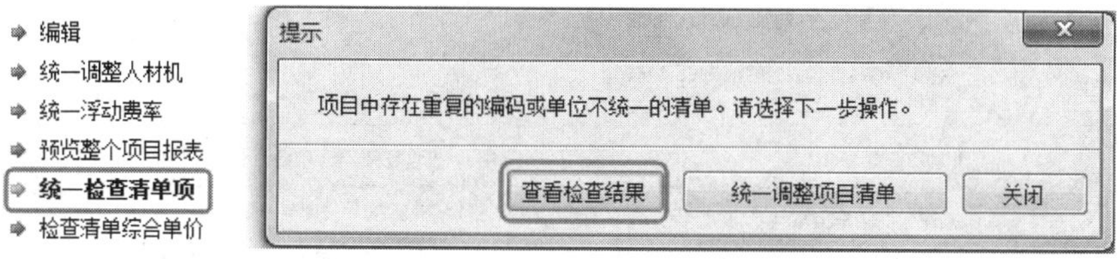

图 12.54

如果"查看检查结果"中提示有重复的项目编码,可选择"统一调整项目清单"对项目编码进行校核。

2)检查清单综合单价

调整好所有的人材机信息后,可运用常用功能中的"检查清单综合单价"对清单综合价进行检查,如图 12.55 所示。

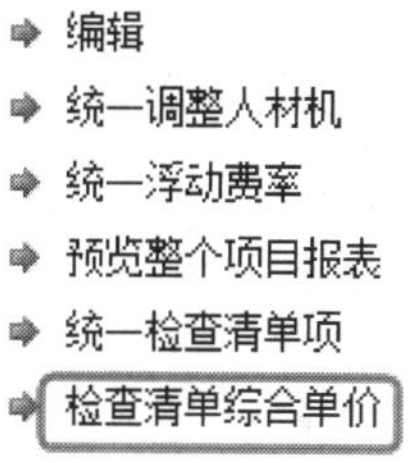

图 12.55

12.9　生成电子招标文件

通过本节的学习,你将能够:
(1)运用"招标书自检"并修改;
(2)运用软件生成招标书。

一、任务说明

根据招标文件所述内容生成招标书。

二、任务分析

①输出招标文件之前有检查要求吗？

②输出的文件是什么类型？如何使用？

三、任务实施

①在"项目结构管理"界面进入"发布招标书"，选择"招标书自检"，如图 12.56 所示。

图 12.56

②在"设置检查项"中选择需要检查的项目名称，如图 12.57 所示。

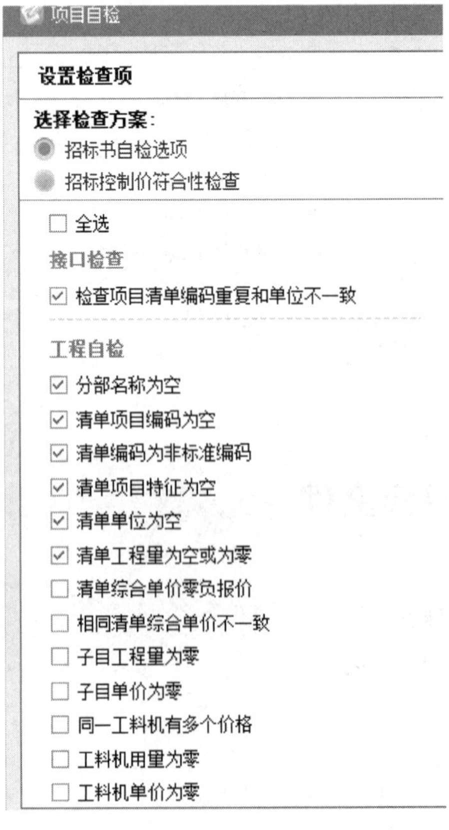

设置检查项

选择检查方案：
- ◉ 招标书自检选项
- ◎ 招标控制价符合性检查

☐ 全选

接口检查
- ☑ 检查项目清单编码重复和单位不一致

工程自检
- ☑ 分部名称为空
- ☑ 清单项目编码为空
- ☑ 清单编码为非标准编码
- ☑ 清单项目特征为空
- ☑ 清单单位为空
- ☑ 清单工程量为空或为零
- ☐ 清单综合单价零负报价
- ☐ 相同清单综合单价不一致
- ☐ 子目工程量为零
- ☐ 子目单价为零
- ☐ 同一工料机有多个价格
- ☐ 工料机用量为零
- ☐ 工料机单价为零

图 12.57

③根据生成的"标书检查报告"对单位工程中的内容进行修改,检查报告如图 12.58 所示。

图 12.58

四、任务结果

详见报表实例。

五、总结拓展

在生成招标书后,若需要单独备份此份标书,可运用"导出招标书"对标书进行单独备份,如图 12.59 所示。

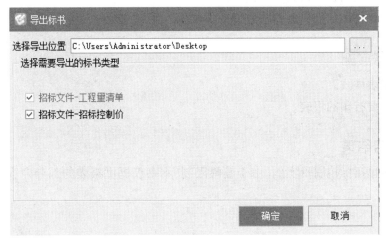

图 12.59

13 报表实例

通过本章的学习,你将能够:

熟悉编制招标控制价时需要打印的表格。

一、任务说明

按照招标文件的要求,打印相应的报表,并装订成册。

二、任务分析

①招标文件的内容和格式是如何规定的?

②如何检查打印前的报表是否符合要求?

三、任务实施

①检查报表样式。

②设定需要打印的报表。

四、任务结果

工程量清单招标控制价实例(由于篇幅限制,本书仅提供报表的部分内容,全部内容详见电子版)。

　　　<u>广联达办公大厦</u>　工程

招标控制价

招　标　人：　<u>　　　　　　　　　　　　　</u>
　　　　　　　　　　　（单位盖章）

造价咨询人：　<u>　　　　　　　　　　　　　</u>
　　　　　　　　　　　（单位盖章）

年　月　日

___广联达办公大厦___ 工程

招标控制价

招标控制价(小写)：10710844 元

　　　　（大写）：壹仟零柒拾壹万零捌佰肆拾肆元整

招　标　人：　＿＿＿＿＿＿＿＿＿＿＿　　　　造价咨询人：　＿＿＿＿＿＿＿＿＿＿＿

　　　　　　　　　（单位盖章）　　　　　　　　　　　　　　　（单位资质专用章）

法定代理人　　　　　　　　　　　　　　法定代理人
或其授权人：　＿＿＿＿＿＿＿＿＿＿＿　　或其授权人：　＿＿＿＿＿＿＿＿＿＿＿

　　　　　　　　（签字或盖章）　　　　　　　　　　　　　（签字或盖章）

编　制　人：　＿＿＿＿＿＿＿＿＿＿＿　　　　复　核　人：　＿＿＿＿＿＿＿＿＿＿＿

　　　　　　（造价人员签字盖专用章）　　　　　　　　（造价工程师签字盖专用章）

编制时间：　　　　　　　　　　　　　　复核时间：

招标控制价费用表

工程名称:广联达办公大厦   第 1 页 共 1 页

序号	工程名称	金额(元)	其中(元)				备注
			暂估价	安全文明施工基本费	规费	税金	
1	单项工程	10710843.82	1102650.69	166440.47	450718	884381.6	
1.1	广联达办公大厦	10710843.82	1102650.69	166440.47	450718	884381.6	
	合计	10710843.82	1102650.69	166440.47	450718	884381.6	

单位工程招标控制价费用表

工程名称:广联达办公大厦　　　　标段:　　　　　　　　　　　　　　第 1 页　共 1 页

序号	费用名称	计算公式	金额(元)	备注
1	分部分项工程费	∑(分部分项工程数量×综合单价)	6646236.2	见表 10.2.2-16
1.1	其中:人工费+机械费	∑分部分项(人工费+机械费)	1252013.81	
2	措施项目费		1097753.1	
2.1	施工技术措施项目	∑(技术措施工程数量×综合单价)	920647.85	见表 10.2.2-16
2.1.1	其中:人工费+机械费	∑技措项目(人工费+机械费)	496310.48	
2.2	施工组织措施项目	按实际发生项之和进行计算	177105.25	见表 10.2.2-20
2.2.1	其中:安全文明施工基本费		166440.47	见表 10.2.2-20
3	其他项目费		1631754.92	
3.1	暂列金额	3.1.1+3.1.2+3.1.3	1019599.92	见表 10.2.2-21
3.1.1	标化工地增加费	按招标文件规定额度列计	26924.19	见表 10.2.2-22
3.1.2	优质工程增加费	按招标文件规定额度列计	192675.73	见表 10.2.2-22
3.1.3	其他暂列金额	按招标文件规定额度列计	800000	见表 10.2.2-22
3.2	暂估价	3.2.1+3.2.2+3.2.3	600000	见表 10.2.2-21
3.2.1	材料(工程设备)暂估价	按招标文件规定额度列计(或计入综合单价)		见表 10.2.2-23
3.2.2	专业工程暂估价	按招标文件规定额度列计	600000	见表 10.2.2-24
3.2.3	专项技术措施暂估价	按招标文件规定额度列计		见表 10.2.2-25
3.3	计日工	∑计日工(暂估数量×综合单价)	12155	见表 10.2.2-21
3.4	施工总承包服务费	3.4.1+3.4.2		见表 10.2.2-21
3.4.1	专业发包工程管理费	∑专业发包工程(暂估金额×费率)		见表 10.2.2-27
3.4.2	甲供材料设备管理费	甲供材料暂估金额×费率+甲供设备暂估金额		见表 10.2.2-27
4	规费	计算基数×费率	450718	
5	增值税	计算基数×费率	884381.6	
	招标控制价合计	1+2+3+4+5	10710843.82	

分部分项工程清单与计价表

单位(专业)工程名称:广联达办公大厦

标段:

序号	项目编码	项目名称	项目特征	计量单位	工程量	综合单价	合价	人工费	机械费	暂估价	备注
							金额(元)		其中		
		A.土石方工程	挖基坑土方				353903.36	44433.21	243797.22		
1	010101004001	挖基坑土方	(1)土壤类别具体详见岩土工程详细勘察报告 (2)土壤湿土:具体详见岩土工程详细勘察报告及现场踏勘 (3)挖土方深度:详见设计图纸 (4)土方外运自行考虑 (5)计量规则:按垫层底面积乘以深度计,不扣除桩头体积	m³	6172.2903	53.07	327563.45	24071.93	242571.01		
2	010103001001	回填方	人工就地回填土夯实	m³	1531.2873	16.75	25649.06	20258.93	765.64		
3	010101001001	平整场地	平整场地	m²	1279.3559	0.54	690.85	102.35	460.57		
		D.砌筑工程					439601.13	83125.46	1008.65		
4	010401001001	砖基础	240 mm 厚砖胎膜: (1)MU25 混凝土实心砖 (2)Mb5 水泥砂浆砌筑 (3)15 mm 厚 1:3 水泥砂浆抹灰	m³	99.8733	599.89	59912.99	16271.36	308.61		
			本页小计				413816.35	60704.57	244105.83		

单位（专业）工程名称：广联达办公大厦

分部分项工程清单与计价表

标段：

序号	项目编码	项目名称	项目特征	计量单位	工程量	综合单价	金额（元）				备注
							合价	其中			
								人工费	机械费	暂估价	
5	010402001001	砌块墙	地下室 200 mm 厚直形墙：(1)200 mm 厚陶粒空心砌块 墙体：强度不小于 MU10 (2)M5 水泥砂浆	m³	62.93	622.98	39204.13	6820.35	73		
6	010402001002	砌块墙	上部 200 mm 厚直形墙：(1)200 mm 厚陶粒空心砌块 墙体：强度不小于 MU10 (2)M5 混合砂浆	m³	384.53	622.98	239554.5	41675.36	446.05		
7	010402001004	砌块墙	上部 200 mm 厚弧形外墙：(1)200 mm 厚陶粒空心砖及 35 mm 厚聚苯颗粒保温复合墙体 (2)M5 混合砂浆	m³	22.34	622.98	13917.37	2421.21	25.91		
8	010402001005	砌块墙	上部 200 mm 厚直形外墙：(1)200 mm 厚陶粒空心砖及 35 mm 厚聚苯颗粒保温复合墙体 (2)M5 混合砂浆	m³	133.69	650.85	87012.14	15937.18	155.08		
		E.混凝土及钢筋混凝土工程					3166709.48	358894.56	26928.16		
9	010501001001	垫层	(1)混凝土强度等级:C15 (2)混凝土拌合料要求:非泵 送商品混凝土	m³	105.9537	506.04	53616.81	4877.05	72.05		
		本页小计					433304.95	71731.15	772.09		

分部分项工程清单与计价表

单位（专业）工程名称：广联达办公大厦　　　标段：

序号	项目编码	项目名称	项目特征	计量单位	工程量	金额（元）					备注
						综合单价	合价	人工费	机械费	暂估价	
								其中			
10	010501004001	满堂基础	（1）混凝土强度等级：C30 P6 （2）混凝土拌合料要求：泵送商品混凝土 （3）HEA 型防水外加剂，掺量为水泥用量的 8%	m³	629.14	589.26	370727.04	15332.14	157.29		
11	010502001001	矩形柱	（1）混凝土强度等级：C30 （2）混凝土拌合料要求：泵送商品混凝土	m³	151.28	644.38	97481.81	14923.77	62.02		
12	010502001002	矩形柱	（1）混凝土强度等级：C25 （2）混凝土拌合料要求：泵送商品混凝土	m³	5.616	679.73	3817.36	554.02	2.3		
13	010502003001	异形柱	（1）混凝土强度等级：C30 （2）混凝土拌合料要求：泵送商品混凝土	m³	16.02	644.38	10322.97	1580.37	6.57		
14	010502003002	异形柱	（1）混凝土强度等级：C25 （2）混凝土拌合料要求：泵送商品混凝土	m³	4.59	621.15	2851.08	452.8	1.88		
			本页小计				485200.26	32843.1	230.06		

分部分项工程清单与计价表

单位(专业)工程名称:广联达办公大厦

标段:

第 4 页 共 25 页

序号	项目编码	项目名称	项目特征	计量单位	工程量	综合单价	合价	人工费	机械费	暂估价	备注
15	010502002001	构造柱	(1)混凝土强度等级:C25 (2)混凝土拌合料要求:非泵送商品混凝土	m³	36.46	677.44	24699.46	6103.4	22.97		
16	010503002001	矩形梁	(1)混凝土强度等级:C30 P6 (2)混凝土拌合料要求:泵送商品混凝土 (3)HEA 型防水外加剂,掺量为水泥用量的8%	m³	43.683	611.46	26710.41	1802.8	17.91		
17	010503002002	矩形梁	(1)混凝土强度等级:C30 (2)混凝土拌合料要求:泵送商品混凝土	m³	94.9247	574.1	54496.27	3917.54	38.92		
18	010503002003	矩形梁	(1)混凝土强度等级:C25 (2)混凝土拌合料要求:泵送商品混凝土	m³	116.6853	550.87	64278.43	4815.6	47.84		
19	010503006001	弧形、拱形梁	(1)混凝土强度等级:C25 (2)混凝土拌合料要求:泵送商品混凝土	m³	7.696	550.87	4239.5	317.61	3.16		
		本页小计					174424.07	16956.95	130.8		

分部分项工程清单与计价表

单位（专业）工程名称：广联达办公大厦　　　标段：　　　　　　　　　　　　　　　　　　第 5 页　共 25 页

序号	项目编码	项目名称	项目特征	计量单位	工程量	金额（元）					备注
						综合单价	合价	其中			
								人工费	机械费	暂估价	
20	010503004001	圈梁	卫生间翻边 (1)混凝土强度等级:C20 (2)混凝土拌合料要求:非泵送商品混凝土	m³	2.166	600.63	1300.96	243.26	1.36		
21	010503005001	过梁	(1)混凝土强度等级:C25 (2)混凝土拌合料要求:非泵送商品混凝土	m³	9.89	616.79	6100.05	1110.75	6.23		
22	010504001001	直形墙	地下室外墙 (1)混凝土强度等级:C30 P6 (2)混凝土拌合料要求:泵送商品混凝土 (3)HEA 型防水外加剂,掺量为水泥用量的 8%	m³	172.9883	626.35	108351.22	9789.41	70.93		
23	010504001002	直形墙	10 cm 以上直形混凝土墙 (1)混凝土强度等级:C30 (2)混凝土拌合料要求:泵送商品混凝土	m³	31.9849	588.99	18838.79	1810.03	13.11		
			本页小计				134591.02	12953.45	91.63		

单位（专业）工程名称：广联达办公大厦

分部分项工程清单与计价表

标段：

序号	项目编码	项目名称	项目特征	计量单位	工程量	综合单价	合价	人工费	机械费	暂估价	备注
								金额（元）			
									其中		
24	010504001003	直形墙	10 cm 以上直形混凝土墙 (1)混凝土强度等级：C25 (2)混凝土拌合料要求：泵送商品混凝土	m³	316.6897	565.76	179170.36	17921.47	129.84		
25	010505003001	平板	(1)混凝土强度等级：C30 P6 (2)混凝土拌合料要求：泵送商品混凝土 (3)HEA 型防水外加剂，掺量为水泥用量的 8%	m³	12.4772	586.55	7318.5	594.41	9.73		
26	010505003002	平板	(1)混凝土强度等级：C30 (2)混凝土拌合料要求：泵送商品混凝土	m³	228.4296	620.88	141827.37	10882.39	178.18		
27	010505003003	平板	(1)混凝土强度等级：C25 (2)混凝土拌合料要求：泵送商品混凝土	m³	272.4553	563.32	153479.52	12979.77	212.52		
28	010505008001	雨篷、悬挑板、阳台板	(1)混凝土强度等级：C30 (2)混凝土拌合料要求：泵送商品混凝土	m³	0.7087	628.2	445.21	56.49	0.43		
		本页小计					482240.96	42434.53	530.7		

分部分项工程清单与计价表

单位(专业)工程名称:广联达办公大厦

标段:

序号	项目编码	项目名称	项目特征	计量单位	工程量	金额(元)					备注
						综合单价	合价	其中			
								人工费	机械费	暂估价	
29	010505008002	雨篷、悬挑板、阳台板	飘窗板 (1)混凝土强度等级:C25 (2)混凝土拌合料要求:泵送商品混凝土	m³	1	620.26	620.26	92.26	1.72		
30	010506001001	直形楼梯	(1)混凝土强度等级:C30 (2)混凝土拌合料要求:泵送商品混凝土	m²	29.8724	148.98	4450.39	524.56	4.48		
31	010506001002	直形楼梯	(1)混凝土强度等级:C25 (2)混凝土拌合料要求:泵送商品混凝土	m²	49.74	148.98	7410.27	873.43	7.46		
32	010505006001	栏板	(1)混凝土强度等级:C30 (2)混凝土拌合料要求:泵送商品混凝土	m³	0.4738	702.41	332.8	70.12	0.3		
33	010508001001	后浇带	底板后浇带: (1)混凝土强度等级:C35 P6 (2)混凝土拌合料要求:泵送商品混凝土 (3)HEA型防水外加剂,掺量为水泥用量的12%	m³	9.44	655.71	6189.9	298.21	3.3		
			本页小计				19003.62	1858.58	17.26		

分部分项工程清单与计价表

单位（专业）工程名称：广联达办公大厦　　标段：

序号	项目编码	项目名称	项目特征	计量单位	工程量	综合单价	合价	金额（元）			备注
								其中			
								人工费	机械费	暂估价	
34	010508001002	后浇带	梁板后浇带20 cm以内：(1)混凝土强度等级：C35 P6 (2)混凝土拌合料要求：泵送商品混凝土 (3)HEA型防水外加剂,掺量为水泥用量的12%	m³	11.98	674.83	8084.46	534.67	16.77		
35	010508001003	后浇带	混凝土墙后浇带20 cm以内：(1)混凝土强度等级：C35 P6 (2)混凝土拌合料要求：泵送商品混凝土 (3)HEA型防水外加剂,掺量的12%	m³	1.72	713.96	1228.01	142.23	1.08		
36	010507001001	散水、坡道	(见88BJ1-1 散1)每隔12 m设一道20 mm宽的变形缝,内填沥青砂浆	m²	96.6057	91.39	8828.79	2473.11	36.71		
37	010507001002	散水、坡道	自行车坡道	m²	60.5637	125.79	7618.31	2113.67	12.11		
38	010507004001	台阶	水泥砂浆台阶做法：见88BJ1-1 台1 1B	m²	27.3816	314.53	8612.33	2991.71	33.41		
39	010507005001	扶手、压顶	(1)混凝土强度等级：C25 (2)混凝土拌合料要求：非泵送商品混凝土	m³	6.419	704.81	4524.18	1037.76	4.04		
			本页小计				38896.08	9293.15	104.12		

分部分项工程清单与计价表

单位（专业）工程名称：广联达办公大厦　　标段：

序号	项目编码	项目名称	项目特征	计量单位	工程量	金额（元）					备注
						综合单价	合价	其中			
								人工费	机械费	暂估价	
40	010515001001	现浇构件钢筋	现浇构件圆钢 钢筋 HPB300 直径 8	t	3.968	4870.35	19325.55	2979.49	92.02		
41	010515001002	现浇构件钢筋	现浇构件带肋钢筋 HRB400 以内 10	t	37.842	4783.14	181003.58	23623.25	880.96		
42	010515001003	现浇构件钢筋	现浇构件带肋钢筋 HRB400 以内 12	t	53.967	4558.93	246031.78	29013.74	3602.84		
43	010515001004	现浇构件钢筋	现浇构件带肋钢筋 HRB400 以内 14	t	18.934	4522.03	85620.12	10179.3	1264.03		
44	010515001005	现浇构件钢筋	现浇构件带肋钢筋 HRB400 以内 16	t	8.968	4441.06	39827.43	4821.38	598.7		
45	010515001006	现浇构件钢筋	现浇构件带肋钢筋 HRB400 以内 18	t	6.022	4441.06	26744.06	3237.55	402.03		
46	010515001007	现浇构件钢筋	现浇构件带肋钢筋 HRB400 以内 20	t	47.897	4204.21	201369.05	17691.24	2601.77		
47	010515001008	现浇构件钢筋	现浇构件带肋钢筋 HRB400 以内 22	t	21.059	4204.21	88536.46	7778.35	1143.92		
48	010515001009	现浇构件钢筋	现浇构件带肋钢筋 HRB400 以内 25	t	113.722	4516.84	513664.08	42004.36	6177.38		
49	010515001010	现浇构件钢筋	现浇构件带肋钢筋 HRB400 以内 6-箍筋	t	1.199	5926.78	7106.21	1489.15	67.82		
50	010515001011	现浇构件钢筋	现浇构件带肋钢筋 HRB400 以内 8-箍筋	t	16.664	5601.4	93341.73	20696.52	942.52		
		本页小计					1502570.05	163514.33	17773.99		

分部分项工程清单与计价表

单位（专业）工程名称：广联达办公大厦　　标段：

序号	项目编码	项目名称	项目特征	计量单位	工程量	金额（元）					备注
						综合单价	合价	人工费	其中 机械费	暂估价	
51	010515001012	现浇构件钢筋	现浇构件带肋钢筋 HRB400 以内 10-箍筋	t	25.9	5601.4	145076.26	32167.54	1464.9		
52	010515001013	现浇构件钢筋	现浇构件带肋钢筋 HRB400 以内 12-箍筋	t	16.727	4684.13	78351.44	11939.57	448.95		
53	010516003001	机械连接	气压焊	个	322	6.36	2047.92	1468.32	45.08		
54	010516003002	机械连接	电渣压力焊	个	4371	7.54	32957.34	20849.67	5288.91		
55	010516003003	机械连接	套筒	个	1697	10.45	17733.65	7738.32	729.71		
		F.金属结构工程					12560.87	6913			
56	010607005001	砌块墙钢丝网加固	所有填充墙与梁、柱相接处的内墙粉刷及不同材料交接处的粉刷应铺设金属网，防止裂缝	m²	1506.1	8.34	12560.87	6913		183163	
		H.门窗工程									
57	010801001001	木质门	木质夹板门 M1:尺寸 1000 mm× 2100 mm 综合考虑门尺寸	樘	36	612.88	22063.68	7037.64	84.6		
58	010801001002	木质门	木质夹板门 M2:尺寸 1500 mm× 2100 mm 综合考虑门尺寸	樘	19	853.2	16210.8	5192.32	67.07		
		本页小计					327001.96	93306.38	8129.22		

分部分项工程清单与计价表

单位（专业）工程名称：广联达办公大厦　　标段：

序号	项目编码	项目名称	项目特征	计量单位	工程量	综合单价	合价	人工费	机械费	暂估价	备注
								金额（元） 其中			
59	010801004001	木质防火门	（1）木质丙级防火检修门（JXM1）:550 mm×2000 mm （2）含闭门器、顺位器、门锁、防火烟条、合页等所有五金配件及油漆，综合考虑门尺寸	樘	5	603.42	3017.1	327.25			
60	010801004002	木质防火门	（1）木质丙级防火检修门（JXM2）:1200 mm×2000 mm （2）含闭门器、顺位器、门锁、防火烟条、合页等所有五金配件及油漆，综合考虑门尺寸	樘	10	1156.64	11566.4	1103.9			
61	010802003001	钢质防火门	（1）钢质甲级防火门（JFM1）:1000 mm×2000 mm （2）含闭门器、顺位器、门锁、防火烟条、合页等所有五金配件及油漆，综合考虑门尺寸	樘	1	1392.25	1392.25	78.57			
62	010802003002	钢质防火门	（1）钢质甲级防火门（JFM2）:1800 mm×2100 mm （2）含闭门器、顺位器、门锁、防火烟条、合页等所有五金配件及油漆，综合考虑门尺寸	樘	1	2397.79	2397.79	119.48			
			本页小计				18373.54	1629.2			

分部分项工程清单与计价表

单位（专业）工程名称：广联达办公大厦　标段：

序号	项目编码	项目名称	项目特征	计量单位	工程量	金额（元）		其中			备注
						综合单价	合价	人工费	机械费	暂估价	
63	010802003003	钢质防火门	(1)钢质乙级防火门（YFM1）:1200 mm×2100 mm (2)含闭门器、顺位器、门锁、防火烟条、合页等所有五金配件及油漆,综合考虑门尺寸	樘	11	1643.64	18080.04	976.8			
64	010802001001	金属（塑钢）门	铝合金推拉门（TLM1）:3000 mm×2100 mm (1)中空玻璃推拉门 (2)包括制作、安装、运输、配件、油漆等 (3)详见图纸	樘	1	3603.71	3603.71	139.9		3054.87	
65	010802001002	金属（塑钢）门	铝塑平开门（LM1）:2100 mm×3000 mm (1)单层框中空玻璃 (2)包括制作、安装、运输、配件、油漆等 (3)详见图纸	樘	1	3128.32	3128.32	152.27		2420.21	
66	010802001003	金属（塑钢）门	铝塑上悬窗（LC1）:900 mm×2700 mm (1)单层框中空玻璃 (2)包括制作、安装、运输、配件、油漆等 (3)详见图纸	樘	70	1136.62	79563.4	4111.1		60444.69	
			本页小计				104375.47	5380.07		65919.77	

分部分项工程清单与计价表

单位(专业)工程名称:广联达办公大厦

标段:

序号	项目编码	项目名称	项目特征	计量单位	工程量	金额(元)					备注
						综合单价	合价	人工费	其中 机械费	暂估价	
67	010802001004	金属(塑钢)门	铝塑上悬窗(LC2):1200 mm×2700 mm (1)单层框中空玻璃 (2)包括制作、安装、运输、配件,油漆等 (3)详见图纸	樘	96	1515.49	145487.04	7517.76		110527.44	
68	010802001005	金属(塑钢)门	铝塑上悬窗(L3):1500 mm×2700 mm (1)单层框中空玻璃 (2)包括制作、安装、运输、配件,油漆等 (3)详见图纸	樘	2	1894.37	3788.74	195.78		2878.32	
69	010802001006	金属(塑钢)门	铝塑上悬窗(LC4):900 mm×1800 mm (1)单层框中空玻璃 (2)包括制作、安装、运输、配件,油漆等 (3)详见图纸	樘	4	757.76	3031.04	156.64		2302.66	
70	010802001007	金属(塑钢)门	铝塑上悬窗(LC5):1200 mm×1800 mm (1)单层框中空玻璃 (2)包括制作、安装、运输、配件,油漆等 (3)详见图纸	樘	2	1010.34	2020.68	104.42		1535.1	
			本页小计				154327.5	7974.6		117243.52	

分部分项工程清单与计价表

单位(专业)工程名称:广联达办公大厦

标段：

第 14 页 共 25 页

序号	项目编码	项目名称	项目特征	计量单位	工程量	金额(元)						备注
						综合单价	合价	人工费	机械费	暂估价	
									其中		
		J.屋面及防水工程					422440.13	66223.49	242.09	47319	
71	010902003001	屋面刚性层	屋面 1：铺地缸砖保护层上人屋面 (1)8~10 mm 厚彩色水泥釉面防滑地砖,用建筑胶砂浆粘贴,干水泥擦缝 (2)3 mm 厚纸筋灰隔离层 (3)3 mm 厚高聚物改性沥青防水卷材(清单另列项) (4)20 mm 厚 1：3水泥砂浆找平层 (5)最薄 30 mm 厚 1：0.2：3.5水泥粉煤灰页岩陶粒 找 2%坡(清单另列项) (6)40 mm 厚现喷硬质发泡聚氨保温层(清单另列项) (7)现浇混凝土屋面板	m²	758.31	128.06	97109.18	29490.68	166.83	47318.54	
		本页小计					97109.18	29490.68	166.83	47318.54	

分部分项工程清单与计价表

单位（专业）工程名称：广联达办公大厦 标段：

序号	项目编码	项目名称	项目特征	计量单位	工程量	综合单价	合价	金额（元）其中 人工费	机械费	暂估价	备注
72	010902003002	屋面刚性层	屋面 2:坡屋面 (1)满涂银粉保护剂 (2)1.5 mm 厚聚氨酯涂膜防水层，撒砂一层粘牢（刷 3 遍）（清单另列项）(3)20 mm 厚 1:3水泥砂浆找平层 (4)40 mm 厚现喷硬质发泡聚氨保温层（清单另列项）(5)现浇混凝土屋面板	m²	67.63	28.55	1930.84	699.97	14.88		
73	010902003003	屋面刚性层	屋面 3:不上人屋面 (1)满涂银粉保护剂 (2)1.5 mm 厚聚氨酯涂膜防水层，撒砂一层粘牢（刷 3 遍）（清单另列项）(3)20 mm 厚 1:3水泥砂浆找平层 (4)40 mm 厚现喷硬质发泡聚氨保温层（清单另列项）(5)现浇混凝土屋面板	m²	47.53	28.55	1356.98	491.94	10.46		
74	010902002001	屋面涂膜防水	1.5 mm 厚聚氨酯涂膜防水层（刷 3 遍，撒砂一层粘牢	m²	155.88	39.15	6102.7	484.79			
75	010902001001	屋面卷材防水	3 mm 厚高聚物改性沥青防水卷材	m²	758.31	37.47	28413.88	2540.34			
76	010903001001	墙面卷材防水	外墙防水 3.0 mm 厚两层 SBS 改性沥青防水卷材	m²	660.16	83.47	55103.56	4099.59			
			本页小计				92907.96	8316.63	25.34		

分部分项工程清单与计价表

第 16 页　共 25 页

单位(专业)工程名称:广联达办公大厦

标段:

序号	项目编码	项目名称	项目特征	计量单位	工程量	综合单价	金额(元)			
							合价	其中		备注
								人工费	机械费	暂估价
77	010904002001	楼(地)面涂膜防水	地面 2:3 mm 厚高聚物改性沥青涂膜防水层	m²	344	77.32	26598.08	1819.76		
78	010904002002	楼(地)面涂膜防水	楼面 2:1.5 mm 厚聚氨酯涂膜防水层	m²	197.37	39.15	7727.04	613.82		
79	010904001001	楼(地)面卷材防水	底板防水 3.0 mm 厚两层 SBS 改性沥青防水卷材	m²	1047.4	83.47	87426.48	6504.35		
80	010902001002	屋面卷材防水	顶板防水 3.0 mm 厚两层 SBS 改性沥青防水卷材	m²	816.71	83.47	68170.78	5071.77		
81	011101003001	细石混凝土楼地面	底板 50 mm 厚 C20 细石混凝土保护层	m²	998.37	42.57	42500.61	14406.48	49.92	
		K.保温、隔热、防腐工程					139942.7	25453.27	4069.99	
82	011001003001	保温隔热墙面	地下室外墙:60 mm 厚泡沫聚苯板	m²	660.16	58.54	38645.77	6007.46	19.8	
83	011001001001	保温隔热屋面	40 mm 厚现喷硬质发泡聚氨保温层	m²	914.19	54.74	50042.76	8154.57	2806.56	
84	011001001002	保温隔热屋面	屋面最薄 30 mm 厚 1:0.2:3.5 水泥粉煤灰页岩陶粒 找 2%坡	m²	758.31	67.59	51254.17	11291.24	1243.63	
		L.楼地面装饰工程					889060.23	165122.66	1891.79	572805
			本页小计				372365.69	53869.45	4119.91	

分部分项工程清单与计价表

单位(专业)工程名称:广联达办公大厦

标段:

序号	项目编码	项目名称	项目特征	计量单位	工程量	金额(元)					备注
						综合单价	合价	其中			
								人工费	机械费	暂估价	
85	011101001001	水泥砂浆楼地面	地面 2:水泥地面 (1)20 mm 厚 1:2.5 水泥砂浆磨面压实赶光 (2)素水泥浆一道(内掺建筑胶) (3)30 mm 厚 C15 细石混凝土随打随抹 (4)3 mm 厚高聚物改性沥青涂膜防水层(清单另列项) (5)最薄处 30 mm 厚 C15 细石混凝土	m²	344	61.56	21176.64	9277.68	86		
86	011101003002	细石混凝土楼地面	地面 1:细石混凝土地面 40 mm 厚 C20 细石混凝土随打随抹撒 1:1水泥砂子压实赶光	m²	469.59	43.56	20455.34	8180.26	28.18		
87	011102003001	块料楼地面	地面 3:防滑地砖地面 (1)2.5 mm 厚石塑防滑地砖,建筑胶浆黏剂粘铺,稀水泥浆碱擦缝 (2)20 mm 厚 1:3水泥砂浆压实抹平 (3)素水泥结合层一道 (4)50 mm 厚 C10 混凝土	m²	38.39	160.95	6178.87	1869.59	10.37	2372.5	
			本页小计				47810.85	19327.53	124.55	2372.5	

分部分项工程清单与计价表

单位(专业)工程名称:广联达办公大厦

标段:

序号	项目编码	项目名称	项目特征	计量单位	工程量	金额(元)					备注
						综合单价	合价	人工费	其中 机械费	暂估价	
88	011102003002	块料楼地面	楼面 1:防滑地砖楼面(砖采用 400 mm×400 mm) (1)5～10 mm 厚防滑地砖,稀水泥浆擦缝 (2)6 mm 厚建筑胶水泥砂浆黏结层 (3)素水泥浆一道(内掺建筑胶) (4)20 mm 厚 1:3水泥砂浆找平层 (5)素水泥浆一道(内掺建筑胶)	m²	527.27	119.65	63087.86	17410.46	116	32585.29	
89	011102003003	块料楼地面	楼面 2:防滑地砖防水楼面(砖采用 400 mm×400 mm) (1)5～10 mm 厚防滑地砖,稀水泥浆擦缝 (2)撒素水泥面(洒适量清水) (3)20 mm 厚 1:2干硬性水泥砂浆黏结层 (4)1.5 mm 厚聚氨酯涂膜防水层(清单另列项) (5)20 mm 厚 1:3水泥砂浆找平层,四周及竖管根部抹小八字角 (6)素水泥浆一道 (7)最薄处 30 mm 厚 C15 细石混凝土从门口向地漏找 1%的坡	m²	197.37	148.04	29218.65	9004.02	84.87	12197.47	
			本页小计				92306.51	26414.48	200.87	44782.76	

分部分项工程清单与计价表

单位（专业）工程名称：广联达办公大厦

标段：

序号	项目编码	项目名称	项目特征	计量单位	工程量	金额（元）					备注
						综合单价	合价	其中			
								人工费	机械费	暂估价	
90	011102001001	石材楼地面	楼面3:大理石楼面（大理石尺寸800 mm×800 mm） (1)铺20 mm厚大理石板，稀水泥擦缝 (2)撒素水泥面（洒适量清水） (3)30 mm厚1:3干硬性水泥砂浆黏结层 (4)40 mm厚1:1.6水泥粗砂焦渣垫层	m²	2303.3453	284.35	654956.24	93607.95	1497.17	469882.38	
91	011105001001	水泥砂浆踢脚线	踢脚1:水泥砂浆踢脚：（高度为100 mm） (1)6 mm厚1:2.5水泥砂浆罩面压实赶光 (2)素水泥浆一道 (3)8 mm厚1:3水泥砂浆打底扫毛或划出纹道 (4)素水泥浆一道甩毛（内掺建筑胶）	m²	53.13	70.49	3745.13	2217.11	14.35		
92	011105003001	块料踢脚线	踢脚2:地砖踢脚（用400 mm×100 mm深色地砖,高度为100 mm) (1)5～10 mm厚防滑地砖踢脚，稀水泥浆擦缝 (2)8 mm厚1:2水泥砂浆（内掺建筑胶）黏结层 (3)5 mm厚1:3水泥砂浆打底扫毛或划出纹道	m²	76.95	153.18	11787.2	4982.51	8.46	4801.68	
			本页小计				670488.57	100807.57	1519.98	474684.06	

分部分项工程清单与计价表

单位(专业)工程名称:广联达办公大厦

标段:

第 20 页　共 25 页

序号	项目编码	项目名称	项目特征	计量单位	工程量	综合单价	金额(元)				备注
							合价	其中			
								人工费	机械费	暂估价	
93	011105002001	石材踢脚线	踢脚 3:大理石踢脚(用 800 mm×100 mm 深色大理石,高度为 100 mm) (1)10~15 mm 厚大理石踢脚板,稀水泥浆擦缝 (2)10 mm 厚 1:2水泥砂浆(内掺建筑胶)黏结层 (3)界面剂一道甩毛(甩前先将墙面用水湿润)	m²	211.801	291.67	61776	12182.79	23.3	44054.61	
94	011106002001	块料楼梯面层	楼面 1:防滑地砖楼面(砖采用 400 mm×400 mm) (1)5~10 mm 厚防滑地砖,稀水泥浆擦缝 (2)6 mm 厚建筑胶水泥砂浆黏结层 (3)素水泥浆一道(内掺建筑胶) (4)20 mm 厚 1:3水泥砂浆找平层 (5)素水泥浆一道(内掺建筑胶)	m²	79.61	209.5	16678.3	6390.29	23.09	6911.26	
		M.墙、柱面装饰与隔断、幕墙工程					419967.22	186263.13	1110.45	113051	
		本页小计					78454.3	18573.08	46.39	50965.87	

分部分项工程清单与计价表

单位（专业）工程名称：广联达办公大厦　　标段：

序号	项目编码	项目名称	项目特征	计量单位	工程量	金额（元）					备注
						综合单价	合价	其中			
								人工费	机械费	暂估价	
95	011201001001	墙面一般抹灰	内墙面 1:水泥砂浆墙面 (1) 喷水性耐擦洗涂料（清单另列项） (2) 5 mm 厚 1:2.5 水泥砂浆找平 (3) 9 mm 厚 1:3水泥砂浆打底扫毛 (4) 素水泥浆一道甩毛（内掺建筑胶）	m²	5380.07	33.48	180124.74	98024.88	914.61		
96	011201001002	墙面一般抹灰	内墙面 1（弧形）:水泥砂浆墙面 (1) 喷水性耐擦洗涂料（清单另列项） (2) 5 mm 厚 1:2.5 水泥砂浆找平 (3) 9 mm 厚 1:3水泥砂浆打底扫毛 (4) 素水泥浆一道甩毛（内掺建筑胶）	m²	174.06	35.72	6217.42	3463.79	29.59		
			本页小计				186342.16	101488.67	944.2		

分部分项工程清单与计价表

单位（专业）工程名称：广联达办公大厦

标段：

序号	项目编码	项目名称	项目特征	计量单位	工程量	金额（元）		其中			备注
						综合单价	合价	人工费	机械费	暂估价	
97	011204003001	块料墙面	内墙面2：瓷砖墙面（面层用200 mm×300 mm高级面砖）（1）白水泥擦缝（2）5 mm厚釉面砖面层（粘前先将釉面砖浸水两小时以上）（3）5 mm厚1:2建筑水泥砂浆黏结层（4）素水泥浆一道（5）6 mm厚1:2.5水泥砂浆打底压实抹平（6）涂塑中碱玻璃纤维网格布一层	m²	1385.43	168.63	233625.06	84774.46	166.25	113051.09	
		N.天棚工程					384775.96	97389.46	213.11	186313	
98	011301001001	天棚抹灰	顶棚1：抹灰顶棚（1）喷水性耐擦洗涂料（清单另列项）（2）2 mm厚纸筋灰罩面（3）5 mm厚1:0.5:3水泥石膏砂浆扫毛（4）素水泥浆一道甩毛（内掺建筑胶）	m²	1179.42	30.47	35936.93	18198.45	212.3		
		本页小计					269561.99	102972.91	378.55	113051.09	

分部分项工程清单与计价表

单位（专业）工程名称：广联达办公大厦

标段：

序号	项目编码	项目名称	项目特征	计量单位	工程量	金额（元）						备注
						综合单价	合价	人工费	机械费	暂估价		
									其中			
99	011301001002	天棚抹灰	顶棚 2：涂料顶棚 （1）喷合成树脂乳胶涂料面层两道（每道隔两小时）（清单另列项） （2）封底漆一道（干燥后再做面涂）（清单另列项） （3）3 mm 厚 1∶0.5∶2.5 水泥石灰膏砂浆找平 （4）5 mm 厚 1∶0.5∶3 水泥石灰膏砂浆打底扫毛 （5）素水泥浆一道甩毛（内掺建筑胶）	m²	4.51	30.47	137.42	69.59	0.81		
100	011302001001	吊顶天棚	吊顶 1：铝合金条板吊顶（燃烧性能为 A 级） （1）0.8～1.0 mm 厚铝合金条板，离缝安装带插缝板 （2）U 形轻钢龙骨次龙骨 LB45×48，中距≤1500 mm （3）U 形轻钢主龙骨 LB38×12，中距≤1500 mm 与钢筋吊杆固定 （4）φ6 钢筋吊杆，中距横向≤1500 mm，纵向≤1200 mm （5）现浇混凝土板底预留 φ10 钢筋吊环，双向中距≤1500 mm	m²	1808.86	151.59	274205.09	49671.3		186312.58	
			本页小计				274342.51	49740.89	0.81	186312.58	

分部分项工程清单与计价表

单位（专业）工程名称：广联达办公大厦　　　　　　　标段：

序号	项目编码	项目名称	项目特征	计量单位	工程量	金额（元）		其中			备注
						综合单价	合价	人工费	机械费	暂估价	
101	011302001002	吊顶天棚	吊顶2:岩棉吸音板吊顶（燃烧性能为A级） （1）12 mm 厚岩棉吸音板面层，规格 592 mm×592 mm （2）T形轻钢次龙骨 TB24×28，中距 600 mm （3）T形轻钢次龙骨 TB24×38，中距 600 mm，找平后与钢筋吊杆固定 （4）φ8 钢筋吊杆，双向中距≤1200 mm （5）现浇混凝土板底预留 φ10 钢筋吊环，双向中距<1200 mm	m²	1068.97	69.69	74496.52	29450.12			
		P.油漆、涂料、裱糊工程					70786.97	42094.84			
102	011407001001	墙面喷刷涂料	内墙面1:水泥砂浆墙面 喷水性耐擦洗涂料	m²	5380.07	10.78	57997.15	34486.25			
103	011407002001	天棚喷刷涂料	顶棚1:水泥砂浆墙面 喷水性耐擦洗涂料	m²	1179.42	10.78	12714.15	7560.08			
104	011407002002	天棚喷刷涂料	顶棚2:涂料顶棚 （1）喷合成树脂乳胶涂料面层两道（每道间隔两小时） （2）封底漆一道（干燥后再做面涂）	m²	4.5124	16.77	75.67	48.51			
		本页小计					145283.49	71544.96			

分部分项工程清单与计价表

单位（专业）工程名称：广联达办公大厦

标段：

序号	项目编码	项目名称	项目特征	计量单位	工程量	综合单价	金额（元）					备注
							合价	人工费	其中 机械费	暂估价		
		Q.其他装饰工程					31137.16	9389.88	278.96			
105	011503001001	金属扶手、栏杆、栏板	楼梯栏杆 H=1000 mm 包括预埋、制作、运输、安装等	m	65.39	194.22	12700.05	3829.89	113.78			
106	011503001002	金属扶手、栏杆、栏板	护窗栏杆 H=1000 参考图集 L96J401/2/30	m	94.929	194.22	18437.11	5559.99	165.18			
			本页小计				31137.16	9389.88	278.96			
			合　计				6646236.2	1112516.79	279692.09	1102650.69		

单位（专业）工程名称：广联达办公大厦

施工技术措施项目清单与计价表

标段：

序号	项目编码	项目名称	项目特征	计量单位	工程量	综合单价	合价	人工费	机械费	暂估价	备注
								金额（元）			
									其中		
		技术措施					920647.85	427143.96	125364.04		
		S.1 脚手架工程（编码：011701）					121410	68842.18	3704.15		
1	011701001001	综合脚手架	地下室一层脚手架	m²	945.266	17.89	16910.81	11636.22	85.07		
2	011701001002	综合脚手架	混凝土结构综合脚手架 檐高 20 m 以内	m²	3242.324	28.23	91530.81	48213.36	3242.32		
3	011701006001	满堂脚手架	满堂脚手架 基本层 3.6~5.2 m	m²	991.466	13.08	12968.38	8992.6	376.76		
		S.2 混凝土模板及支架（撑）（编码：011702）					673680.02	357693.78	21213.45		
1	011702001001	基础	现浇混凝土模板 基础垫层模板	m²	59.6042	47.89	2854.45	1756.54	56.62		
2	011702002002	矩形柱	现浇混凝土矩形柱 复合木模 支模高度 4.6 m	m²	1013.18	56.75	57497.97	32097.54	1712.27		
3	011702004002	异形柱	现浇混凝土圆形柱 复合木模 支模高度 4.6 m	m²	120.16	79.08	9502.25	5472.09	209.08		
4	011702003001	构造柱	现浇混凝土构造柱	m²	362.14	48.23	17466.01	8495.8	282.47		
5	011702006002	矩形梁	现浇混凝土矩形梁 复合木模 支模高度 4.6 m	m²	2124.8	72.34	153708.03	85990.66	5524.48		
		本页小计					362438.71	202654.81	11489.07		

施工技术措施项目清单与计价表

单位（专业）工程名称：广联达办公大厦　　标段：

序号	项目编码	项目名称	项目特征	计量单位	工程量	金额（元）						备注
						综合单价	合价	其中			暂估价	
								人工费	其中机械费			
6	011702010001	弧形、拱形梁	现浇混凝土 弧形梁 复合木模 支模高度 4.6 m	m²	70.01	86.56	6060.07	3303.07	77.71			
7	011702008001	圈梁	现浇混凝土 直形圈梁 复合木模	m²	22.43	53.83	1207.41	767.11	13.46			
8	011702009001	过梁	现浇混凝土 直形过梁 复合木模	m²	158.4	53.83	8526.67	5417.28	95.04			
9	011702011001	直形墙	现浇混凝土 地下室外墙 复合木模 支模高度 3.6 m	m²	1286.38	51.32	66017.02	33150.01	1376.43			
10	011702011003	直形墙	现浇混凝土 墙 复合木模 支模高度 4.6 m	m²	2661.58	45.37	120755.88	63904.54	3034.2			
11	011702016001	平板	现浇混凝土 斜板 复合木模 支模高度 3.6 m	m²	15.52	63	977.76	464.67	36.78			
12	011702016003	平板	现浇混凝土 板 复合木模 支模高度 4.6 m	m²	3860.3563	51.76	199812.04	100060.44	8106.75			
13	011702023001	雨篷、悬挑板、阳台板	阳台、雨篷复合木模	m²	1							
14	011702023002	雨篷、悬挑板、阳台板	飘窗板复合木模	m²	1							
15	011702024001	楼梯	现浇混凝土 直形楼梯 复合木模	m²	79.61	160.32	12763.08	7854.32	332.77			
16	011702021001	栏板	现浇混凝土 直形栏板模板	m²	9.525	58.36	555.88	277.08	13.24			
17	011702025001	其他现浇构件	其他现浇构件模板	m²	48.58	57.96	2815.7	1813.49	11.66			
18	011702030001	后浇带	底板后浇带模板增加费	m²	0.8	6534.9	5227.92	2851.97	61.6			
			本页小计				424719.43	219863.98	13159.64			

施工技术措施项目清单与计价表

单位(专业)工程名称:广联达办公大厦

标段:

序号	项目编码	项目名称	项目特征	计量单位	工程量	金额(元)					备注
						综合单价	合价	人工费	机械费	暂估价	
19	011702030002	后浇带	梁板 20 cm 以内后浇带模板增加费	m²	101.5	74.31	7542.47	3857	261.87		
20	011702030003	后浇带	混凝土墙 20 cm 以上后浇带模板增加费	m²	13.76	28.3	389.41	160.17	7.02		
		S.3 垂直运输(编码:011703)					121638.77		98822.26		
1	011703001001	垂直运输	混凝土结构建筑物垂直运输一层地下室	m²	945.266	51.78	48945.87		39682.27		
2	011703001002	垂直运输	混凝土结构建筑物垂直运输 20 m 内,层高 3.9 m 内	m²	3242.324	22.42	72692.9		59139.99		
		S.5 大型机械设备进出场及安拆(编码:011705)					3919.06	608	1624.18		
1	011705001001	大型机械设备进出场及安拆	履带式挖掘机 1 m³ 以内	台次	1	3919.06	3919.06	608	1624.18		
			本页小计				133489.71	4625.17	100715.33		
			合 计				920647.85	427143.96	125364.04		

其他项目清单与计价汇总表

工程名称:广联达办公大厦　　　　　　　标段:　　　　　　　第 1 页　共 1 页

序号	项目名称	金额(元)	备注
1	暂列金额	1019599.92	明细表详见表 10.2.2-22
1.1	标化工地增加费	26924.19	明细表详见表 10.2.2-22
1.2	优质工程增加费	192675.73	明细表详见表 10.2.2-22
1.3	其他暂列金额	800000	明细表详见表 10.2.2-22
2	暂估价	600000	
2.1	材料(工程设备)暂估价(结算价)	—	明细表详见表 10.2.2-23
2.2	专业工程暂估价(结算价)	600000	明细表详见表 10.2.2-24
2.3	专项技术措施暂估价		明细表详见表 10.2.2-25
3	计日工	12155	明细表详见表 10.2.2-26
4	总承包服务费		明细表详见表 10.2.2-27
	合　计	1631754.92	

暂列金额明细表

工程名称:广联达办公大厦　　　　　　　标段:　　　　　　　　　第 1 页　共 1 页

序号	项目名称	计量单位	暂定金额(元)	备注
1	标化工地增加费	元	26924.19	暂定费用
2	优质工程增加费	元	192675.73	暂定费用
3	其他暂列金额	元	800000	
3.1	预留金	元	800000	
	合　计		1019599.92	

材料(工程设备)暂估单价及调整表

工程名称:广联达办公大厦　　　　　　　　标段:　　　　　　　第 1 页　共 1 页

序号	编码	材料(工程设备)名称、规格、型号	计量单位	数量		单价		确认(元)		差额±(元)		备注
				暂估	确认	单价	合价	单价	合价	单价	合价	
1	0701120027@1	5 mm 厚釉面砖面层 200 mm×300 mm	m²	1413.1386		80	113051.09					
2	0705120009@1	5~10 mm 厚防滑地砖 500 mm×500 mm	m²	543.0881		60	32585.29					
3	0705120009@2	防滑地砖 500 mm×500 mm	m²	203.2911		60	12197.47					
4	0705120011@1	2.5 mm 厚石塑防滑地砖 600 mm×600 mm	m²	39.5417		60	2372.5					
5	0705120013@1	8~10 mm 厚彩色水泥釉面防滑地砖 800 mm×800 mm	m²	788.6424		60	47318.54					
6	0705120151	陶瓷地砖综合	m²	115.187709		60	6911.26					
7	0705120151@1	防滑地砖(踢脚)综合	m²	80.028		60	4801.68					
8	0800120021@1	20 mm 厚大理石板	m²	2349.4119		200	469882.38					
9	0800120021@2	10~15 mm 厚大理石(踢脚)	m²	220.27304		200	44054.61					
10	0905120041	铝合金方板(配套)	m²	1863.1258		100	186312.58					
11	1109120305	铝合金断桥隔热推拉门 2.0 mm 厚 5+9A+5 中空玻璃	m²	6.10974		500	3054.87					
12	1111120127	铝塑平开门	m²	6.05052		400	2420.21					
13	1111120127@1	铝塑上悬窗	m²	480.238416		370	177688.21					
		合　计					1102650.69					

专业工程暂估价表

工程名称:广联达办公大厦　　　　　　　　标段:　　　　　　　　第 1 页　共 1 页

序号	工程名称	工程内容	暂估金额(元)	备注
1	二次装修		600000	
合　计			600000	

专项技术措施暂估价表

工程名称:广联达办公大厦　　　　　　　　标段:　　　　　　　　第 1 页　共 1 页

序号	工程名称	工程内容	暂估金额(元)	备注
	合　计			

主要工日一览表

工程名称:广联达办公大厦　　　　　　标段:　　　　　　　　　　第 1 页　共 1 页

序号	工日名称(类别)	单位	数量	单价(元)	合价(元)	备注

发包人提供材料和设备一览表

工程名称:广联达办公大厦　　　　　　　标段:　　　　　　　第 1 页　共 1 页

序号	材料(设备)名称、规格、型号	单位	数量	单价(元)	交货方式	送达地点	备注
1	泵送商品混凝土 C25	m³	728.154753	491			
2	泵送商品混凝土 C30	m³	561.007702	514			
3	泵送商品混凝土 C25	m³	4.6359	491			

主要材料和工程设备一览表

工程名称:广联达办公大厦　　　　　　　　标段:　　　　　　　　第 1 页　共 1 页

序号	名称、规格、型号	单位	数量	单价(元)	合价(元)	备注
1	热轧带肋钢筋 HRB400 φ10	t	65.01684	3885	252590.42	
2	热轧带肋钢筋 HRB400 φ6	t	1.22298	4204	5141.41	
3	热轧带肋钢筋 HRB400 φ8	t	16.99728	3885	66034.43	
4	热轧带肋钢筋 HRB400 φ12	t	17.145175	3664	62819.92	
5	热轧带肋钢筋 HRB400 φ18	t	6.17255	3549	21906.38	
6	热轧带肋钢筋 HRB400 φ12	t	55.316175	3664	202678.47	
7	热轧带肋钢筋 HRB400 φ14	t	19.40735	3628	70409.87	
8	热轧带肋钢筋 HRB400 φ16	t	9.1922	3549	32623.12	
9	热轧带肋钢筋 HRB400 φ25	t	116.56505	3854	449241.7	
10	热轧带肋钢筋 HRB400 φ20	t	49.094425	3549	174236.11	
11	热轧带肋钢筋 HRB400 φ22	t	21.585475	3549	76606.85	
12	热轧光圆钢筋 HPB300 φ10	t	4.04736	3802	15388.06	
13	块石 200~500	t	23.014206	91.26	2100.28	
14	混凝土实心砖 240×115×53 MU10	千块	58.172388	417	24257.89	
15	陶粒混凝土实心砖 190×90×53	千块	79.582592	395	31435.12	
16	陶粒混凝土小型砌块 390×190×190	m³	485.393059	465	225707.77	
17	干混地面砂浆 DS M15.0	kg	71374.3317	0.394	28121.49	
18	干混地面砂浆 DS M20.0	kg	100714.5297	0.398	40084.38	
19	干混抹灰砂浆 DP M15.0	kg	213478.9998	0.381	81335.5	
20	干混抹灰砂浆 DP M20.0	kg	11658.39345	0.385	4488.48	
21	干混砌筑砂浆 DM M5.0	kg	148163.2944	0.361	53486.95	
22	杉搭木	m³	0.18963	2001	379.45	
23	杉木砖	m³	0.386033	2001	772.45	
24	围条硬木	m³	0.318308	4465	1421.25	
25	枕木	m³	0.08	2001	160.08	
26	胶合板 δ3	m²	279.027	25.57	7134.72	

清单定额汇总表

工程名称:广联达办公大厦

序号	编码	项目名称	单位	工程量明细	
				绘图输入	表格输入
		实体项目			
1	010101001001	平整场地	m²	1279.3559	
	1-76	平整场地机械	1000 m²	1.2793559	
2	010505008001	雨篷、悬挑板、阳台板 飘窗板: (1)混凝土强度等级:C25 (2)混凝土拌合料要求:泵送商品混凝土	m³	0.462	
	5-21	现浇混凝土 檐沟、挑檐	m³	0.462	
3	010505008002	雨篷、悬挑板、阳台板 雨篷: (1)混凝土强度等级:C30 (2)混凝土拌合料要求:泵送商品混凝土	m³	0.9171	
	5-16	现浇混凝土 雨篷	10 m³	0.09171	
4	010507001001	散水、坡道 混凝土散水做法:(见 88BJ1-1 散 1) 每隔 12 m 设一道 20 mm 宽变形缝,内填沥青砂浆	m²	96.6057	
	补	散水、坡道	m²	96.6057	
5	010507001002	散水、坡道 坡道: 部位:自行车库坡道	m²	65.5454	
	17-179	墙脚护坡混凝土面	100 m²	0.655454	
6	010507003001	电缆沟、地沟 混凝土种类:C25	m	6.9492	
	17-182	明沟混凝土	10 m	0.69492	
7	010507004001	台阶 水泥砂浆台阶做法: 见 88BJ1-1 台 1B	m²	27.3816	
	17-186	台阶砖砌	10 m²	2.73816	
8	010801001001	木质门 木质夹板门 M1:尺寸 1000 mm×2100 mm	樘	36	
	8-6	无亮胶合板门-M1:尺寸 1000 mm×2100 mm	100 m²	0.756	

清单定额汇总表

工程名称:广联达办公大厦   第 2 页   共 21 页

序号	编码	项目名称	单位	工程量明细	
				绘图输入	表格输入
9	010801001002	木质门 木质夹板门 M2:尺寸 1500 mm×2100 mm	樘	19	
	8-6	无亮胶合板门-M2:尺寸 1500 mm×2100 mm	100 m²	0.5985	
10	010902001001	屋面卷材防水 顶板防水 3.0 mm 厚两层 SBS 改性沥青防水卷材	m²	816.7135	
	9-47	改性沥青卷材热熔法 一层 平面 一层 平面	100 m²	8.167135	
11	011001003001	保温隔热墙面 (1)保温隔热部位:外墙面 (2)保温隔热材料品种、规格及厚度:35 mm 厚聚苯颗粒	m²	1808.895	
	10-1+10-2×2	保温隔热墙面胶粉聚苯颗粒厚度:35 mm	m²	1808.895	
12	011201001001	墙面一般抹灰	m²	22.8892	
	12-2	外墙(14+6)mm	100 m²	0.228892	
13	010101004001	挖基坑土方 (1)土壤类别具体详见岩土工程详细勘察报告 (2)土壤湿土:具体详见岩土工程详细勘察报告及现场踏勘 (3)挖土方深度:详见设计图纸 (4)土方外运自行考虑 (5)计量规则:按垫层底面积乘以深度计,不扣除桩头体积	m³	5679.2232	
	1-24	挖掘机挖槽坑土方装车三类土	m³	5679.2232	
	1-36	挖掘机装车土方	m³	5679.2232	
	1-39 换	自卸汽车运土方运距 20 km	m³	5679.2232	
14	010103001001	回填方 人工就地回填土 夯实	m³	1383.5466	
	1-80	人工就地回填土夯实	m³	1383.5466	
15	010401001001	砖基础 240 mm 厚砖胎膜: (1)MU25 混凝土实心砖 (2)Mb5 水泥砂浆砌筑 (3)15 mm 厚1:3水泥砂浆抹灰	m³	99.8322	
	12-16 换	墙面打底找平厚 15 mm 干混抹灰砂浆 DP M15.0 随砌随抹	m²	392.4226	
	4-1 换	混凝土实心砖基础墙厚 1 mm 砖 干混砌筑砂浆 DM M5.0	m³	99.8322	

清单定额汇总表

工程名称:广联达办公大厦

序号	编码	项目名称	单位	工程量明细	
				绘图输入	表格输入
16	010402001002	砌块墙 上部200 mm厚直形墙: (1)200 mm厚陶粒空心砌块墙体:强度不小于MU10 (2)M5混合砂浆	m³	384.5294	
	4-55	轻集料(陶粒)混凝土小型空心砌块墙厚190 mm 干混砌筑砂浆DM M5.0	m³	383.6317	
17	010402001002	砌块墙 地下室200 mm厚直形墙: (1)200 mm厚陶粒空心砌块墙体:强度不小于MU10 (2)M5水泥砂浆	m³	62.7387	
	4-55	轻集料(陶粒)混凝土小型空心砌块墙厚190 mm 干混砌筑砂浆DM M5.0	m³	62.7221	
18	010402001004	砌块墙 上部200 mm厚弧形外墙: (1)250 mm厚陶粒空心砖及35 mm厚聚苯颗粒保温复合墙体 (2)M5混合砂浆	m³	2.9495	
	4-55 换	轻集料(陶粒)混凝土小型空心砌块墙厚190 mm 干混砌筑砂浆DM M5.0 圆弧形砌筑	m³	2.9495	
19	010402001004	砌块墙 上部200 mm厚直形外墙: (1)200 mm厚陶粒空心砖及35 mm厚聚苯颗粒保温复合墙体 (2)M5混合砂浆	m³	19.4	
	4-55 换	轻集料(陶粒)混凝土小型空心砌块墙厚190 mm 干混砌筑砂浆DM M5.0 圆弧形砌筑	m³	16.5125	
20	010402001005	砌块墙 砌块墙-女儿墙 上部200 mm厚直形外墙: (1)200 mm厚陶粒空心砖及35 mm厚聚苯颗粒保温复合墙体 (2)M5混合砂浆	m³	2.3701	
	4-54	轻集料(陶粒)混凝土小型空心砌块墙厚240 mm	10 m³	0.23631	

清单定额汇总表

工程名称:广联达办公大厦　　　　　　　　　　　　　　　　　　　第 4 页　共 21 页

序号	编码	项目名称	单位	工程量明细	
				绘图输入	表格输入
21	010402001005	砌块墙 上部 200 mm 厚弧形外墙: (1)200 mm 厚陶粒空心砖及 35 mm 厚聚苯颗粒保温复合墙体 (2)M5 混合砂浆	m³	133.6925	
	4-55	轻集料(陶粒)混凝土小型空心砌块 墙厚 190 mm	m³	132.8044	
22	010501001001	垫层 (1)混凝土强度等级:C15 (2)混凝土拌合料要求:非泵送商品混凝土	m³	112.3453	
	5-1	垫层 非泵送商品混凝土 C15	10 m³	11.23453	
23	010501004001	满堂基础、地下室底板 满堂基础 (1)混凝土强度等级:C30 P6 (2)混凝土拌合料要求:泵送商品混凝土 (3)HEA 型防水外加剂,掺量为水泥用量的 8%	m³	629.0557	
	5-4	满堂基础、地下室底板 泵送防水商品混凝土 C30/P6 坍落度(12±3)cm	10 m³	62.90557	
24	010502001001	矩形柱 (1)混凝土强度等级:C30 (2)混凝土拌合料要求:泵送商品混凝土	m³	118.992	
	5-6	矩形柱、异形柱、圆形柱 泵送商品混凝土 C30	10 m³	11.8992	
25	010502001001	矩形柱 (1)混凝土强度等级:C25 (2)混凝土拌合料要求:泵送商品混凝土	m³	42.3342	
	5-6	矩形柱、异形柱、圆形柱 泵送商品混凝土 C25	10 m³	4.23342	
26	010502002001	构造柱 (1)混凝土强度等级:C25 (2)混凝土拌合料要求:非泵送商品混凝土	m³	36.4556	
	5-7	构造柱 非泵送商品混凝土 C25	10 m³	3.64556	
27	010502003001	异形柱 (1)混凝土强度等级:C30 (2)混凝土拌合料要求:泵送商品混凝土	m³	16.197	
	5-6	矩形柱、异形柱、圆形柱 泵送商品混凝土 C30	m³	16.197	

清单定额汇总表

序号	编码	项目名称	单位	工程量明细	
				绘图输入	表格输入
28	010503002002	矩形梁 (1)混凝土强度等级:C30 (2)混凝土拌合料要求:泵送商品混凝土	m³	77.7784	
	5-9	矩形梁、异形梁、弧形梁 泵送商品混凝土 C30	10 m³	7.77784	
29	010503002002	矩形梁 (1)混凝土强度等级:C30 P6 (2)混凝土拌合料要求:泵送商品混凝土 (3)HEA 型防水外加剂,掺量为水泥用量的 8%	m³	43.923	
	5-9	矩形梁、异形梁、弧形梁 泵送商品混凝土 C30	10 m³	4.3923	
30	010503002002	矩形梁 (1)混凝土强度等级:C25 (2)混凝土拌合料要求:泵送商品混凝土	m³	133.8316	
	5-9	矩形梁、异形梁、弧形梁 泵送商品混凝土 C25	10 m³	13.38316	
31	010503004001	圈梁 卫生间翻边 (1)混凝土强度等级:C20 (2)混凝土拌合料要求:非泵送商品混凝土	m³	2.1686	
	5-10 换	圈梁、过梁、拱形梁 非泵送商品混凝土 C20	m³	2.1686	
32	010503005001	过梁 (1)混凝土强度等级:C25 (2)混凝土拌合料要求:非泵送商品混凝土	m³	9.8927	
	5-10	圈梁、过梁、拱形梁 非泵送商品混凝土 C25	10 m³	0.98927	
33	010503006001	弧形、拱形梁 (1)混凝土强度等级:C25 (2)混凝土拌合料要求:泵送商品混凝土	m³	7.696	
	5-5-9 换	矩形梁、异形梁、弧形梁 泵送商品混凝土 C25	m³	7.696	
34	010504001001	直形墙 地下室外墙 (1)混凝土强度等级:C30 P6 (2)混凝土拌合料要求:泵送商品混凝土 (3)HEA 型防水外加剂,掺量为水泥用量的 8%	m³	172.7859	
	5-15	直形、弧形墙挡土墙、地下室外墙 泵送防水商品混凝土 C30/P6 坍落度(12±3)cm	10 m³	17.27859	

清单定额汇总表

工程名称:广联达办公大厦

序号	编码	项目名称	单位	工程量明细	
				绘图输入	表格输入
35	010504001002	直形墙 10 cm 以上直形混凝土墙 (1)混凝土强度等级:C30 (2)混凝土拌合料要求:泵送商品混凝土	m³	31.9849	
	5-14	直形、弧形墙墙厚 10 cm 以上 泵送商品混凝土 C30	m³	31.9849	
36	010504001002	直形墙 10 cm 以上直形混凝土墙 (1)混凝土强度等级:C30 (2)混凝土拌合料要求:泵送商品混凝土	m³	77.6945	
	5-14	直形、弧形墙墙厚 10 cm 以上 泵送商品混凝土 C30	m³	77.6945	
37	010504001002	直形墙 10 cm 以上直形混凝土墙 (1)混凝土强度等级:C25 (2)混凝土拌合料要求:泵送商品混凝土	m³	239.0042	
	5-14	直形、弧形墙墙厚 10 cm 以上 泵送商品混凝土 C25	m³	239.0042	
38	010505003001	平板 (1)混凝土强度等级:C25 (2)混凝土拌合料要求:泵送商品混凝土	m³	272.2748	
	5-16	平板 泵送商品混凝土 C25	10 m³	27.42432	
39	010505003001	平板 (1)混凝土强度等级:C30 (2)混凝土拌合料要求:泵送商品混凝土	m³	228.1826	
	5-16	平板 泵送商品混凝土 C30	10 m³	22.97058	
40	010505003001	平板 (1)混凝土强度等级:C30 P6 (2)混凝土拌合料要求:泵送商品混凝土 (3)HEA 型防水外加剂,掺量为水泥用量的 8%	m³	12.1127	
	5-16	平板 泵送商品混凝土 C30	10 m³	1.21555	

清单定额汇总表

工程名称:广联达办公大厦

序号	编码	项目名称	单位	工程量明细	
				绘图输入	表格输入
41	010505003001	平板 (1)混凝土强度等级:C30 (2)混凝土拌合料要求:泵送商品混凝土	m³	0.33	
	5-16	平板 泵送商品混凝土 C25	10 m³	0.0336	
42	010505006001	栏板 (1)混凝土强度等级:C30 (2)混凝土拌合料要求:泵送商品混凝土	m³	0.4738	
	5-20	栏板 泵送商品混凝土 C30	m³	0.4738	
43	010506001002	楼梯 直形楼梯 (1)混凝土强度等级:C25 (2)混凝土拌合料要求:泵送商品混凝土	m²	79.6103	
	5-24	楼梯直形 泵送商品混凝土 C25	10 m²	7.96103	
44	010507005001	扶手、压顶 (1)混凝土强度等级:C25 (2)混凝土拌合料要求:非泵送商品混凝土	m³	8.1378	
	5-27 换	扶手、压顶 非泵送商品混凝土 C25	m³	8.1378	
45	010508001001	后浇带 底板后浇带: (1)混凝土强度等级:C30 P6 (2)混凝土拌合料要求:泵送商品混凝土 (3)HEA 型防水外加剂,掺量为水泥用量的 12%	m³	0	
	5-30 换	后浇带地下室底板 泵送防水商品混凝土 C35/P6 坍落度(12±3)cm	m³	0	
46	010508001001	后浇带 底板后浇带: (1)混凝土强度等级:C35 P6 (2)混凝土拌合料要求:泵送商品混凝土 (3)HEA 型防水外加剂,掺量为水泥用量的 12%	m³	9.4401	
	5-30 换	后浇带地下室底板 泵送防水商品混凝土 C35/P6 坍落度(12±3)cm	m³	9.4401	

清单定额汇总表

工程名称：广联达办公大厦　　　　　　　　　　　　　　　　　　第 8 页　共 21 页

序号	编码	项目名称	单位	工程量明细	
				绘图输入	表格输入
47	010508001002	后浇带 梁板后浇带 20 cm 以内： （1）混凝土强度等级：C30 P6 （2）混凝土拌合料要求：泵送商品混凝土 （3）HEA 型防水外加剂,掺量为水泥用量的 12%	m³	11.9818	
	5-31 换	后浇带梁、板 板厚 20 cm 以内 泵送防水商品混凝土 C35/P6 坍落度（12±3）cm	m³	11.9818	
48	010508001003	后浇带 混凝土墙后浇带 20 cm 以内： （1）混凝土强度等级：C30 P6 （2）混凝土拌合料要求：泵送商品混凝土 （3）HEA 型防水外加剂,掺量为水泥用量的 12%	m³	1.72	
	5-33 换	后浇带墙 泵送防水商品混凝土 C35/P6 坍落度（12±3）cm	m³	1.72	
49	010607005001	砌块墙钢丝网加固 所有填充墙与梁、柱相接处的内墙粉刷及不同材料交接处的粉刷应铺设金属网,防止裂缝	m²	1506.1061	
	12-8	墙面挂钢丝网	m²	1506.1061	
50	010801004001	木质防火门 （1）木质丙级防火检修门（JXM2）:1200 mm×2000 mm （2）含闭门器、顺位器、门锁、防火烟条、合页等所有五金配件及油漆,综合考虑门尺寸	樘	10	
	8-186	闭门器明装	个	10	
	8-188	顺位器	个	10	
	8-37	木质防火门安装 木质丙级防火检修门	100 m²	0.252	
51	010801004001	木质防火门 （1）木质丙级防火检修门（JXM1）:550 mm×2000 mm （2）含闭门器、顺位器、门锁、防火烟条、合页等所有五金配件及油漆,综合考虑门尺寸	樘	5	
	8-186	闭门器明装	个	5	
	8-188	顺位器	个	5	
	8-37	木质防火门安装 木质丙级防火检修门	100 m²	0.05775	

清单定额汇总表

序号	编码	项目名称	单位	工程量明细	
				绘图输入	表格输入
52	010802001001	金属(塑钢)门 铝合金推拉门(TLM1):3000 mm×2100 mm (1)中空玻璃推拉门 (2)包括制作、安装、运输、配件、油漆等 (3)详见图纸	樘	1	
	8-40 换	隔热断桥铝合金门安装推拉	m²	6.3	
53	010802001002	金属(塑钢)门 铝塑平开门(LM1):2100 mm×3000 mm (1)单层框中空玻璃 (2)包括制作、安装、运输、配件、油漆等 (3)详见图纸	樘	1	
	8-46 换	塑钢成品门安装平开	m²	6.3	
54	010802001003	金属(塑钢)门 铝塑上悬窗(LC5):1200 mm×1800 mm (1)单层框中空玻璃 (2)包括制作、安装、运输、配件、油漆等 (3)详见图纸	樘	2	
	8-112	隔热断桥铝合金内平开下悬-(LC5):1200 mm×1800 mm	100 m²	0.0432	
55	010802001003	金属(塑钢)门 铝塑上悬窗(LC4):900 mm×1800 mm (1)单层框中空玻璃 (2)包括制作、安装、运输、配件、油漆等 (3)详见图纸	樘	4	
	8-112	隔热断桥铝合金内平开下悬-(LC4):900 mm×1800 mm	100 m²	0.0648	
56	010802001003	金属(塑钢)门 铝塑平开飘窗(TC1):1500 mm×2700 mm (1)单层框中空玻璃 (2)包括制作、安装、运输、配件、油漆等 (3)详见图纸	樘	18	
	8-111	铝塑平开飘窗	100 m²	0.41796	

清单定额汇总表

序号	编码	项目名称	单位	工程量明细	
				绘图输入	表格输入
57	010802001003	金属(塑钢)门 铝塑上悬窗(LC2):1200 mm×2700 mm (1)单层框中空玻璃 (2)包括制作、安装、运输、配件、油漆等 (3)详见图纸	樘	96	
	8-112	隔热断桥铝合金内平开下悬-LC2:1200 mm×2700 mm	100 m²	3.1104	
58	010802001003	金属(塑钢)门 铝塑上悬窗(LC1):900 mm×2700 mm (1)单层框中空玻璃 (2)包括制作、安装、运输、配件、油漆等 (3)详见图纸	樘	70	
	8-112	隔热断桥铝合金内平开下悬-(LC1):900 mm×2700 mm	100 m²	1.701	
59	010802001003	金属(塑钢)门 铝塑上悬窗(LC3):1500 mm×2700 mm (1)单层框中空玻璃 (2)包括制作、安装、运输、配件、油漆等 (3)详见图纸	樘	2	
	8-112	隔热断桥铝合金内平开下悬-(LC3):1500 mm×2700 mm	100 m²	0.081	
60	010802003001	钢质防火门 (1)钢质乙级防火门(YFM1):1200 mm×2100 mm (2)含闭门器、顺位器、门锁、防火烟条、合页等所有五金配件及油漆,综合考虑门尺寸	樘	11	
	8-186	闭门器明装	个	11	
	8-188	顺位器	个	11	
	8-48	钢质防火门安装 钢质乙级防火门	100 m²	0.2772	
61	010802003001	钢质防火门 (1)钢质甲级防火门(JFM2):1800 mm×2100 mm (2)含闭门器、顺位器、门锁、防火烟条、合页等所有五金配件及油漆,综合考虑门尺寸	樘	1	
	8-186	闭门器明装	个	1	
	8-188	顺位器	个	1	
	8-48	钢质防火门安装 钢质甲级防火门	100 m²	0.0378	

清单定额汇总表

序号	编码	项目名称	单位	工程量明细	
				绘图输入	表格输入
62	010802003001	钢质防火门 (1)钢质甲级防火门(JFM1):1000 mm×2000 mm (2)含闭门器、顺位器、门锁、防火烟条、合页等所有五金配件及油漆,综合考虑门尺寸	樘	1	
	8-186	闭门器明装	个	1	
	8-188	顺位器	个	1	
	8-48	钢质防火门安装 钢质甲级防火门	100 m²	0.021	
63	010902001001	屋面卷材防水 3 mm 厚高聚物改性沥青防水卷材	m²	758.3157	
	9-47 换	改性沥青卷材热熔法一层平面 3 mm 厚高聚物改性沥青防水卷材	m²	758.3157	
64	010902002001	屋面涂膜防水 1.5 mm 厚聚氨酯涂膜防水层(刷 3 遍),撒砂一层粘牢	m²	141.1038	
	9-88	聚氨酯防水涂料厚度 1.5 mm 平面	m²	141.1038	
65	010902003001	屋面刚性层 屋面 1:铺地缸砖保护层上人屋面 (1)8~10 mm 厚彩色水泥釉面防滑地砖,用建筑胶砂浆粘贴,干水泥擦缝 (2)3 mm 厚纸筋灰隔离层 (3)3 mm 厚高聚物改性沥青防水卷材(清单另列项) (4)20 mm 厚 1:3 水泥砂浆找平层 (5)最薄 30 mm 厚 1:0.2:3.5 水泥粉煤灰页岩陶粒 找 2%坡(清单另列项) (6)40 mm 厚现喷硬质发泡聚氨保温层(清单另列项) (7)现浇混凝土屋面板	m²	758.3157	
	11-1	干混砂浆找平层混凝土或硬基层上 20 mm 厚 干混地面砂浆 DS M20.0	m²	758.3157	
	11-51 换	地砖楼地面(黏结剂铺贴)周长 2400 mm 以外密缝 8~10 mm 厚彩色水泥釉面防滑地砖 800 mm×800 mm	m²	758.3157	
	9-94	隔离层纸筋灰	m²	758.3157	

清单定额汇总表

序号	编码	项目名称	单位	工程量明细	
				绘图输入	表格输入
66	010902003003	屋面刚性层 屋面 3:不上人屋面 (1)满涂银粉保护剂 (2)1.5 mm 厚聚氨酯涂膜防水层(刷 3 遍),撒砂一层粘牢(清单另列项) (3)20 mm 厚 1:3水泥砂浆找平层 (4)最薄 30 mm 厚 1:0.2:3.5 水泥粉煤灰页岩陶粒 找 2%坡 (5)40 mm 厚现喷硬质发泡聚氨保温层(清单另列项) (6)现浇混凝土屋面板	m²	141.1038	
	10-45	屋面保温隔热 陶粒混凝土	10 m³	1.52392	
	11-1	干混砂浆找平层混凝土或硬基层上 20 mm 厚 干混地面砂浆 DS M20.0	m²	141.1038	
	9-99	铝基反光隔热涂料涂刷一遍	m²	141.1038	
67	010903001001	墙面卷材防水 外墙防水 3.0 mm 厚两层 SBS 改性沥青防水卷材	m²	660.1631	
	9-48 换	改性沥青卷材立面热熔 2 层 3.0 mm 厚 SBS 改性沥青防水卷材 3.0 mm IGM	m²	660.1631	
68	010904001001	楼(地)面卷材防水 底板防水 3.0 mm 厚两层 SBS 改性沥青防水卷材	m²	1108.0973	
	9-47 换	改性沥青卷材平面热熔 2 层 3.0 mm 厚 SBS 改性沥青防水卷材 3.0 mm IGM	m²	1108.0973	
69	010904002001	楼(地)面涂膜防水 地面 2:3 mm 厚高聚物改性沥青涂膜防水层	m²	344.0039	
	9-76 换	改性沥青防水涂料平面 3 mm	m²	344.0039	
70	010904002002	楼(地)面涂膜防水 楼面 2:1.5 mm 厚聚氨酯涂膜防水层	m²	197.3776	
	9-88	聚氨酯防水涂料厚度 1.5 mm 平面	m²	197.3776	
71	011001001001	保温隔热屋面 40 mm 厚现喷硬质发泡聚氨保温层	m²	141.1038	
	10-31	聚氨酯硬泡(喷涂)厚度 40 mm	m²	141.1038	

清单定额汇总表

工程名称:广联达办公大厦

序号	编码	项目名称	单位	工程量明细	
				绘图输入	表格输入
72	011001001001	保温隔热屋面 40 mm 厚现喷硬质发泡聚氨保温层	m²	758.3157	
	10-31	聚氨酯硬泡(喷涂)厚度 40 mm	m²	758.3157	
73	011001001002	保温隔热屋面 屋面最薄 30 mm 厚 1:0.2:3.5 水泥粉煤灰页岩陶粒 找 2%坡	m²	758.3157	
	10-45	陶粒混凝土	m³	81.8981	
74	011001003001	保温隔热墙面 地下室外墙:60 mm 厚泡沫聚苯板	m²	660.1631	
	10-8 换	聚苯乙烯泡沫保温板厚度 30～60 mm 厚泡沫聚苯板 δ30	m²	660.1631	
75	011101001001	水泥砂浆楼地面 地面 2:水泥地面 (1)20 mm 厚 1:2.5 水泥砂浆磨面压实赶光 (2)素水泥浆一道(内掺建筑胶) (3)30 mm 厚 C15 细石混凝土随打随抹 (4)3 mm 厚高聚物改性沥青涂膜防水层(清单另列项) (5)最薄处 30 mm 厚 C15 细石混凝土	m²	344.0039	
	11-8	干混砂浆楼地面混凝土或硬基层上 20 mm 厚 干混地面砂浆 DS M20.0	m²	344.0039	
	11-4	素水泥浆一道 107 胶纯水泥浆	100 m²	3.440039	
	11-5	细石混凝土找平层 30 mm 厚 非泵送商品混凝土 C15	100 m²	3.440039	
76	011101003001	细石混凝土楼地面 底板 50 mm 厚 C20 细石混凝土保护层	m²	998.3732	
	11-5 换	细石混凝土找平层 厚度 50 mm 非泵送商品混凝土 C20-细石	m²	998.3732	
77	011101003002	细石混凝土楼地面 地面 1:细石混凝土地面 40 mm 厚 C20 细石混凝上随打随抹撒 1:1 水泥砂子压实赶光	m²	468.7585	
	11-7	混凝土面上干混砂浆随捣随抹 干混地面砂浆 DS M20.0	m²	70.3138	
	11-5	细石混凝土找平层 厚度 40 mm 非泵送商品混凝土 C20-细石	100 m²	4.687585	

清单定额汇总表

工程名称:广联达办公大厦 　　　　　　　　　　　　　　　　　　　第 14 页　共 21 页

序号	编码	项目名称	单位	工程量明细	
				绘图输入	表格输入
78	011102001001	石材楼地面 楼面 3:大理石楼面(大理石尺寸 800 mm×800 mm) (1)铺 20 mm 厚大理石板,稀水泥擦缝 (2)撒素水泥面(洒适量清水) (3)30 mm 厚 1:3 干硬性水泥砂浆黏结层 (4)40 mm 厚 1:1.6 水泥粗砂焦渣垫层	m²	2303.3453	
	10-40	炉(矿)渣混凝土	m³	92.1339	
	11-31 换	石材楼地面干混砂浆铺贴 20 mm 厚大理石板	m²	2303.3453	
79	011102003001	块料楼地面 地面 3:防滑地砖地面 (1)2.5 mm 厚石塑防滑地砖,建筑胶黏剂粘铺,稀水泥浆碱擦缝 (2)20 mm 厚 1:3 水泥砂浆压实抹平 (3)素水泥结合层一道 (4)50 mm 厚 C10 混凝土	m²	38.3998	
	11-1	干混砂浆找平层混凝土或硬基层上 20 mm 厚 干混地面砂浆 DS M20.0	m²	38.3569	
	11-4	素水泥浆一道 107 胶纯水泥浆	m²	38.3569	
	11-5	细石混凝土找平层 厚度 50 mm	m²	38.3569	
	11-50	地砖楼地面(黏结剂铺贴)周长 2400 mm 以内密缝 2.5 mm 厚石塑防滑地砖 600 mm×600 mm	m²	38.7975	
80	011102003002	块料楼地面 楼面 1:防滑地砖楼面(砖采用 400 mm×400 mm) (1)5~10 mm 厚防滑地砖,稀水泥浆擦缝 (2)6 mm 厚建筑胶水泥砂浆黏结层 (3)素水泥浆一道(内掺建筑胶) (4)20 mm 厚 1:3 水泥砂浆找平层 (5)素水泥浆一道(内掺建筑胶)	m²	527.2739	
	11-1	干混砂浆找平层混凝土或硬基层上 20 mm 厚 干混地面砂浆 DS M20.0	m²	527.2739	
	11-49 换	地砖楼地面(黏结剂铺贴)周长 2000 mm 以内密缝 防滑地砖 400 mm×400 mm	m²	527.2739	
	11-4 换	素水泥浆一道 107 胶纯水泥浆	m²	527.2739	

清单定额汇总表

工程名称:广联达办公大厦

序号	编码	项目名称	单位	工程量明细	
				绘图输入	表格输入
81	011102003003	块料楼地面 楼面 2:防滑地砖防水楼面(砖采用 400 mm×400 mm) (1)5~10 mm 厚防滑地砖,稀水泥浆擦缝 (2)撒素水泥面(洒适量清水) (3)20 mm 厚 1:2 干硬性水泥砂浆黏结层 (4)1.5 mm 厚聚氨酯涂膜防水层(清单另列项) (5)20 mm 厚 1:3 水泥砂浆找平层,四周及竖管根部抹小八字角 (6)素水泥浆一道 (7)最薄处 30 mm 厚 C15 细石混凝土从门口向地漏找 1%坡	m²	197.3776	
	11-1	干混砂浆找平层混凝土或硬基层上 20 mm 厚 干混地面砂浆 DS M20.0	m²	197.3776	
	11-4	素水泥浆一道	m²	197.3776	
	11-45 换	地砖楼地面(干混砂浆铺贴)周长 2000 mm 以内密缝 防滑地砖 400 mm×400 mm	m²	197.3776	
82	011105001001	水泥砂浆踢脚线 踢脚 1:水泥砂浆踢脚(高度为 100 mm) (1)6 mm 厚 1:2.5 水泥砂浆罩面压实赶光 (2)素水泥浆一道 (3)8 mm 厚 1:3 水泥砂浆打底扫毛或划出纹道 (4)素水泥浆一道甩毛(内掺建筑胶)	m²	53.1352	
	11-4	素水泥浆一道 107 胶纯水泥浆	m²	53.1352	
	11-4	素水泥浆一道	100 m²	0.531352	
	11-95	6 mm 厚 1:2.5 水泥砂浆罩面压实赶光	100 m²	0.531352	
83	011105002001	石材踢脚线 踢脚 3:大理石踢脚(用 800 mm×100 mm 深色大理石,高度为 100 mm) (1)10~15 mm 厚大理石踢脚板,稀水泥浆擦缝 (2)10 mm 厚 1:2 水泥砂浆(内掺建筑胶)黏结层 (3)界面剂一道甩毛(甩前先将墙面用水湿润)	m²	211.801	
	11-96 换	踢脚线石材干混砂浆铺贴 10~15 mm 厚大理石	m²	211.801	
	12-20	墙面干粉型界面剂	m²	211.801	

清单定额汇总表

工程名称:广联达办公大厦　　　　　　　　　　　　　　第 16 页　共 21 页

序号	编码	项目名称	单位	工程量明细 绘图输入	表格输入
84	011105003001	块料踢脚线 踢脚2:地砖踢脚(用 400 mm×100 mm 深色地砖,高度为 100 mm) (1)5~10 mm 厚防滑地砖踢脚,稀水泥浆擦缝 (2)8 mm 厚1:2水泥砂浆(内掺建筑胶)黏结层 (3)5 mm 厚1:3水泥砂浆打底扫毛或划出纹道	m²	76.9553	
	11-97	踢脚线陶瓷地面砖干混砂浆铺贴 防滑地砖综合	m²	76.9553	
85	011106002001	块料楼梯面层 楼面1:防滑地砖楼面(砖采用 400 mm×400 mm) (1)5~10 mm 厚防滑地砖,稀水泥浆擦缝 (2)6 mm 厚建筑胶水泥砂浆黏结层 (3)素水泥浆一道(内掺建筑胶) (4)20 mm 厚1:3水泥砂浆找平层 (5)素水泥浆一道(内掺建筑胶)	m²	79.6103	
	11-116 换	楼梯陶瓷地面砖干混砂浆铺贴 防滑地砖综合	m²	79.6103	
86	011201001001	墙面一般抹灰 内墙面1:水泥砂浆墙面 (1)喷水性耐擦洗涂料(清单另列项) (2)5 mm 厚1:2.5 水泥砂浆找平 (3)9 mm 厚1:3水泥砂浆打底扫毛 (4)素水泥浆一道甩毛(内掺建筑胶)	m²	5380.0752	
	12-1	内墙抹灰 增减厚度-6 mm	m²	5380.0752	
	12-18	墙面刷素水泥浆有 107 胶	m²	5380.0752	
87	011201001001	柱、梁面一般抹灰 墙面一般抹灰 内墙面1:水泥砂浆墙面 (1)喷水性耐擦洗涂料(清单另列项) (2)5 mm 厚1:2.5 水泥砂浆找平 (3)9 mm 厚1:3水泥砂浆打底扫毛 (4)素水泥浆一道甩毛(内掺建筑胶)	m²	170.7175	
	12-1	内墙抹灰 增减厚度-6 mm	m²	170.7175	
	12-18	墙面刷素水泥浆有 107 胶	m²	170.7175	

清单定额汇总表

序号	编码	项目名称	单位	工程量明细	
				绘图输入	表格输入
88	011204003001	块料墙面 内墙面 2:瓷砖墙面(面层用 200 mm×300 mm 高级面砖) (1)白水泥擦缝 (2)5 mm 厚釉面砖面层(粘前先将釉面砖浸水两小时以上) (3)5 mm 厚 1:2建筑水泥砂浆黏结层 (4)素水泥浆一道 (5)6 mm 厚 1:2.5 水泥砂浆打底压实抹平 (6)涂塑中碱玻璃纤维网格布一层	m²	1385.4313	
	12-16×0.4 换	墙面打底找平厚 15 mm 干混抹灰砂浆 DP M15.0	m²	1385.4313	
	12-17	墙面刷素水泥浆无 107 胶	m²	1385.4313	
	12-48 换	瓷砖墙面(干混砂浆)周长 1200 mm 以内 高级面砖 200 mm×300 mm	m²	1385.4313	
	12-7	墙面贴玻纤网格布	m²	1385.4313	
89	011301001001	天棚抹灰 顶棚 1:抹灰顶棚 (1)喷水性耐擦洗涂料(清单另列项) (2)2 mm 厚纸筋灰罩面 (3)5 mm 厚 1:0.5:3水泥石膏砂浆扫毛 (4)素水泥浆一道甩毛(内掺建筑胶)	m²	1179.4232	
	12-18	墙面刷素水泥浆有 107 胶	m²	1180.5469	
	13-1	混凝土面天棚一般抹灰 干混抹灰砂浆 DP M15.0	m²	1180.5469	
90	011301001002	天棚抹灰 顶棚 2:涂料顶棚 (1)喷合成树脂乳胶涂料面层两道(每道隔两小时)(清单另列项) (2)封底漆一道(干燥后再做面涂)(清单另列项) (3)3 mm 厚 1:0.5:2.5 水泥石灰膏砂浆找平 (4)5 mm 厚 1:0.5:3水泥石灰膏砂浆打底扫毛 (5)素水泥浆一道甩毛(内掺建筑胶)	m²	4.5124	
	12-18	墙面刷素水泥浆有 107 胶	m²	4.543	
	13-1	混凝土面天棚一般抹灰 干混抹灰砂浆 DP M15.0	m²	4.543	

清单定额汇总表

工程名称:广联达办公大厦　　　　　　　　　　　　　　　　　　　　　　第 18 页　共 21 页

序号	编码	项目名称	单位	工程量明细	
				绘图输入	表格输入
91	011302001001	吊顶天棚 吊顶 1:铝合金条板吊顶(燃烧性能为 A 级) (1)0.8~1.0 mm 厚铝合金条板,离缝安装带插缝板 (2)U 形轻钢次龙骨 LB45×48,中距≤1500 mm (3)U 形轻钢主龙骨 LB38×12,中距≤1500 mm 与钢筋吊杆固定 (4)φ6 钢筋吊杆,中距横向≤1500 mm,纵向≤1200 mm (5)现浇混凝土板底预留 φ10 钢筋吊环,双向中距≤1500 mm	m²	1808.8655	
	13-43	铝合金方板面层浮搁式	m²	1808.8655	
	13-8	轻钢龙骨(U38 型)平面	m²	1808.8655	
92	011302001002	吊顶天棚 吊顶 2:岩棉吸音板吊顶(燃烧性能为 A 级) (1)12 mm 厚岩棉吸音板面层,规格 592 mm×592 mm (2)T 形轻钢次龙骨 TB24×28,中距 600 mm (3)T 形轻钢次龙骨 TB24×38,中距 600 mm,找平后与钢筋吊杆固定 (4)φ8 钢筋吊杆,双向中距≤1200 mm (5)现浇混凝土板底预留 φ10 钢筋吊环,双向中距≤1200 mm	m²	1068.9784	
	13-39	矿棉板搁放在龙骨上 12 mm 厚岩棉吸音板	m²	1068.9784	
	13-6	轻钢龙骨(U38 型)平面	m²	1068.9784	
93	011407001001	墙面喷刷涂料 内墙面 1:水泥砂浆墙面 喷水性耐擦洗涂料	m²	5550.7927	
	14-130	涂料墙、柱、天棚面两遍	m²	5550.7927	
94	011407002001	天棚喷刷涂料 顶棚 1:水泥砂浆墙面 喷水性耐擦洗涂料	m²	1179.4232	
	14-130	涂料墙、柱、天棚面两遍	m²	1180.5469	
95	011407002002	天棚喷刷涂料 顶棚 2:涂料顶棚 (1)喷合成树脂乳胶涂料面层两道(每道隔两小时) (2)封底漆一道(干燥后再做面涂)	m²	4.5124	
	14-128 换	刷乳胶漆 遍数 3 遍	m²	4.543	

清单定额汇总表

工程名称:广联达办公大厦

序号	编码	项目名称	单位	工程量明细	
				绘图输入	表格输入
96	011503001001	金属扶手、栏杆、栏板 楼梯栏杆 $H=1000$ mm 包括预埋、制作、运输、安装等	m	69.8786	
	15-92	护窗栏杆 不锈钢栏杆 不锈钢扶手	10 m	6.98786	
97	011503001002	金属扶手、栏杆、栏板 护窗栏杆 $H=1000$ mm 参考图集 L96J401/2/30	m	94.929	
	补	护窗栏杆 $H=1000$ mm	m	94.929	
98	011701001002	综合脚手架 地下室一层脚手架	m²	967.1382	
	18-31	综合脚手架 地下室层数一层	100 m²	9.671382	
99	011701001002	综合脚手架 混凝土结构综合脚手架 檐高 20 m 以内	m²	3494.894	
	18-5	混凝土结构综合脚手架 檐高(20 m 以内)层高 6 m 以内	m²	3494.894	
100	011702008001	圈梁 现浇混凝土 直形圈梁 复合木模	m²	22.4303	
	5-140	直形圈过梁 复合木模	m²	22.4303	
101	011702021001	栏板 现浇混凝土直形栏板模板	m²	9.525	
	5-176	栏板、翻檐直形模板	m²	9.525	
102	011702025001	其他现浇构件 其他现浇构件模板	m²	63.4411	
	5-179	单独扶手压顶复合模板	m²	63.4411	
103	011702030001	后浇带 底板后浇带模板增加费	m²	0.8	
	5-184	后浇带模板增加费地下室底板	m²	0.8	
104	011702030002	后浇带 梁板 20 cm 以内后浇带模板增加费	m²	82.2178	
	5-185	后浇带模板增加费梁 板厚 20 cm 以内	m²	63.9729	
105	011702030002	后浇带 梁板 20 cm 以内后浇带模板增加费	m²	19.292	

清单定额汇总表

序号	编码	项目名称	单位	工程量明细	
				绘图输入	表格输入
106	011702030003	后浇带 混凝土墙 20 cm 以上后浇带模板增加费	m²	13.76	
	5-188	后浇带模板增加费墙 厚 20 cm 以上	m²	13.76	
107	011703001002	垂直运输 混凝土结构建筑物垂直运输 一层地下室	m²	967.1382	
	19-1	地下室层数一层	100 m²	9.671382	
108	011703001002	垂直运输 混凝土结构建筑物垂直运输 檐高 20 m 内，层高 3.9 m 内	m²	3494.894	
	19-4 换	混凝土结构建筑物檐高（20 m 以内）混凝土结构层高超过 3.6 m 每增加 1 m 建筑物檐高 20 m 以内层高 3.9 m 内	m²	3494.894	
109	01b001	弧形板线条增加费	m	0	
	5-150	弧形板模板增加费	m	0	
措施项目					
1	011702023001	雨篷、悬挑板、阳台板 飘窗板复合木模	m²	3.8516	
	5-174	飘窗板复合木模	10 m² 水平投影面积	0.38516	
2	011702023002	雨篷、悬挑板、阳台板 阳台、雨篷复合木模	m²	9.25	
	5-174	阳台、雨篷复合木模	m²	9.25	
3	011702001001	基础垫层 基础 现浇混凝土模板 基础垫层模板	m²	63.5138	
	5-97	基础垫层模板	100 m²	0.635138	
4	011702002002	矩形柱 现浇混凝土矩形柱 复合木模 支模高度 4.6 m	m²	1033.3735	
	5-119	矩形柱复合木模 柱支模超高每增加 1 m 钢、木模支模高度 4.6 m	100 m²	10.333735	
5	011702003001	构造柱 现浇混凝土 构造柱	m²	361.8505	
	5-123	构造柱模板	100 m²	3.618505	
6	011702004002	异形柱 现浇混凝土圆形柱 复合木模 支模高度 4.6 m	m²	99.9727	
	5-122 换	异形柱、圆形柱复合木模 柱支模超高每增加 1 m 钢、木模 支模高度 4.6 m	m²	100.7796	

清单定额汇总表

工程名称:广联达办公大厦　　　　　　　　　　　　　　　　第 21 页　共 21 页

序号	编码	项目名称	单位	工程量明细	
				绘图输入	表格输入
7	011702006002	矩形梁 现浇混凝土 矩形梁 复合木模 支模高度 4.6 m	m²	2110.0638	
	5-131	矩形梁复合木模	100 m²	21.100638	
8	011702006002	矩形梁 现浇混凝土 矩形梁 复合木模 支模高度 4.6 m	m²	14.2688	
	5-131	矩形梁 复合木模 实际支模高度 4.6 m	100 m²	0.142688	
9	011702009001	过梁 现浇混凝土 直形过梁 复合木模	m²	158.4087	
	5-140	直形圈过梁复合木模	100 m²	1.584087	
10	011702010001	弧形、拱形梁 现浇混凝土 弧形梁 复合木模 支模高度 4.6 m	m²	70.0133	
	5-134 换	弧形梁木模板 梁支模超高每增加 1 m 钢、木模 支模高度 4.6 m	m²	70.0133	
11	011702011001	地下室外墙 直形墙 现浇混凝土 地下室外墙 复合木模 支模高度 3.6 m	m²	1284.6596	
	5-157	直形地下室外墙复合木模 六角带帽螺栓	100 m²	12.846596	
12	011702011002	直形墙 现浇混凝土 墙 复合木模 支模高度 4.6 m	m²	2071.45	
	5-155	直形墙复合木模	100 m²	20.738182	
13	011702011002	直形墙 现浇混凝土 墙 复合木模 支模高度 4.6 m	m²	588.6638	
	5-155	直形墙 复合木模 实际支模高度 4.6 m	100 m²	5.891227	
14	011702016003	平板 现浇混凝土 板 复合木模 支模高度 4.6 m	m²	3862.6193	
	5-144	板复合木模 板支模超高每增加 1 m 钢、木模 支模高度 4.6 m	100 m²	38.626193	
15	011702016003	平板 现浇混凝土 板 复合木模 支模高度 4.6 m	m	9.4142	
	5-144	板复合木模 板支模超高每增加 1 m 钢、木模 支模高度 4.6 m	100 m²	0.094142	
16	011702024001	楼梯 现浇混凝土直形楼梯 复合木模	m²	79.6103	
	5-170	楼梯直形复合木模	10 m² (水平投影面积)	7.96103	

清单汇总表

工程名称:广联达办公大厦   第 1 页   共 13 页

序号	编码	项目名称	单位	工程量明细	
				绘图输入	表格输入
1	010101001001	平整场地	m²	1279.3559	
2	010505008001	雨篷、悬挑板、阳台板 飘窗板 (1)混凝土强度等级:C25 (2)混凝土拌合料要求:泵送商品混凝土	m³	0.462	
3	010505008002	雨篷、悬挑板、阳台板 雨篷: (1)混凝土强度等级:C30 (2)混凝土拌合料要求:泵送商品混凝土	m³	0.9171	
4	010507001001	散水、坡道 混凝土散水做法(见 88BJ1-1 散 1) 每隔 12 m 设一道 20 mm 宽变形缝,内填沥青砂浆	m²	96.6057	
5	010507001002	散水、坡道 坡道: 部位:自行车库坡道	m²	65.5454	
6	010507003001	电缆沟、地沟 混凝土种类:C25	m	6.9492	
7	010507004001	台阶 水泥砂浆台阶做法:见 88BJ1-1 台 1B	m²	27.3816	
8	010801001001	木质门 木质夹板门 M1:尺寸 1000 mm×2100 mm	樘	36	
9	010801001002	木质门 木质夹板门 M2:尺寸 1500 mm×2100 mm	樘	19	
10	010902001001	屋面卷材防水 顶板防水 3.0 mm 厚两层 SBS 改性沥青防水卷材	m²	816.7135	
11	011001003001	保温隔热墙面 (1)保温隔热部位:外墙面 (2)保温隔热材料品种、规格及厚度:35 mm 厚聚苯颗粒	m²	1808.895	
12	011201001001	墙面一般抹灰	m²	22.8892	
13	010101004001	挖基坑土方 (1)土壤类别具体详见岩土工程详细勘察报告 (2)土壤湿土:具体详见岩土工程详细勘察报告及现场踏勘 (3)挖土方深度:详见设计图纸 (4)土方外运自行考虑 (5)计量规则:按垫层底面积乘以深度计,不扣除桩头体积	m³	5679.2232	

清单汇总表

工程名称:广联达办公大厦　　　　　　　　　　　　　　　　　　

序号	编码	项目名称	单位	工程量明细	
				绘图输入	表格输入
14	010103001001	回填方 人工就地回填土 夯实	m³	1383.5466	
15	010401001001	砖基础 240 mm 厚砖胎膜: (1)MU25 混凝土实心砖 (2)Mb5 水泥砂浆砌筑 (3)15 mm 厚 1:3 水泥砂浆抹灰	m³	99.8322	
16	010402001002	砌块墙 上部 200 mm 厚直形墙: (1)200 mm 厚陶粒空心砌块墙体:强度不小于 MU10 (2)M5 混合砂浆	m³	384.5294	
17	010402001002	砌块墙 地下室 200 mm 厚直形墙: (1)200 mm 厚陶粒空心砌块墙体:强度不小于 MU10 (2)M5 水泥砂浆	m³	62.7387	
18	010402001004	砌块墙 上部 200 mm 厚弧形外墙: (1)250 mm 厚陶粒空心砖及 35 mm 厚聚苯颗粒保温复合墙体 (2)M5 混合砂浆	m³	2.9495	
19	010402001004	砌块墙 上部 200 mm 厚直形外墙: (1)200 mm 厚陶粒空心砖及 35 mm 厚聚苯颗粒保温复合墙体 (2)M5 混合砂浆	m³	19.4	
20	010402001005	砌块墙 砌块墙-女儿墙 上部 200 mm 厚直形外墙: (1)200 mm 厚陶粒空心砖及 35 mm 厚聚苯颗粒保温复合墙体 (2)M5 混合砂浆	m³	2.3701	
21	010402001005	砌块墙 上部 200 mm 厚弧形外墙: (1)200 mm 厚陶粒空心砖及 35 mm 厚聚苯颗粒保温复合墙体 (2)M5 混合砂浆	m³	133.6925	

清单汇总表

工程名称：广联达办公大厦　　　　　　　　　　　　　　　　　　　　第 3 页　共 13 页

序号	编码	项目名称	单位	工程量明细	
				绘图输入	表格输入
22	010501001001	垫层 (1)混凝土强度等级:C15 (2)混凝土拌合料要求:非泵送商品混凝土	m³	112.3453	
23	010501004001	满堂基础、地下室底板 满堂基础 (1)混凝土强度等级:C30 P6 (2)混凝土拌合料要求:泵送商品混凝土 (3)HEA 型防水外加剂,掺量为水泥用量的 8%	m³	629.0557	
24	010502001001	矩形柱 (1)混凝土强度等级:C30 (2)混凝土拌合料要求:泵送商品混凝土	m³	118.992	
25	010502001001	矩形柱 (1)混凝土强度等级:C25 (2)混凝土拌合料要求:泵送商品混凝土	m³	42.3342	
26	010502002001	构造柱 (1)混凝土强度等级:C25 (2)混凝土拌合料要求:非泵送商品混凝土	m³	36.4556	
27	010502003001	异形柱 (1)混凝土强度等级:C30 (2)混凝土拌合料要求:泵送商品混凝土	m³	16.197	
28	010503002002	矩形梁 (1)混凝土强度等级:C30 (2)混凝土拌合料要求:泵送商品混凝土	m³	77.7784	
29	010503002002	矩形梁 (1)混凝土强度等级:C30 P6 (2)混凝土拌合料要求:泵送商品混凝土 (3)HEA 型防水外加剂,掺量为水泥用量的 8%	m³	43.923	
30	010503002002	矩形梁 (1)混凝土强度等级:C25 (2)混凝土拌合料要求:泵送商品混凝土	m³	133.8316	
31	010503004001	圈梁 卫生间翻边 (1)混凝土强度等级:C20 (2)混凝土拌合料要求:非泵送商品混凝土	m³	2.1686	
32	010503005001	过梁 (1)混凝土强度等级:C25 (2)混凝土拌合料要求:非泵送商品混凝土	m³	9.8927	
33	010503006001	弧形、拱形梁 (1)混凝土强度等级:C25 (2)混凝土拌合料要求:泵送商品混凝土	m³	7.696	

清单汇总表

工程名称:广联达办公大厦

序号	编码	项目名称	单位	工程量明细	
				绘图输入	表格输入
34	010504001001	直形墙 地下室外墙 (1)混凝土强度等级:C30 P6 (2)混凝土拌合料要求:泵送商品混凝土 (3)HEA 型防水外加剂,掺量为水泥用量的8%	m³	172.7859	
35	010504001002	直形墙 10 cm 以上直形混凝土墙 (1)混凝土强度等级:C30 (2)混凝土拌合料要求:泵送商品混凝土	m³	31.9849	
36	010504001002	直形墙 10 cm 以上直形混凝土墙 (1)混凝土强度等级:C30 (2)混凝土拌合料要求:泵送商品混凝土	m³	77.6945	
37	010504001002	直形墙 10 cm 以上直形混凝土墙 (1)混凝土强度等级:C25 (2)混凝土拌合料要求:泵送商品混凝土	m³	239.0042	
38	010505003001	平板 (1)混凝土强度等级:C25 (2)混凝土拌合料要求:泵送商品混凝土	m³	272.2748	
39	010505003001	平板 (1)混凝土强度等级:C30 (2)混凝土拌合料要求:泵送商品混凝土	m³	228.1826	
40	010505003001	平板 (1)混凝土强度等级:C30 P6 (2)混凝土拌合料要求:泵送商品混凝土 (3)HEA 型防水外加剂,掺量为水泥用量的8%	m³	12.1127	
41	010505003001	平板 (1)混凝土强度等级:C30 (2)混凝土拌合料要求:泵送商品混凝土	m³	0.33	
42	010505006001	栏板 (1)混凝土强度等级:C30 (2)混凝土拌合料要求:泵送商品混凝土	m³	0.4738	
43	010506001002	楼梯 直形楼梯 (1)混凝土强度等级:C25 (2)混凝土拌合料要求:泵送商品混凝土	m²	79.6103	

清单汇总表

序号	编码	项目名称	单位	工程量明细	
				绘图输入	表格输入
44	010507005001	扶手、压顶 (1)混凝土强度等级:C25 (2)混凝土拌合料要求:非泵送商品混凝土	m³	8.1378	
45	010508001001	后浇带 底板后浇带: (1)混凝土强度等级:C30 P6 (2)混凝土拌合料要求:泵送商品混凝土 (3)HEA 型防水外加剂,掺量为水泥用量的 12%	m³	0	
46	010508001001	后浇带 底板后浇带: (1)混凝土强度等级:C35 P6 (2)混凝土拌合料要求:泵送商品混凝土 (3)HEA 型防水外加剂,掺量为水泥用量的 12%	m³	9.4401	
47	010508001002	后浇带 梁板后浇带 20 cm 以内: (1)混凝土强度等级:C30 P6 (2)混凝土拌合料要求:泵送商品混凝土 (3)HEA 型防水外加剂,掺量为水泥用量的 12%	m³	11.9818	
48	010508001003	后浇带 混凝土墙后浇带 20 cm 以内: (1)混凝土强度等级:C30 P6 (2)混凝土拌合料要求:泵送商品混凝土 (3)HEA 型防水外加剂,掺量为水泥用量的 12%	m³	1.72	
49	010607005001	砌块墙钢丝网加固 所有填充墙与梁、柱相接处的内墙粉刷及不同材料交接处的粉刷应铺设金属网,防止裂缝	m²	1506.1061	
50	010801004001	木质防火门 (1)木质丙级防火检修门(JXM2):1200 mm×2000 mm (2)含闭门器、顺位器、门锁、防火烟条、合页等所有五金配件及油漆,综合考虑门尺寸	樘	10	
51	010801004001	木质防火门 (1)木质丙级防火检修门(JXM1):550 mm×2000 mm (2)含闭门器、顺位器、门锁、防火烟条、合页等所有五金配件及油漆,综合考虑门尺寸	樘	5	
52	010802001001	金属(塑钢)门 铝合金推拉门(TLM1):3000 mm×2100 mm (1)中空玻璃推拉门 (2)包括制作、安装、运输、配件、油漆等 (3)详见图纸	樘	1	

清单汇总表

工程名称:广联达办公大厦

序号	编码	项目名称	单位	工程量明细	
				绘图输入	表格输入
53	010802001002	金属(塑钢)门 铝塑平开门(LM1):2100 mm×3000 mm (1)单层框中空玻璃 (2)包括制作、安装、运输、配件、油漆等 (3)详见图纸	樘	1	
54	010802001003	金属(塑钢)门 铝塑上悬窗(LC5):1200 mm×1800 mm (1)单层框中空玻璃 (2)包括制作、安装、运输、配件、油漆等 (3)详见图纸	樘	2	
55	010802001003	金属(塑钢)门 铝塑上悬窗(LC4):900 mm×1800 mm (1)单层框中空玻璃 (2)包括制作、安装、运输、配件、油漆等 (3)详见图纸	樘	4	
56	010802001003	金属(塑钢)门 铝塑平开飘窗(TC1):1500 mm×2700 mm (1)单层框中空玻璃 (2)包括制作、安装、运输、配件、油漆等 (3)详见图纸	樘	18	
57	010802001003	金属(塑钢)门 铝塑上悬窗(LC2):1200 mm×2700 mm (1)单层框中空玻璃 (2)包括制作、安装、运输、配件、油漆等 (3)详见图纸	樘	96	
58	010802001003	金属(塑钢)门 铝塑上悬窗(LC1):900 mm×2700 mm (1)单层框中空玻璃 (2)包括制作、安装、运输、配件、油漆等 (3)详见图纸	樘	70	
59	010802001003	金属(塑钢)门 铝塑上悬窗(LC3):1500 mm×2700 mm (1)单层框中空玻璃 (2)包括制作、安装、运输、配件、油漆等 (3)详见图纸	樘	2	

清单汇总表

序号	编码	项目名称	单位	工程量明细	
				绘图输入	表格输入
60	010802003001	钢质防火门 (1)钢质乙级防火门(YFM1):1200 mm×2100 mm (2)含闭门器、顺位器、门锁、防火烟条、合页等所有五金配件及油漆,综合考虑门尺寸	樘	11	
61	010802003001	钢质防火门 (1)钢质甲级防火门(JFM2):1800 mm×2100 mm (2)含闭门器、顺位器、门锁、防火烟条、合页等所有五金配件及油漆,综合考虑门尺寸	樘	1	
62	010802003001	钢质防火门 (1)钢质甲级防火门(JFM1):1000 mm×2000 mm (2)含闭门器、顺位器、门锁、防火烟条、合页等所有五金配件及油漆,综合考虑门尺寸	樘	1	
63	010902001001	屋面卷材防水 3 mm 厚高聚物改性沥青防水卷材	m²	758.3157	
64	010902002001	屋面涂膜防水 1.5 mm 厚聚氨酯涂膜防水层(刷 3 遍),撒砂一层粘牢	m²	141.1038	
65	010902003001	屋面刚性层 屋面 1:铺地缸砖保护层上人屋面 (1)8~10 mm 厚彩色水泥釉面防滑地砖,用建筑胶砂浆粘贴,干水泥擦缝 (2)3 mm 厚纸筋灰隔离层 (3)3 mm 厚高聚物改性沥青防水卷材(清单另列项) (4)20 mm 厚 1∶3 水泥砂浆找平层 (5)最薄 30 mm 厚 1∶0.2∶3.5 水泥粉煤灰页岩陶粒 找 2%坡(清单另列项) (6)40 mm 厚现喷硬质发泡聚氨保温层(清单另列项) (7)现浇混凝土屋面板	m²	758.3157	
66	010902003003	屋面刚性层 屋面 3:不上人屋面 (1)满涂银粉保护剂 (2)1.5 mm 厚聚氨酯涂膜防水层(刷 3 遍),撒砂一层粘牢(清单另列项) (3)20 mm 厚 1∶3 水泥砂浆找平层 (4)最薄 30 mm 厚 1∶0.2∶3.5 水泥粉煤灰页岩陶粒 找 2%坡 (5)40 mm 厚现喷硬质发泡聚氨保温层(清单另列项) (6)现浇混凝土屋面板	m²	141.1038	
67	010903001001	墙面卷材防水 外墙防水 3.0 mm 厚两层 SBS 改性沥青防水卷材	m²	660.1631	

清单汇总表

工程名称:广联达办公大厦　　　　　　　　　　　　　　　　　　第 8 页　共 13 页

序号	编码	项目名称	单位	工程量明细	
				绘图输入	表格输入
68	010904001001	楼(地)面卷材防水 底板防水 3.0 mm 厚两层 SBS 改性沥青防水卷材	m²	1108.0973	
69	010904002001	楼(地)面涂膜防水 地面 2:3 mm 厚高聚物改性沥青涂膜防水层	m²	344.0039	
70	010904002002	楼(地)面涂膜防水 楼面 2:1.5 mm 厚聚氨酯涂膜防水层	m²	197.3776	
71	011001001001	保温隔热屋面 40 mm 厚现喷硬质发泡聚氨保温层	m²	141.1038	
72	011001001001	保温隔热屋面 40 mm 厚现喷硬质发泡聚氨保温层	m²	758.3157	
73	011001001002	保温隔热屋面 屋面最薄 30 mm 厚 1:0.2:3.5 水泥粉煤灰页岩陶粒 找 2% 坡	m²	758.3157	
74	011001003001	保温隔热墙面 地下室外墙:60 mm 厚泡沫聚苯板	m²	660.1631	
75	011101001001	水泥砂浆楼地面 地面 2:水泥地面 (1)20 mm 厚 1:2.5 水泥砂浆磨面压实赶光 (2)素水泥浆一道(内掺建筑胶) (3)30 mm 厚 C15 细石混凝土随打随抹 (4)3 mm 厚高聚物改性沥青涂膜防水层(清单另列项) (5)最薄处 30 mm 厚 C15 细石混凝土	m²	344.0039	
76	011101003001	细石混凝土楼地面 底板 50 mm 厚 C20 细石混凝土保护层	m²	998.3732	
77	011101003002	细石混凝土楼地面 地面 1:细石混凝土地面 40 mm 厚 C20 细石混凝上随打随抹撒 1:1 水泥砂子压实赶光	m²	468.7585	
78	011102001001	石材楼地面 楼面 3:大理石楼面(大理石尺寸 800 mm×800 mm) (1)铺 20 mm 厚大理石板,稀水泥擦缝 (2)撒素水泥面(洒适量清水) (3)30 mm 厚 1:3 干硬性水泥砂浆黏结层 (4)40 mm 厚 1:1.6 水泥粗砂焦渣垫层	m²	2303.3453	

清单汇总表

工程名称:广联达办公大厦

序号	编码	项目名称	单位	工程量明细	
				绘图输入	表格输入
79	011102003001	块料楼地面 地面 3:防滑地砖地面 (1)2.5 mm 厚石塑防滑地砖,建筑胶黏剂粘铺,稀水泥浆碱擦缝 (2)20 mm 厚 1:3 水泥砂浆压实抹平 (3)素水泥结合层一道 (4)50 mm 厚 C10 混凝土	m²	38.3998	
80	011102003002	块料楼地面 楼面 1:防滑地砖楼面(砖采用 400 mm×400 mm) (1)5~10 mm 厚防滑地砖,稀水泥浆擦缝 (2)6 mm 厚建筑胶水泥砂浆黏结层 (3)素水泥浆一道(内掺建筑胶) (4)20 mm 厚 1:3 水泥砂浆找平层 (5)素水泥浆一道(内掺建筑胶)	m²	527.2739	
81	011102003003	块料楼地面 楼面 2:防滑地砖防水楼面(砖采用 400 mm×400 mm) (1)5~10 mm 厚防滑地砖,稀水泥浆擦缝 (2)撒素水泥面(洒适量清水) (3)20 mm 厚 1:2 干硬性水泥砂浆黏结层 (4)1.5 mm 厚聚氨酯涂膜防水层(清单另列项) (5)20 mm 厚 1:3 水泥砂浆找平层,四周及竖管根部抹小八字角 (6)素水泥浆一道 (7)最薄处 30 mm 厚 C15 细石混凝土从门口向地漏找 1%坡	m²	197.3776	
82	011105001001	水泥砂浆踢脚线 踢脚 1:水泥砂浆踢脚(高度为 100 mm) (1)6 mm 厚 1:2.5 水泥砂浆罩面压实赶光 (2)素水泥浆一道 (3)8 mm 厚 1:3 水泥砂浆打底扫毛或划出纹道 (4)素水泥浆一道甩毛(内掺建筑胶)	m²	53.1352	
83	011105002001	石材踢脚线 踢脚 3:大理石踢脚(用 800 mm×100 mm 深色大理石,高度为 100 mm) (1)10~15 mm 厚大理石踢脚板,稀水泥浆擦缝 (2)10 mm 厚 1:2 水泥砂浆(内掺建筑胶)黏结层 (3)界面剂一道甩毛(甩前先将墙面用水湿润)	m²	211.801	

清单汇总表

序号	编码	项目名称	单位	工程量明细	
				绘图输入	表格输入
84	011105003001	块料踢脚线 踢脚 2:地砖踢脚(用 400 mm×100 mm 深色地砖,高度为 100 mm) (1)5~10 mm 厚防滑地砖踢脚,稀水泥浆擦缝 (2)8 mm 厚 1:2 水泥砂浆(内掺建筑胶)黏结层 (3)5 mm 厚 1:3 水泥砂浆打底扫毛或划出纹道	m²	76.9553	
85	011106002001	块料楼梯面层 楼面 1:防滑地砖楼面(砖采用 400 mm×400 mm) (1)5~10 mm 厚防滑地砖,稀水泥浆擦缝 (2)6 mm 厚建筑胶水泥砂浆黏结层 (3)素水泥浆一道(内掺建筑胶) (4)20 mm 厚 1:3 水泥砂浆找平层 (5)素水泥浆一道(内掺建筑胶)	m²	79.6103	
86	011201001001	墙面一般抹灰 内墙面 1:水泥砂浆墙面 (1)喷水性耐擦洗涂料(清单另列项) (2)5 mm 厚 1:2.5 水泥砂浆找平 (3)9 mm 厚 1:3 水泥砂浆打底扫毛 (4)素水泥浆一道甩毛(内掺建筑胶)	m²	5380.0752	
87	011201001001	柱、梁面一般抹灰 墙面一般抹灰 内墙面 1:水泥砂浆墙面 (1)喷水性耐擦洗涂料(清单另列项) (2)5 mm 厚 1:2.5 水泥砂浆找平 (3)9 mm 厚 1:3 水泥砂浆打底扫毛 (4)素水泥浆一道甩毛(内掺建筑胶)	m²	170.7175	
88	011204003001	块料墙面 内墙面 2:瓷砖墙面(面层用 200 mm×300 mm 高级面砖) (1)白水泥擦缝 (2)5 mm 厚釉面砖面层(粘前先将釉面砖浸水两小时以上) (3)5 mm 厚 1:2建筑水泥砂浆黏结层 (4)素水泥浆一道 (5)6 mm 厚 1:2.5 水泥砂浆打底压实抹平 (6)涂塑中碱玻璃纤维网格布一层	m²	1385.4313	

清单汇总表

工程名称:广联达办公大厦

序号	编码	项目名称	单位	工程量明细 绘图输入	工程量明细 表格输入
89	011301001001	天棚抹灰 顶棚 1:抹灰顶棚 (1)喷水性耐擦洗涂料(清单另列项) (2)2 mm 厚纸筋灰罩面 (3)5 mm 厚 1∶0.5∶3水泥石膏砂浆扫毛 (4)素水泥浆一道甩毛(内掺建筑胶)	m²	1179.4232	
90	011301001002	天棚抹灰 顶棚 2:涂料顶棚 (1)喷合成树脂乳胶涂料面层两道(每道隔两小时)(清单另列项) (2)封底漆一道(干燥后再做面涂)(清单另列项) (3)3 mm 厚 1∶0.5∶2.5 水泥石灰膏砂浆找平 (4)5 mm 厚 1∶0.5∶3水泥石灰膏砂浆打底扫毛 (5)素水泥浆一道甩毛(内掺建筑胶)	m²	4.5124	
91	011302001001	吊顶天棚 吊顶 1:铝合金条板吊顶(燃烧性能为 A 级) (1)0.8~1.0 mm 厚铝合金条板,离缝安装带插缝板 (2)U 形轻钢次龙骨 LB45×48,中距≤1500 mm (3)U 形轻钢主龙骨 LB38×12,中距≤1500 mm 与钢筋吊杆固定 (4)ϕ6 钢筋吊杆,中距横向≤1500 mm,纵向≤1200 mm (5)现浇混凝土板底预留 ϕ10 钢筋吊环,双向中距≤1500 mm	m²	1808.8655	
92	011302001002	吊顶天棚 吊顶 2:岩棉吸音板吊顶(燃烧性能为 A 级) (1)12 mm 厚岩棉吸音板面层,规格 592 mm×592 mm (2)T 形轻钢次龙骨 TB24×28,中距 600 mm (3)T 形轻钢次龙骨 TB24×38,中距 600 mm,找平后与钢筋吊杆固定 (4)ϕ8 钢筋吊杆,双向中距≤1200 mm (5)现浇混凝土板底预留 ϕ10 钢筋吊环,双向中距≤1200 mm	m²	1068.9784	
93	011407001001	墙面喷刷涂料 内墙面 1:水泥砂浆墙面 喷水性耐擦洗涂料	m²	5550.7927	
94	011407002001	天棚喷刷涂料 顶棚 1:水泥砂浆墙面 喷水性耐擦洗涂料	m²	1179.4232	

清单汇总表

工程名称:广联达办公大厦

序号	编码	项目名称	单位	工程量明细	
				绘图输入	表格输入
95	011407002002	天棚喷刷涂料 顶棚2:涂料顶棚 (1)喷合成树脂乳胶涂料面层两道(每道隔两小时) (2)封底漆一道(干燥后再做面涂)	m²	4.5124	
96	011503001001	金属扶手、栏杆、栏板 楼梯栏杆 H=1000 mm 包括预埋、制作、运输、安装等	m	69.8786	
97	011503001002	金属扶手、栏杆、栏板 护窗栏杆 H=1000 mm 参考图集 L96J401/2/30	m	94.929	
98	011701001002	综合脚手架 地下室一层脚手架	m²	967.1382	
99	011701001002	综合脚手架 混凝土结构综合脚手架 檐高 20 m 以内	m²	3494.894	
100	011702008001	圈梁 现浇混凝土 直形圈梁 复合木模	m²	22.4303	
101	011702021001	栏板 现浇混凝土直形栏板模板	m²	9.525	
102	011702025001	其他现浇构件 其他现浇构件模板	m²	63.4411	
103	011702030001	后浇带 底板后浇带模板增加费	m²	0.8	
104	011702030002	后浇带 梁板 20 cm 以内后浇带模板增加费	m²	82.2178	
105	011702030002	后浇带 梁板 20 cm 以内后浇带模板增加费	m²	19.292	
106	011702030003	后浇带 混凝土墙 20 cm 以上后浇带模板增加费	m²	13.76	
107	011703001002	垂直运输 混凝土结构建筑物垂直运输 一层地下室	m²	967.1382	
108	011703001002	垂直运输 混凝土结构建筑物垂直运输 檐高 20 m 内,层高 3.9 m 内	m²	3494.894	
109	01b001	弧形板线条增加费	m	0	

清单汇总表

序号	编码	项目名称	单位	工程量明细	
				绘图输入	表格输入
		措施项目			
1	011702023001	雨篷、悬挑板、阳台板 飘窗板复合木模	m²	3.8516	
2	011702023002	雨篷、悬挑板、阳台板 阳台、雨篷复合木模	m²	9.25	
3	011702001001	基础垫层 基础 现浇混凝土模板 基础垫层模板	m²	63.5138	
4	011702002002	矩形柱 现浇混凝土矩形柱 复合木模 支模高度 4.6 m	m²	1033.3735	
5	011702003001	构造柱 现浇混凝土 构造柱	m²	361.8505	
6	011702004002	异形柱 现浇混凝土圆形柱 复合木模 支模高度 4.6 m	m²	99.9727	
7	011702006002	矩形梁 现浇混凝土 矩形梁 复合木模 支模高度 4.6 m	m²	2110.0638	
8	011702006002	矩形梁 现浇混凝土 矩形梁 复合木模 支模高度 4.6 m	m²	14.2688	
9	011702009001	过梁 现浇混凝土 直形过梁 复合木模	m²	158.4087	
10	011702010001	弧形、拱形梁 现浇混凝土 弧形梁 复合木模 支模高度 4.6 m	m²	70.0133	
11	011702011001	地下室外墙 直形墙 现浇混凝土 地下室外墙 复合木模 支模高度 3.6 m	m²	1284.6596	
12	011702011002	直形墙 现浇混凝土 墙 复合木模 支模高度 4.6 m	m²	2071.45	
13	011702011002	直形墙 现浇混凝土 墙 复合木模 支模高度 4.6 m	m²	588.6638	
14	011702016003	平板 现浇混凝土 板 复合木模 支模高度 4.6 m	m²	3862.6193	
15	011702016003	平板 现浇混凝土 板 复合木模 支模高度 4.6 m	m	9.4142	
16	011702024001	楼梯 现浇混凝土直形楼梯 复合木模	m²	79.6103	

构件类型级别直径汇总表（包含措施筋）

工程名称：广联达办公大厦

构件类型	钢筋总质量(kg)	HPB300			HRB400									
		6	8	10	8	10	12	14	16	18	20	22	25	28
柱	38161.764		465.258	11721.736							18896.016	6255.398	823.356	
暗柱/端柱	39446.313			13079.309	5714.654			2223.056	6373.858		12055.436			
构造柱	4412.269	614.801	64.064				3422.94		310.464					
剪力墙	35572.235	100.956	298.876			10568.841	14225.066	10378.496						
过梁	2480.197	358.598				249.622	969.927	885.697	16.353					
梁	47377.406	106.294	8928.864	16.52				1824.982	487.964	5012.982	14435.267	13954.348	2610.185	
连梁	6575.111		819.92	840.997						1106.96	2635.608	1057.88	113.746	
现浇板	65356.045	13.448	2171.786	661.823	7347.083	17694.151	33701.02	3766.734						
楼梯	1553.52		655.966	470.574			426.98							
基础梁	41799.567		433.318				16559.701		1758.976					23047.572
筏板基础	82163.397												82163.397	
集水坑	5206.204												5206.204	
后浇带	4143.36		112.353				4031.007							
栏板	90.763	0.75	90.013											
压顶	355.866		355.866											
合计	374694.017	1194.847	13950.405	26790.959	13507.616	28512.614	73336.641	19078.965	8947.615	6119.942	48022.327	21267.626	90916.888	23047.572